中高职衔接系列教材

电子线路板设计与制作

主编 廖威

内 容 提 要

本教材根据教育部新的教学改革要求和企业岗位技能需求,以技术技能型人才专业能力培养为目标,结合作者多年的教学经验与课程改革成果进行编写。全书以 Protel 新版设计软件 Altium Designer Summer 09 为平台,通过 7 个典型项目,着重介绍电路设计的方法与技巧,内容包括"认识 Altium Designer Summer 09 软件""三极管放大电路原理图绘制""51 单片机最小系统原理图绘制""三极管放大电路印制电路板设计""51 单片机最小系统印制电路板(PCB)设计""交通灯模块电路印制电路板(PCB)设计"和"综合训练项目"。本教材以完成工作任务为主线,以"理实一体、项目化教学"模式进行内容编排,充分体现了课程改革的新理念,易教易学,效果良好。

本教材可作为高职高专院校电子、机电、电气、自动化等电类专业的教材,也可供从事相应工作的技术人员参考。

图书在版编目(CIP)数据

电子线路板设计与制作 / 廖威主编. -- 北京:中国水利水电出版社,2016.6
中高职衔接系列教材
ISBN 978-7-5170-3950-1

Ⅰ.①电… Ⅱ.①廖… Ⅲ.①印刷电路－计算机辅助设计－应用软件－高等职业教育－教材 Ⅳ.①N410.2

中国版本图书馆CIP数据核字(2015)第316553号

书　名	中高职衔接系列教材 **电子线路板设计与制作**
作　者	主编　廖威
出版发行	中国水利水电出版社 (北京市海淀区玉渊潭南路1号D座　100038) 网址:www.waterpub.com.cn E-mail:sales@waterpub.com.cn 电话:(010) 68367658 (发行部)
经　售	北京科水图书销售中心(零售) 电话:(010) 88383994、63202643、68545874 全国各地新华书店和相关出版物销售网点
排　版	中国水利水电出版社微机排版中心
印　刷	北京嘉恒彩色印刷有限责任公司
规　格	184mm×260mm　16开本　19.25印张　456千字
版　次	2016年6月第1版　2016年6月第1次印刷
印　数	0001—2000册
定　价	**38.00元**

凡购买我社图书,如有缺页、倒页、脱页的,本社发行部负责调换

版权所有·侵权必究

中高职衔接系列教材
编委会

主　任　张忠海
副主任　潘念萍　　　　陈静玲(中职)
委　员　韦　弘　　　　龙艳红　　　　陆克芬
　　　　宋玉峰(中职)　邓海鹰　　　　陈炳森
　　　　梁文兴(中职)　宁爱民　　　　韦玖贤(中职)
　　　　黄晓东　　　　梁庆铭(中职)　陈光会
　　　　容传章(中职)　方　崇　　　　梁华江(中职)
　　　　梁建和　　　　梁小流　　　　陈瑞强(中职)
秘　书　黄小娥

本书编写人员

主　编　廖　威
副主编　龙祖连　　　　倪　杰　　　　林志欣
　　　　秦德茂
参　编　覃香和(中职)　韦玖贤(中职)　梁宝清(中职)
　　　　梁耀光
主　审　宁爱民

前言 QIANYAN

Protel 是 Altium 公司在 20 世纪 80 年代末推出的 EDA 软件，在电子行业的 CAD 软件中，一直以易学易用成为电子设计者的首选软件，它较早就在国内开始使用，在国内的普及率也最高，几乎所有的电子公司都要用到它。

Altium Designer Summer 09 作为 Protel 新版高端设计软件，其一体化设计结构将硬件、软件和可编程硬件集合在一个单一的环境中，更符合电子设计师的要求，帮助用户更轻松地创建下一代电子设计。

本教材根据教育部新的教学改革要求和企业岗位技能需求，以技术技能型人才专业能力培养为目标，结合作者多年的教学经验与课程改革成果进行编写。

本教材以 Protel 新版设计软件 Altium Designer Summer 09 为平台，通过 7 个典型项目任务，着重介绍电路设计的方法与技巧，内容包括"认识 Altium Designer Summer 09 软件""三极管放大电路原理图绘制""51 单片机最小系统原理图绘制""三极管放大电路印制电路板设计""51 单片机最小系统印制电路板（PCB）设计""交通灯模块电路印制电路板（PCB）设计"和"综合训练项目"。以完成工作任务为主线，以"理实一体、项目化教学"模式进行内容编排，充分体现了课程改革的新理念，易教易学，效果良好。

本教材可作为高职高专院校电子、机电、电气、自动化等电类专业的教材，也可供从事相应工作的技术人员参考。

本教材由广西水利电力职业技术学院廖威老师任主编，由广西水利电力职业技术学院龙祖连老师、倪杰老师，广州蓝斯顿电子有限公司林志欣总经理，南宁市宇立汽车安全技术有限公司秦德茂工程师任副主编，由广西水利电力职业技术学院宁爱民教授任主审。另外大化瑶族自治县职业技术学校覃香和老师，梧州职业学院梁耀光老师，广西宜州市职业教育中心韦玖贤老师、梁宝清老师等参加了编写。

由于时间仓促，加上编者水平有限，书中难免存在错误和疏漏，不妥之处，恳请读者批评指正，编者将不胜感激。

编者

2016 年 5 月

目录 MULU

前言

项目 1　认识 Altium Designer Summer 09 软件 ························· 1
　任务 1.1　Altium Designer Summer 09 简介与安装 ····················· 1
　任务 1.2　Altium Designer Summer 09 软件界面设置 ··················· 5

项目 2　三极管放大电路原理图绘制 ··································· 14
　任务 2.1　Altium Designer Summer 09 项目新建 ······················· 14
　任务 2.2　原理图编辑环境设置 ······································· 17
　任务 2.3　三极管放大电路原理图设计 ·································· 31

项目 3　51 单片机最小系统原理图绘制 ································· 55
　任务 3.1　层次化原理图的设计 ······································· 55
　任务 3.2　原理图的后续操作与处理 ···································· 73

项目 4　三极管放大电路印制电路板设计 ································ 96
　任务 4.1　印制电路板的基础知识 ····································· 96
　任务 4.2　创建一个新的 PCB 文件 ···································· 105
　任务 4.3　三极管放大电路印制电路板（PCB）设计 ······················ 122

项目 5　51 单片机最小系统印制电路板（PCB）设计 ······················ 196
　任务 5.1　51 单片机最小系统印制电路板（PCB）设计 ····················· 196
　任务 5.2　PCB 板的后期处理 ·· 197

项目 6　交通灯模块电路印制电路板（PCB）设计 ························· 229
　任务 6.1　创建新的原理图元件库 ····································· 229
　任务 6.2　创建原理图库 ·· 242
　任务 6.3　创建 PCB 元件库及元件封装 ································ 264
　任务 6.4　交通灯模块电路印制电路板（PCB）设计 ······················· 288

项目 7　综合训练项目 ·· 290
　任务 7.1　音频功率放大器电路的 PCB 设计 ···························· 290
　任务 7.2　八路抢答器电路的 PCB 设计 ································ 293

附录　Altium Designer Summer 09 电路仿真操作实例 ··················· 295

参考文献 ·· 300

项目 1

认识 Altium Designer Summer 09 软件

任务 1.1 Altium Designer Summer 09 简介与安装

【本任务内容简介】

(1) Altium Designer Summer 09 软件特点。
(2) Altium Designer Summer 09 软件安装。
(3) Altium Designer Summer 09 电路板总体设计流程。

【任务描述】

- 掌握 Altium Designer Summer 09 软件的安装及破解方法,掌握电路板的总体设计流程。

【任务实施】

1.1.1 Altium Designer Summer 09 软件特点

Altium Designer Summer 09 是一套完整的板卡级设计系统,真正实现了在单个应用程序中的集成。Altium Designer Summer 09 PCB 电路图设计系统完全利用了 Windows XP、Windows 7 平台的优势,具有更好的稳定性、增强的图形功能和超强的用户界面,设计者可以选择最适当的设计途径以最优化的方式工作。

Altium Designer Summer 09 与之前 Altium Designer 6.X 相比,新增的技术特征如下:
(1) 即插即用的软件平台搭建器。
(2) 应用控制面板。
(3) 新的交互式布线功能。
(4) 设计发布管理功能。
(5) 方便的供应商数据链接服务。
(6) 实时制造规则检查。
(7) 三维 PCB 可视引擎性能提高。

1.1.2 Altium Designer Summer 09 软件安装

1.1.2.1 硬件环境需求

达到最佳性能的推荐系统配置如下:
(1) Windows XP SP2 专业版或以后的版本。
(2) 英特尔 R 酷睿™ 2 双核/四核 2.66 GHz 或更快的处理器或同等速度的处理器。
(3) 2GB 内存。

(4) 10G 硬盘空间（系统安装＋用户文件）。

(5) 双显示器，至少 1680×1050（宽屏）或 1600×1200（4∶3）分辨率。

(6) NVIDIA 公司的 GeForce R 80003 系列，使用 256 MB（或更高）的显卡或同等级别的显卡。

1.1.2.2　安装 Altium Designer Summer 09

安装 Altium Designer Summer 09 步骤如下：

(1) 进入 Altium Designer 文件夹，执行 autorun.exe 文件，只执行第 1 个选项，在显示器上出现如图 1.1 所示的安装界面。

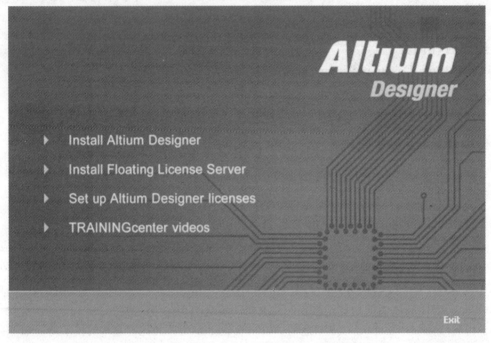

图 1.1　软件安装界面

(2) 单击"Install Altium Designer"，显示如图 1.2 所示的安装向导欢迎窗口。

图 1.2　安装向导欢迎窗口

图 1.3　版本协议

(3) 单击安装向导欢迎窗口的"Next"按钮，显示如图 1.3 所示的这个对话框，就是版本协议，需要选择同意安装，即选中"I accept the licene agreement"即可。

(4) 单击 "Next" 按钮进入下一个画面，出现填写用户信息的对话框，在这个对话框中，简单的填写自己的信息，设置完毕后如图1.4所示。

(5) 单击 "Next" 按钮进入下一个画面，在这个对话框中，需要选择软件的安装目录，系统默认的安装路径是 "C：\ Program Files \ Altium Designer Summer 09 \" 可以通过单击 "Browse" 按钮更改安装路径，如图1.5所示。

图1.4 填写用户信息

图1.5 设置安装目录

(6) 单击 "Next" 按钮进入下一个画面，如图1.6所示。

(7) 单击 "Next"，系统开始复制文件，会有滚动条显示安装进度，如图1.7所示，由于系统复制大量的文件，所以安装可能会持续几分钟，几分钟后，系统会出现 "Finish" 对话框，单击 "Finish" 按钮结束安装，如图1.8所示。

图1.6 确定安装

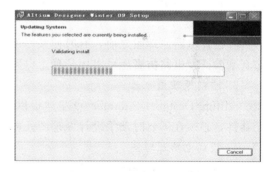

图1.7 复制文件过程

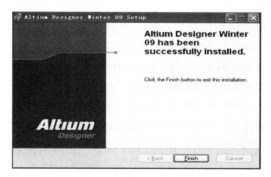

图1.8 安装结束对话框

项目1　认识 Altium Designer Summer 09 软件

1.1.2.3　Altium Designer 软件激活

进入 Altium Designer Summer 09 破解文件夹，将 ad9.alf、dxp.exe 文件复制到安装目录下（如：D：\program Fiels\Altium Designer\）即可。

破解说明：

（1）运行"AD9KeyGen"，点击"打开模板"，加载 ad9.ini，如想修改注册名，只需修改：TransactorName=horose，horose 用自己的名字替换，其他参数在单机版的情况下无需修改。

（2）单击"生成协议"，保存生成的 alf 文件到你的安装目录下。

（3）运行"ads09crack"，对安装目录下的 dxp.exe 文件补丁，注意运行破解时软件没有运行。

（4）启动"DXP"，运行菜单"DXP"\"My Account"，点击"Add Standalone License file"，加载前面生成的 license 文件。

1.1.3　Altium Designer Summer 09 电路板总体设计流程

为了让用户对电路设计过程有一个整体的认识和理解，下面介绍 PCB 电路板设计的总体流程。通常情况下，从接到设计要求书到最终制作出 PCB 电路板，主要经历以下几个步骤来实现。

1. 案例分析

案例分析这个步骤严格来说并不是 PCB 电路板设计的内容，但对后面的 PCB 电路板设计又是必不可少的。案例分析的主要任务是来决定如何设计原理图电路，同时也影响 PCB 电路板的规划。

2. 电路仿真

在设计电路原理图之前，有时候某一部分电路设计并不十分确定，因此需要通过电路仿真来验证。电路仿真还可以用于确定电路中某些重要元器件的参数。

3. 绘制原理图元器件

Altium Designer Summer 09 虽然提供了丰富的原理图元器件库，但不可能包括所有元器件，必须在需要时动手设计原理图元器件，建立自己的元器件库。

4. 绘制电路原理图

找到所需要的原理图元器件后，就可以开始绘制原理图了。根据电路复杂程度决定是否需要使用层次原理图。完成原理图后，用 ERC（电器规则检测）工具查错，找出原因并修改原理图电路，重新查错到没有原则性错误为止。

5. 绘制元器件封装

与原理图元器件库一样，Altium Designer Summer 09 也不可能提供所有元器件的封装，需要时自行设计并建立新的元器件封装库。

6. 设计 PCB 电路板

确认原理图没有错误之后，开始 PCB 板的绘制。首先给出 PCB 板的轮廓，确定工艺要求（使用几层板）；然后将原理图传输到 PCB 板中，在网络报表、设计规则和原理图的引导下布局和布线；最后利用 DRC 工具检测。此过程是电路设计时另一个关键环节，它将决定该产品的实用性能，需要考虑的因素很多，不同的电路有不同要求。

7. 文档整理

对原理图、PCB图及元器件清单等文件予以保存,以便以后维护、修改。

【任务小结】

(1) Altium Designer Summer 09 软件特点。

(2) Altium Designer Summer 09 软件安装。

【操作实例】

安装 Altium Designer Summer 09 软件。

任务 1.2　Altium Designer Summer 09 软件界面设置

【本任务内容简介】

(1) 启动 Altium Designer Summer 09。

(2) Altium Designer Summer 09 软件参数设置。

【任务描述】

- 了解 Altium Designer Summer 09 软件界面设置。
- 熟悉工作区面板（Workspace Panel）。
- 了解 Altium Designer Summer 09 软件参数设置。
- 熟悉切换英文编辑环境到中文编辑环境。

【任务实施】

1.2.1　启动 Altium Designer Summer 09

启动 Altium Designer Summer 09 非常简单。Altium Designer Summer 09 安装完毕,系统会将 Altium Designer Summer 09 应用程序的快捷方式图标在开始菜单中自动生成。单击图标就可以看到它的启动画面,如图 1.9 所示。

图 1.9　Altium Designer Summer 09 的启动画面

Altium Designer Summer 09 启动后，进入软件界面如图 1.10 所示，用户可以使用该页面进行项目文件的操作，如创建项目、打开文件、配置等。该系统界面由系统主菜单、游览器工具栏、系统工具栏、工作区和工作区面板 5 大部分组成。

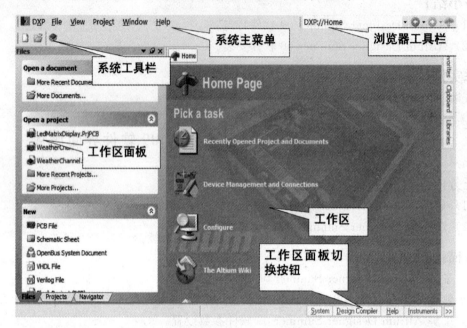

图 1.10 Altium Designer Summer 09 软件界面

1.2.1.1 工作区面板（Workspace panel）

1. 面板的访问

软件初次启动后，一些面板已经打开，比如"File"控制面板和"Project"控制面板以面板组合的形式出现在应用窗口的左边，"Library"控制面板以弹出方式和按钮的方式出现在应用窗口的右侧边缘处。另外在应用窗口的右下端有 4 个按钮"System""Design-Complier""Help"和"Instrument"。这 4 个按钮分别代表四大类型。点击每个按钮，弹出的菜单中显示各种面板的名称，从而选择访问各种面板。除了直接在应用窗口上选择相应的面板，也可以通过主菜单"View" \ "workspace panels" \ "sub menus"选择相应的面板。

2. 工作面板管理

工作面板在设计工程中十分有用，通过它可以方便地操作文件和查看信息，还可以提高编辑效率。单击屏幕右下角的面板工作标签，如图 1.11 所示。

图 1.11 工作面板标签

单击面板中的标签可以选择每个标签中相应的工作面板窗口，如点击"System"标签，则会出现如图 1.12 所示的面板选项。可以从淡出的对话框选择自己所需要的工作面板，也可以通过选择"View" \ "Workspace Panels"中的可选项，显示相应的工作面板。

任务 1.2　Altium Designer Summer 09 软件界面设置

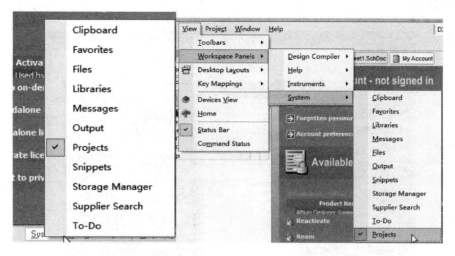

图 1.12　System 面板选项

3. 工作面板的窗口

Altium Designer Summer 09 中使用大量的工作窗口面板，可以通过工作窗口方便地打开文件、访问文件、游览每个设计文件和编辑对象等各种功能。工作窗口面板可以分为两类：一类是在任何编辑环境中都有的面板，如库文件（Libraries）面板和工程（Projects）面板；另一类是在特定的编辑环境下才会出现的面板，如 PCB 编辑环境中的导航器（Navigator）面板。

1.2.1.2　面板显示模式

面板显示模式有 3 种，分别是 Docked Mode（停靠模式）、Pop-out Mode（弹出模式）、Floating Mode（浮动模式）。Docked Mode 指的是面板以纵向或横向的方式停靠在设计窗口的一侧，如图 1.13 所示。Pop-out Mode 指的是面板以弹出隐藏的方式出现于设计窗口，当鼠标单击位于设计窗口边缘的按钮时，隐藏的面板弹出，当鼠标光标移开后，弹出的面板窗口又隐藏回去，如图 1.14 所示。这两种不同的面板显示模式可以通过面板上的两个按钮互相切换。图 1.15 为面板浮动模式。

1. 面板停靠模式和面板弹出模式

面板停靠模式和面板弹出模式如图 1.13、图 1.14 所示。

图 1.13　面板停靠模式

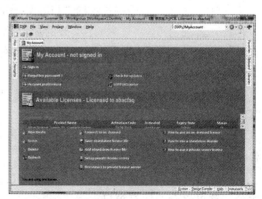

图 1.14　面板弹出模式

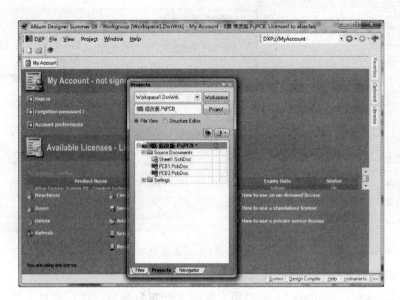

图1.15 面板浮动模式

2. 窗口的管理

在 Altium Designer Summer 09 中同时打开多个窗口时，可以设置将这些窗口按照不同的方式显示，对窗口的管理可以通过"Window（窗口）"菜单进行选择，如图 1.16 所示。

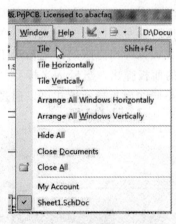

图 1.16 "Window（窗口）"菜单

对窗口中每项的操作如下：

（1）平铺窗口。执行"Window（窗口）"\"Tile（排列）"命令，即可将当前所有打开的窗口平铺显示，如图 1.17 所示。

（2）水平平铺窗口。执行"Window（窗口）"\"Tile Horizontally（水平排列）"命令，即可将当前所有打开的窗口水平平铺显示，如图 1.18 所示。

（3）垂直平铺窗口。执行"Window（窗口）"\"Tile Vertically（垂直排列）"命令，即可将当前所有打开的窗口垂直平铺显示，如图 1.19 所示。

（4）关闭所有窗口。执行"Window（窗口）"\"Close All（关闭所有文件）"命令，即可关闭当前所有打开的窗口，也可以选择命令"Window（窗口）"\"Close Documentsl（关闭文档）"。

（5）切换窗口。要切换窗口，可以单击窗口的标签，也可以在。Window 菜单中选中各个窗口的文件名来切换。

（6）合并窗口。鼠标右击一个窗口，在弹出的菜单中选中"Merge All（全部合并）"命令，就可以合并所有窗口。

任务1.2 Altium Designer Summer 09 软件界面设置

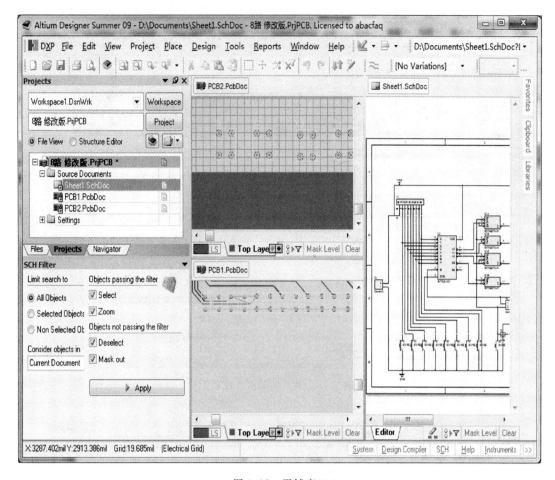

图1.17 平铺窗口

（7）在新的窗口打开文件。鼠标右击一个窗口的标签，在弹出的菜单中选择"Open In New Window（在新的窗口打开）"命令即可。

1.2.2 Altium Designer Summer 09 软件参数设置

使用软件前，对系统参数进行设置是重要的环节。用户单击"DXP"\"Preferences"命令，系统将弹出如图1.20所示的系统参数设置对话框。对话框具有树状导航结构，可对12个选项内容进行设置，现在主要介绍系统相关参数的设置方法。

1.2.2.1 切换英文编辑环境到中文编辑环境

点击"Preferences"设置窗口中的"System"\"General"命令，该窗口包含了5个设置区域，分别是"Startup""Default Location""System Font""General"和"Localization"区域。

在"Localization"区域中，选中"Use Localized resources"复选框，统会弹出提示框，点击"OK"按钮，然后在"System-General"设置界面中单击"Apply"按钮，使设置生效，再单击"OK"按钮，退出设置界面，关闭软件，重新进入Altium Designer Summer 09 系统，即可进入中文编辑环境。

项目1 认识 Altium Designer Summer 09 软件

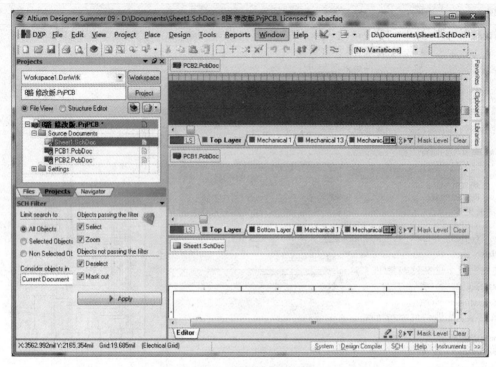

图 1.18 水平平铺窗口显示

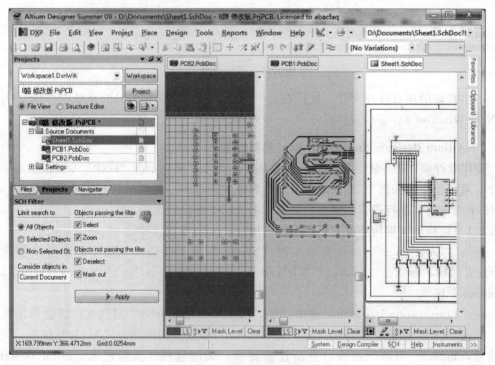

图 1.19 垂直平铺窗口显示

任务1.2 Altium Designer Summer 09 软件界面设置

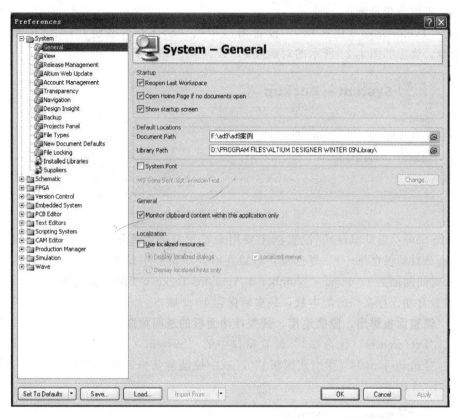

图1.20 参数设置

1.2.2.2 System-General 选项卡

"Startup（启动）"区域：设置启动时状态。

"Reopen Last Workspace（重启最近的工作平台）"：重新启动时打开上一次关机时的屏幕。

"Open Home Page if no Documets open（如果没有文档打开自动开启主页）"：如果没有文档打开就打开主页。

"Show Startup screen（显示开始画面）"：显示开始屏幕。

"Default Locations（默认位置）"区域用来设置系统默认的文件路径。

"Document Path（文档路径）"：编辑框用于设置系统打开或保存文档、项目和项目组时的默认路径。用户直接在编辑框中输入需要设置的目录的路径，或者单击右侧的按钮，打开"浏览文件夹"对话框，在该对话框内指定一个已存在的文件夹，然后单击"确定"按钮即完成默认路径设置。

"Library Path（库路径）"：编辑框用于设置系统的元件库目录的路径。

"System font（系统字体）"：用于设置系统字体、字形和字体大小。

"General（通常）"：通常设置。

"Monitor Clipboard Content within this application only（剪贴板的内容在本次应用中有效）"：本应用程序中查看剪切板的内容。

11

1.2.2.3　系统备份设置

点击“Preferences（优选项）”设置窗口中的“System（系统）”\“Backup（备份）”命令，弹出如图1.21所示的对话框。

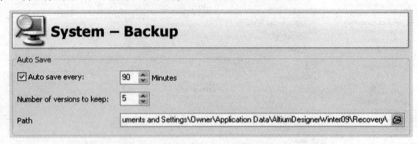

图1.21　文件备份参数设置

“Auto Save（自动保存）”设置框主要用来设置自动保存的一些参数，选中“Auto save every（自动保存每…）”复选框，可以在时间编辑框中设置自动保存文件的时间间隔，最长时间间隔为120min。“Number of versions to keep（保存文档的版本数）”设置框用来设置自动保存文档的版本数，最多可保存10个版本。

1.2.2.4　调整面板弹出、隐藏速度，调整浮动面板的透明程度

点击“Preferences（优选项）”设置窗口中的“System（系统）”\“View（视图）”命令，在“Popup Panels（弹出式面板）”区域中拉动滑条来调整面板弹出延时，隐藏延时，如图1.22所示。

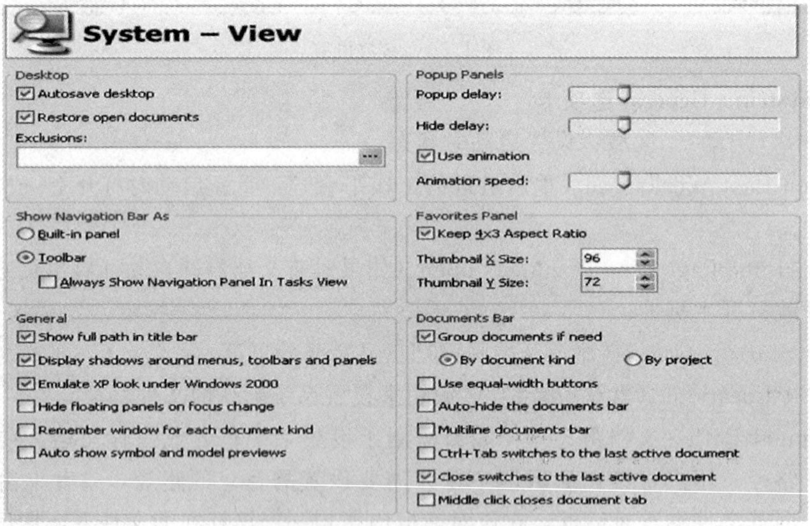

图1.22　面板弹出速度调整对话框

1.2.2.5　调整浮动面板的透明程度设置

点击“Preferences（优选项）”设置窗口中的“System（系统）”\“Transparency（透明度）”命令，勾选“Transparency（透明度）”下的复选框，即选择使用面板在操作的过程中，使浮动面板透明化。勾选“Dynamic transparency（自动调整透明化程度）”复选框，即在操作的过程中，光标根据窗口间的距离自动计算出浮动面板的透明化程度，也

任务 1.2 Altium Designer Summer 09 软件界面设置

可以通过下面的滑条来调整浮动面板的透明程度，其效果如图 1.23 所示。

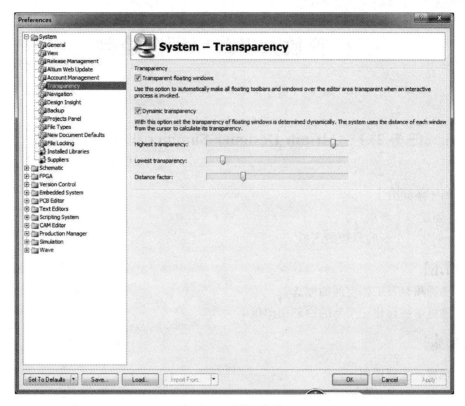

图 1.23 透明程度设置

【任务小结】

（1）Altium Designer Summer 09 软件界面设置。

（2）Altium Designer Summer 09 软件参数设置。

（3）调整面板弹出、隐藏速度，调整浮动面板的透明程度。

项目 2

三极管放大电路原理图绘制

任务 2.1　Altium Designer Summer 09 项目新建

【本任务内容简介】
（1）创建一个新项目。
（2）创建一个新的原理图图纸。

【任务描述】
- 熟悉项目及工作空间的概念。
- 熟练掌握创建一个新的原理图图纸。

【任务实施】

2.1.1　创建一个新项目

2.1.1.1　项目及工作空间介绍

项目是每项电子产品设计的基础，在一个项目文件中包括设计中生成的一切文件，比如原理图文件、PCB 图文件、各种报表文件及保留在项目中的所有库或模型。一个项目文件类似 Windows 系统中的"文件夹"，在项目文件中可以执行对文件的各种操作，如新建、打开、关闭、复制与删除等。但需注意的是，项目文件只是起到管理的作用，在保存文件时，项目中的各个文件是以单个文件的形式保存的。

项目大约有 6 种类型：PCB 项目、FPGA 项目、内核项目、嵌入式项目、脚本项目和库封装项目（集成库的源）。

Workspace（工作空间）比项目高一层次，可以通过 Workspace（工作空间）连接相关项目，设计者通过 Workspace（工作空间）可以轻松访问目前正在开发的某种产品相关的所有项目。

2.1.1.2　创建一个新项目

方法一：在设计窗口的"Pick a Task（任务）"区域中单击"Print Circuit Board Design（印刷电路板设计）"，如图 2.1 所示，单击"New Blank PCB Project（新建一个 PCB 项目）"，如图 2.2 所示。

方法二：在"Files（文件）"面板中的"New（新建）"区域中单击"Blank Project (PCB)（PCB 项目）"，如图 2.3 所示。如果这个面板未显示，点击设计管理面板底部的"Files（文件）"标签。

任务 2.1　Altium Designer Summer 09 项目新建

图 2.1　PCB 设计

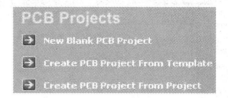

图 2.2　新建 PCB 设计项目

方法三：执行菜单命令"File（文件）"\"New（新建）"\"Project（项目）"\"PCB Project（PCB项目）"后，"Projects（项目）"面板就会出现一个新建项目文件。如图 2.4 所示。PCB Project1.PrjPCB，与"No Documents Added（没有文件添加）"文件夹一起列出。

执行菜单命令"File（文件）"\"Save Project（保存项目）"，将弹出一个保存文档对话框，如图 2.5 所示。在对话框选择项好目文件存放的位置，在对话框下面的"文件名(N)"栏中输入"项目一"后（实际应用时项目名称可根据用户需要命名，可以是中文名），单击 保存(S) 按钮即可。

保存项目文件后，"Projects（项目）"面板中的项目文件名会由默认的"PCB_Project1.PrjPCB"变为新输入的文件名，如图 2.6 所示。

如果不是第一次创建的项目，若想对其重新命名，可先在"Projects（项目）"面板中选中目标项目，再执行"File（文件）"\"Save Project As..（项目另存为…）"菜单命令。

图 2.3　新建 PCB 项目文件

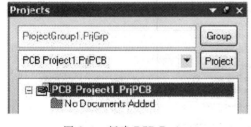

图 2.4　新建 PCB Project

2.1.2　创建一个新的原理图图纸

2.1.2.1　创建一个新的原理图图纸的步骤

（1）单击"File（文件）"\"New（新建）"\"Schematic（原理图图纸）"，或者在"Files"面板的"New"单元选择"Schematic Sheet"。

（2）通过选择"File（文件）"\"Save As（另存为）"来将新原理图文件重命名（扩展名为 *.SchDoc）。

2.1.2.2　将原理图图纸添加到项目

如果设计者想添加到一个项目文件中的原理图图纸是作为自由文件夹被打开，如图 2.7 所示，那么在"Projects（项目）"面板的"Free Documents（自由文档）"单元"Source document（源文件）"文件夹下用鼠标拖曳要移动的文件 sheet1.sch 到目标项目文件夹下的 Source document 上即可。

图 2.5 保存文档对话框

图 2.6 保存后的项目文件

图 2.7 自由文件夹下的原理图

2.1.2.3 关闭和打开 PCB 设计项目

(1) 在"Projects（项目）"面板中，用鼠标右键单击需关闭的项目文件名。在弹出的命令菜单中选择"Close Project（关闭项目）"选项，即可关闭该项目，如图 2.8 所示。

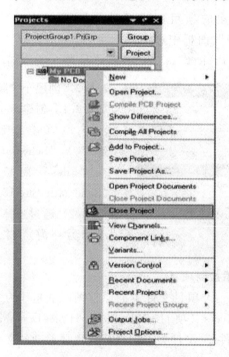
图 2.8 关闭设计项目

（2）执行菜单命令"File"/"Open Project"，可以打开已有的项目。也可以在"Files"面板中选择"Open a Project"选项打开已有的项目。

【任务小结】

（1）掌握 Altium Designer Summer 09 软件创建工程项目方法。
（2）熟练 Altium Designer Summer 09 创建一个新的原理图图纸的方法。

任务 2.2　原理图编辑环境设置

【本任务内容简介】

（1）原理图图纸设置。
（2）原理图工作环境设置。

【任务描述】

- 熟悉原理图编辑器的窗口界面。
- 认识原理图编辑器菜单以及工具栏。
- 掌握原理图图样设置。

【任务实施】

2.2.1　原理图图纸设置

2.2.1.1　启动原理图编辑器

1. 启动原理图编辑器

执行菜单命令"File"/"New"/"Schematic"，启动原理图编辑器，进入原理图编辑状态窗口，如图 2.9 所示。本任务介绍的所有操作，都是在原理图编辑的操作界面内完成。所以用户一定要用前面介绍的方法，打开原理图编辑器。

原理图绘制的环境，就是原理图编辑器以及它提供的设计界面。若要更好地利用强大的电子线路辅助设计软件 Altium Designer Summer 09 进行电路原理图设计，首先要根据设计的需要对软件的设计环境进行正确的配置。Altium Designer Summer 09 的原理图编辑的操作界面，顶部为主菜单和主工具栏，左部为工作区面板，右边大部分区域为编辑区，底部为状态栏及命令栏，还有电路绘图工具栏、常用工具栏等。除主菜单外，上述各部件均可根据需要打开或关闭。工作区面板与编辑区之间的界线可根据需要左右拖动。几个常用工具栏除可将它们分别置于屏幕的上下左右任意一个边上外，还可以以活动窗口的形式出现。下面分别介绍各个环境组件的打开和关闭。

Altium Designer Summer 09 的原理图编辑的操作界面中多项环境组件的切换可通过选择主菜单"View"中相应项目实现如图 2.10 所示。"Toolbars"为常用工具栏切换命令；"Workspace Panels"为工作区面板切换命令；"Desktop Layouts"为桌面布局切换命令；"Command Status"为命令栏切换命令。菜单上的环境组件切换具有开关特性，例如，如果屏幕上有状态栏，当单击一次"Status Bar"时状态栏从屏幕上消失，当再单击一次"Status Bar"时，状态栏又会显示在屏幕上。

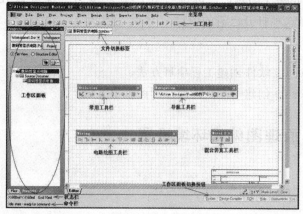

图 2.9 原理图编辑状态窗口

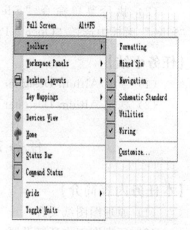

图 2.10 工具栏的切换

2. 状态栏的切换

要打开或关闭状态栏，可以执行菜单命令"View（视图）"\"Status Bar（状态栏）"。状态栏中包括光标当前的坐标位置和当前的 Grid 值。

3. 命令栏的切换

要打开或关闭命令栏，可以执行菜单命令"View（视图）"\"Command Status（命令栏）"。命令栏用来显示当前操作下的可用命令。

4. 工具栏的切换

Altium Designer Summer 09 的工具栏中常用的有主工具栏（Schematic Standard）、连线工具栏（Wiring）、常用工具栏（Utilities）等。这些工具栏的打开与关闭可通过菜单"View（视图）"\"Toolbars（工具栏）"中子菜单的相关命令的执行来实现。工具栏菜单及子菜单如图 2.10 所示。

2.2.1.2 设置原理图图纸

在电路原理图绘制过程中，对图纸的设置是原理图设计的第一步。虽然在进入原理图设计环境时，Altium Designer Summer 09 系统会自动给出默认的图纸相关参数。但是对于大多数电路图的设计，这些默认的参数不一定适合设计者的要求；另外，为了方便自己和他人读图，原理图的美观、清晰和规范也是十分重要的。

Altium Designer Summer 09 的原理图设计大致可以分为 9 个步骤，如图 2.11 所示。

在绘制原理图的过程中，可以根据所要设计的电路图的复杂程度，先对图纸进行设置。尤其是图纸幅面的大小，一般都要根据设计对象的复杂程度和需要对图纸的大小重新定义。在图纸设置的参数中除了要对图幅进行设置外，还包括图纸选项、图纸格式以及栅格的设置等。

单击菜单栏中的"Design（设计）"\"Document Options（文档选项）"菜单命令，或在原理图编辑器窗口中点击鼠标右键，在弹出的右键快捷菜单中单击"Options（选项）"\"Document Options（文档选项）"命令，或是按快捷键 D+O，系统将弹出"Document Options"对话框，如图 2.11 所示，在该对话框中，有 Sheet Options（原理

任务 2.2 原理图编辑环境设置

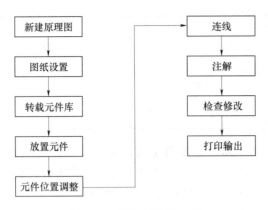

图 2.11 原理图设计步骤

图选项)、Parameters（参数）和 Units（单位）3 个选项。

1. 设置图纸尺寸

选择对话框其中的"Sheet Options（原理图选项）"选项卡，如图 2.12 所示，这个选项的有半部分是图纸尺寸的设置区域。Altium Designer Summer 09 给出了 2 种图纸尺寸的设置方式。

一种是 Standard Style（标准样式），按右边的 ∨ 符号，可选择各种规格的图纸。Altium Designer Summer 09 系统提供了 18 种规格的标准

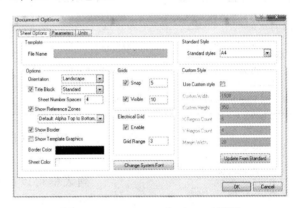

图 2.12 Document Options 对话框

图纸，各种规格的图纸尺寸见表 2.1。在选择好已定义好的标准尺寸后，单击对话框右下方的"Updata From Standard（更新标准）"按钮，对目前编辑窗口中的图纸尺寸进行更新。

表 2.1　　　　　　　　　　各种规格的图纸尺寸

代号	尺寸（英寸）	代号	尺寸（英寸）
A4	11.5×7.6	B	15×9.5
A3	15.5×11.1	C	20×15
A2	22.3×15.7	D	32×20
A1	31.5×22.3	E	42×32
A0	44.6×31.5	Letter	11×8.5
A	9.5×7.5	Legal	14×8.5

续表

代号	尺寸（英寸）	代号	尺寸（英寸）
Tabloid	17×11	OrCADC	20.6×15.6
OrCADA	9.9×7.9	OrCADD	32.6×20.6
OrCADB	15.4×9.9	OrCADE	42.8×32.8

另一种是自定义样式。如果需要自定义图纸尺寸，必须设置图2.13所示"Custom Style（定制类型）"栏中的各个选项。首先，应选中"Use Custom Style（使用定制样式）"复选框，如图2.13所示，以激活自定义图纸功能。

"Custom Style"栏中其他各项设置的含义见表2.2。

表2.2　　　　　　　"Custom Style"栏中其他各项设置含义

对话框名称	对话框意义	对话框名称	对话框意义
Custom Width	自定义图样宽度	Y Region Count	Y轴参考坐标分格
Custom Height	自定义图样高度	Margin Width	边框的宽度
X Region Count	X轴参考坐标分格		

图2.13　自定义图纸大小

2. 设置图纸方向

在图2.12中，使用"Orientaion（方向）"下拉列表框可以选择图纸的布置方向。按右边的 ▼ 符号可以选择为"Landscape（横向）"或"Portrait（纵向）"格式，如图2.14所示。一般在绘制和显示时设置为横向，在打印输出时可根据需要设置为横向或纵向。

3. 设置图纸标题栏

图纸标题栏是对图纸的附加说明，可以在该标题栏中对图纸进行简单的描述，也可以作为以后图纸标准化时的信息。在Altium Designer Summer 09提供了两种预先定义好的标题栏，分别是Standard（标准格式）和ANSI（美国国家标准协会支持的格式），如图2.15标题栏选项及图2.16和图2.17标题栏所示。设置应首先选中"Title Block"（标题块）左边的复选框，然后按右边的"▼"符号即可选择。若未选中该复选框，则不显示标题栏。

4. 设置图纸参考说明区域

在"Sheet Options（原理图选项）"选项卡中，通过"Show Reference Zones（显示参考说明区域）"复选项用来设置图纸上索引区的显示。选中该复选项后，图纸上将显示索引区。所谓索引区是指为方便描述一个对象在原理图文档中所处的位置，在图纸的四个

图 2.14 图纸方向设置　　　　图 2.15 图纸标题栏设置

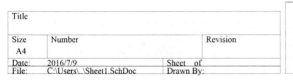

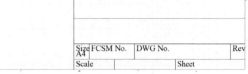

图 2.16 标准格式（Standard）标题栏　　图 2.17 美国国家标准模式（ANSI）标题栏

边上分配索引栅格，用不同的字母或数字来表示这些栅格，用字母和数字的组合来代表由对应的垂直和水平栅格所确定的图纸中的区域。

5. 设置图纸边框

在"Sheet Options（原理图选项）"选项卡中，通过"Show Border（显示边框）"复选项用来设置图纸边框线的显示。选中该复选项后，图纸中将显示边框线。若未选中该项，将不会显示边框线，同时索引栅格也将无法显示。

6. 设置显示模板图形

在"Sheet Options（原理图选项）"选项卡中，通过"Show Template Graphics（显示模板图形）"复选项用来设置模板图形的显示。选中该复选项后，将显示模板图形；若未选中，则不会显示模板图形。

7. 图纸颜色

图纸颜色设置，包括"Border Color（图纸边框颜色）"和"Sheet Color（图纸颜色）"的设置。如图 2.12 所示，在"Sheet Options（原理图选项）"选项卡中，通过"Border Color"选择项用来设置边框的颜色，默认值为黑色。单击右边的颜色框，系统将弹出"Choose Color（颜色选择）"对话框，如图 2.18 所示，我们可通过它来选取新的边框颜色。

在"Sheet Options（原理图选项）"选项卡中，通过"Sheet Color（图纸颜色）"栏负责设置图纸的底色，默认的设置为浅黄色。要改变底色时，双击右边的颜色框，打开"Choose Color（图纸边框颜色）"对话框如图 2.18 所示，然后选取出新的图纸底色。

"Choose Color（图纸边框颜色）"对话框的"Basic（基本）"标签中列出了当前可用的 239 种颜色，并定位于当前所使用的颜色。如果用户希望改变当前使用的颜色，可直接在"Basic Colors（基本颜色）"栏或"Custom colors（自定义颜色）"栏中用鼠标单击选取。如果设计者希望自己定义颜色，单击"Standard"标签，如图 2.19 所示，选择好颜色后单击"Add to Custom Colors（添加到自定义颜色）"按钮，即可把颜色添加到"Custom Colors（自定义颜色）"中。

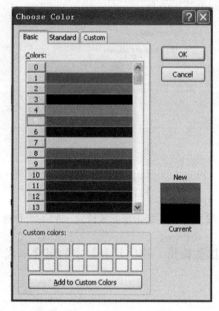
图 2.18 选择颜色对话框

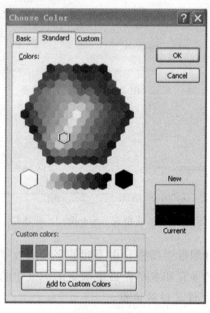
图 2.19 设计者自己定义颜色

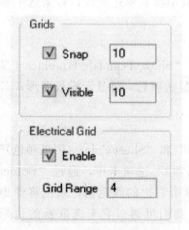
图 2.20 图纸 Grids 设置

8. 设置图纸 Grids（栅格）

在设计原理图时，编辑窗口背景是网格型的，这种网格是可是栅格，是可以改变的，图纸上的栅格为放置元器件、连接线路等设计工作带来了极大的方便。在进行图纸的显示操作时，可以设置网格的种类以及是否显示网格。在如图 2.20 所示的"Document Options（文档选项）"对话框中栅格设置条目可以对电路原理图的 Snap（捕获栅格）、Visible（可视栅格）和 Electrical Grid（电气栅格）进行设置。

具体设置内容介绍如下：

（1）Snap（捕获栅格）：表示设计者在放置或者移动"对象"时，光标移动的距离。捕获功能的使用，可以在绘图中能快速地对准坐标位置，若要使用捕获栅格功能，先选中"Snap"选项左边的复选框，然后在右边的输入框中输入设定值。

（2）Visible（可视栅格）：表示图纸上可视的栅格，要使栅格可见，选中"Visible"

选项左边的复选框，然后在右边的输入框中输入设定值。建议在该编辑框中设置与"Snap"编辑框中相同的值，使显示的栅格与捕捉栅格一致。若未选中该复选项则不显示栅格。

（3）Electrical Grid（电气栅格）：用来设置在绘制图纸上的连线时捕获电气节点的半径。该选项的设置值决定系统在绘制导线（wire）时，以鼠标当前坐标位置为中心，以设定值为半径向周围搜索电气节点，然后自动将光标移动到搜索到的节点表示电气连接有效。实际设计时，为能准确快速地捕获电气节点，电气栅格应该设置得比当前捕获栅格稍微小点，否则电气对象的定位会变得相当的困难。

单击菜单栏中的"View（视图）"\ "Grid（栅格）"命令，其子菜单中有用于切换3种栅格启用状态的命令，如图 2.21 所示。单击其中的"Set Snap Grid（设置捕获栅格）"命令，系统将弹出"Choose a snap grid size（选择捕捉栅格尺寸）"对话框。在该对话框中可以输入捕捉栅格的参数值。

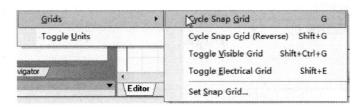

图 2.21 栅格启用状态

格点的使用和正确设置可以使设计者在原理图的设计中准确地捕捉元器件。使用可视格点，可以使设计者大致把握图纸上各个元素的放置位置和几何尺寸，电气栅格的使用大大地方便了电气连线的操作。在原理图设计过程中恰当地使用栅格设置，可方便电路原理图的设计，提高电路原理图绘制的速度和准确性。

9. 图纸字体设置

"Document Options（文档选项）"中的系统字体设置在图 2.12 所示的"Sheet Options（图纸选项）"对话框中，单击"Change System Font（更改系统字体）"按钮，屏幕上会出现系统字体对话框，如图 2.22 所示，可以对字体、大小、颜色等进行设置。选择好字体后，单击"确定"按钮即可完成字体的重新设置。

10. 原理图图纸设计信息

图纸的设计信息记录了电路原理图的设计信息和更新记录。Altium Designer Summer 09 的这项功能使原理图的设计者可以更方便、有效地对图纸的设计进行管理。若要打开图纸设计信息设置对话框，可以在如图 2.12 所示的"Document Options（文档选项）"对话框中用鼠标单击"Parameters（参数）"标签，如图 2.23 所示。"Parameters"标签为原理图文档提供 20 多个文档参数，供用户在图纸模板和图纸中放置。当用户为参数赋了值，并选中转换特殊字符串选项后（方法：鼠标单击主菜单 DXP \ "Preferences（优选项）" \ "Schematic（原理图图纸）" \ "Graphical Editing（视图编辑）"），在该选项卡内选择复选框："Convert Special Strings（特殊字符串转换）"。图纸上显示所赋参数值。

在如图 2.23 所示的对话框中可以设置的选项很多，其中常用的有以下几个：

图 2.22 字体设置对话框

"Address":设计者所在的公司以及个人的地址信息。
"Approved By":原理图审核者的名字。
"Author":原理图设计者的名字。
"Checked By":原理图校对者的名字。
"Company Name":原理图设计公司的名字。
"Current Date":系统日期。
"Current Time":系统时间。
"Document Name":该文件的名称。
"Sheet Number":原理图页面数。
"Sheet Total":整个设计项目拥有的图纸数目。
"Title":原理图的名称。

在上述选项中的填写信息包括:设置参数的值(Value)和数值的类型(Type)。设计者可以根据需要添加新的参数值。填写的方法有以下几种:

(1) 单击欲填写参数名称的"Value"文本框,把 * 去掉,可以直接在文本框中输入参数。

(2) 单击要填写参数名称所在的行,使该行变为选中状态,然后单击对话框下方的"Edit"按钮,进入参数编辑对话框如图 2.24 所示,这时设计者可以根据需要在对话框中填写参数。

双击要编辑参数所在行的任意位置,系统也将弹出参数编辑对话框如图 2.24 所示。

任务 2.2　原理图编辑环境设置

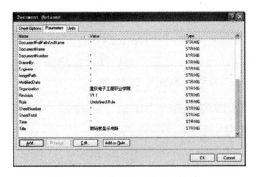

图 2.23　图纸设计信息对话框

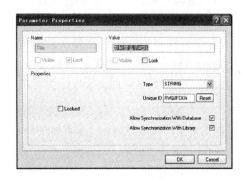

图 2.24　参数设置对话框

在图纸设计信息对话框中按"Add"按钮，系统自动弹出参数属性编辑对话框，此时可以添加新的参数。

如图 2.24 所示的"Parameter Properties（参数属性）"对话框，在该对话框的"Value"文本框内输入参数值。如果是系统提供的参数，其参数名是不可更改的（灰色）。确定后单击"OK"按钮，即完成参数赋值的操作。

如果完成了参数赋值后，标题栏内没有显示任何信息。例如在图 2.23 中的"Title"栏处，赋了"数码管显示电路"的值，而标题栏无显示。则需要作如下操作：

单击工具栏中的绘图工具按钮 ，在弹出的工具面板中选择添加放置文本按钮 ，按键盘上的 Tab 键，打开"Annotation"对话框如图 2.25 所示，可在"Properties"选项区域中的"Text"下拉列表框中选择"＝Title"，在"Font"处，按"Change"按钮，设置字体颜色、大小等属性，然后再按"OK"按钮，关闭"Annotation"对话框，鼠标在标题栏中"Title"处的适当位置，单击鼠标左键即可。

可以在图 2.12 所示的"Document Options"对话框中用鼠标单击"Units"标签，可以设置图纸是用英制（imperial）或公制（metric）单位。

2.2.2　原理图工作环境设置

在原理图的绘制过程中，其效率和正确性，往往与环境参数设置有着密切的关系。参数设置是否合理，直接影响到设计过程中软件的功能是否得到充分的发挥。

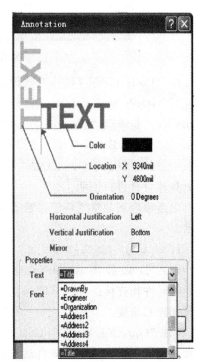

图 2.25　设置的参数在标题栏内可见

在 Altium Designer Summer 09 电路设计软件中，原理图编辑器工作环境的设置是通过原理图的"Preferences（优选参数设置）"对话框来完成的。

2.2.2.1 进行一般的原理图参数设置

从菜单选择"Tools（工具）"\"Schematic Preferences（原理图优选参数设置）"命令，或在编辑窗口中右击，在弹出的右键快捷菜单栏中选择"Options（选项）"/"Schematic Preferences（原理图优选参数设置）"命令，或按快捷键T+P打开原理图参数对话框。系统将弹出"Preferences（优选参数设置）"对话框，如图2.26所示。

图2.26 优选参数设置对话框

在"Preferences（优选参数设置）"对话框中主要有12个标签页，即General（常规设置）、Graphical Editing（图形编辑）、Mouse Wheel Configuration（鼠标滚动设置）、Compiler（编译器）、AutoFocus（自动获取焦点）、Library Auto Zoom（库扩充方式）、Grids（栅格）、Break Wire（断开连线）、Default Units（默认单位）、Default Primitives（默认图元）、Orcad（Orcad端口操作）和Device Sheets（设备图纸）。下面对这12个标签页具体设置进行说明。

电路原理图的常规环境参数设置通过"General（常规设置）"标签来实现，如图2.26所示。

1. Options（选项）选项组

（1）"Drag Orthogonal（直角拖拽）"复选框：勾选复选框后，在原理图上拖动元件时，与元件相连接的导线只能保持直角。若不勾选该复选框，则与元件相连接的导线可以呈现任意的角度。

（2）"Optimize Wire & Buses（最优连接路径）"复选框：勾选复选框后，在进行导线和总线的连接时，系统将自动选件最优路径，并且可以避免各种电气连接和非电气连接的相互重叠。此时，下面的"Components Cut Wires（元件分割连接）"复选框也呈现可选状态。若不勾选该复选框，则用户可以自己选择连接路径。

（3）"Components Cut Wires（元件分割连接）"复选框：勾选复选框后，会启动元件分割导线的功能。即当放置一个元件时，若元件的两个引脚同时落在一根导线上，则该导线将被分割成两段，两个端点分别自动与元件的两个引脚相连。

（4）"Enable In-Place Editing（启用即时编辑功能）"复选框：勾选该复选框后，在选中原理图中的文本对象时，如元件的序号、标注等，双击后可以直接进行编辑、修改，而不必须打开相应的对话框。

（5）"Ctrl+Double Click Opens Sheet（按 Ctrl 键并双击打开原理图）"复选框：勾选该复选框后，按下 Ctrl 键的同时双击原理图文档图标即可打开该原理图。

（6）"Convert Cross-Junctions（将绘图交叉点转换为连接点）"复选框：勾选该复选框后，用户在绘制导线时，在相交的导线处自动连接并产生节点，同时终止本次操作。若没有勾选该复选框，则用户可以任意覆盖已经存在的连线，并可以继续进行绘制的操作。

（7）"Display Cross-Overs（显示交叉点）"复选框：勾选该复选框后，非电气连线的交叉点会以半圆弧显示，表示交叉跨越状态。

（8）"Pin Direction（引脚说明）"复选框：勾选该复选框后，在顶层原理图的图纸符号中会根据子图中设置的端口属性显示输出端口、输入端口或其他性质的端口。图纸符号中相互连接的端口部分不随此项设置的改变而改变。

（9）"Port Direction（端口说明）"复选框：勾选该复选框后，端口的样式会根据用户设置的端口属性显示输出端口、输入端口或其他性质的端口。

（10）"Unconnected Left To Right（左右两侧原理图不连接）"复选框：勾选该复选框后，由子图生成顶层原理图时，左右可以不进行物理连接。

2．Include With Clipboard（包含剪贴板）选项组

（1）"No-ERC Markers（忽略 ERC 检测符号）"复选框：勾选该复选框后，在复制、剪贴到剪贴板或打印时，均包含图纸的忽略 ERC 检测符号。

（2）"Parameter Sets（参数设置）"复选框：勾选该复选框后，使用剪贴板进行复制操作或打印时，包含元件的参数信息。

3．Auto-Increment During Placement（放置期间的自动增量）选项组

该选项组用于设置元件标识序号及引脚的自动增量数。

（1）"Primary（首要的）"文本框：用于设定在原理图上连续放置同一种元件时，元件标识序号的自动增量数，系统默认值为 1。

（2）"Secondary（次要的）"文本框：用于设定创建原理图符号时，引脚号的自动增量数，系统默认为 1。

4．Defaults（默认选项组）

该选项组是用于设置默认的模板文件。可以单击右侧的"Browse（浏览）"按钮来选择模板文件，选择后，模板文件将出现在"Template（模板）"文本框中。每次创建一个新文件时，系统将自动套用该模板。也可以单击"Clear（清除）"按钮来清除已经选择模板文件。如果不需要模板文件，则"Template（模板）"文本框中显示"No Default Template File（没有默认的文本文件）"。

5．Alpha Numeric Sufix（字母和数字后缀）选项组

该选项组是用于设置某些元件中包括多个相同子部件的标识后缀，每个部件都具有独立的物理功能。在放置这种复合元件时，其内部的多个部件通常采用"元件标识：后缀"的形式。

(1)"Alpha（字母）"单选钮：点选该单选钮，子部件的后缀以字母表示，如 U：A、U：B 等。

(2)"Numeric（数字）"单选钮：点选该单选钮，子部件的后缀以数字表示，如 U：1、U：2 等。

6. Pin Margin（引脚边距选项组）

(1)"Name（名称）"文本框：用于设置元件的引脚名称与元件符号边缘之间的距离，系统默认值为 5mil。

(2)"Number（编号）"文本框：用于设置元件的引脚编号与元件符号边缘之间的距离，系统默认值为 8mil。

7. Default Power Object Names（默认电源对象名单）选项组

(1)"Power Ground（电源地）"文本框：用于设置电源地的网络标签名称，系统默认为"GND"。

(2)"Signal Ground（信号地）"文本框：用于设置信号地的网络标签名称，系统默认为"SGND"。

(3)"Earth（接地）"文本框：用于设置大地的网络标签名称，系统默认为"EARTH"。

8. Document scope for filtering and selection（过滤和选择文档范围）选项组

该选项中的下拉列表用于设置过滤器和执行功能时默认的文件范围，包含以下两个选项。

(1)"Current Document（当前文档）"选项：表示仅在当前打开的文档中使用。

(2)"Opfault Document（打开文档）"选项：表示在所有打开的文档中使用。

9. Default Blank Sheet Size（默认空白原理图尺寸）选项组

该选项中用于设置默认空白原理图的尺寸，可以从下拉列表框中选择适当的选项，并在旁边给出了相应尺寸的具体绘图区域范围，以帮助用户进行设置。

2.2.2.2 设置图形编辑环境参数

图形编辑环境的参数设置通过"Graphical Editing（图形编辑）"标签页来实现，如图 2.27 所示。该标签页主要用来设置与绘图有关的一些参数。

1. Options（选项）选项组

(1)"Clipboard Reference（剪贴板参考点）"复选框：勾选该复选框后，在复制或剪切选中的对象时，系统将提示确定一个参考点，建议用户勾选该复选框。

(2)"Add Template to Clipboard（添加模扳到剪贴板）"复选框：勾选该复选框后，在执行复制或剪切操作时，系统将会把当时文档所使用的模板一起添加到剪贴板中，所复制的原理图包含整个图纸，建议用户不勾选该复选框。

(3)"Convert Special Strings（转换特殊字符串）"复选框：勾选该复选框后，可以在原理图上使用特殊字符串，显示时会转换成实际字符串，否则将保持原样。

(4)"Center of Object（对象中心）"复选框：勾选该复选框后，在移动元件时，光标将自动跳到元件的参考点上（元件具有参考点时）或对象的中心处（对象不具有参考点时）。若不勾选该复选框，则移动对象时光标将自动滑到元件的电气节点上。

任务 2.2 原理图编辑环境设置

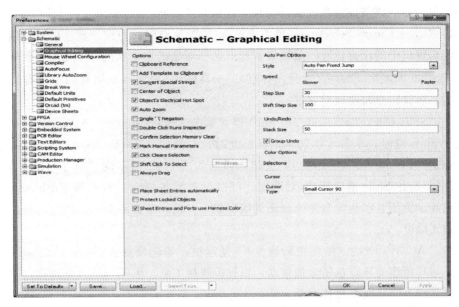

图 2.27 Graphical Editing（图形编辑）标签页

（5）"Objects Electrical Hot Spot（对象的电气热点）"复选框：勾选该复选框后，当用户移动或拖动某一对象时，光标自动滑动到离对象最近的电气节点（如元件的引脚末端）处。建议用户勾选该复选框。如果想实现勾选"Center of Object（对象中心）"复选框后的功能，则应取消对"Object's Electrical Hot Spot（对象的电气热点）"复选框的勾选，否则移动元件时，光标仍然会自动滑到元件的电气节点处。

（6）"Auto Zoom（自动放缩）"复选框：勾选该复选框后，在插入元件时，电路原理图可以自动地实现缩放，调整出最佳的视图比例。建议用户勾选该复选框。

（7）"Single '\' Negation（使用'\'符号表示低电平有效表示）"复选框：一般在电路设计中，我们习惯在引脚的说明文字顶部加上一条横线表示低电平有效，在网络标签上也采用此种标识方法。Altium Designer Summer 09 允许使用"\"为文字顶部加一条横线。例如：RESET 低有效，可以采用"\R\E\S\E\T"的方式为该字符串顶部加一条横线。勾选该复选框后，只需在网络标签名称的第一个字符前加一个"\"，则该网络标签名将全部被加上横线。

（8）"Double Click Runs Inspector（双击运行检查）"复选框：勾选该复选框后，在原理图上双击某个对象时，可以打开"Inspector（检查）"面板。在该面板中列出了该对象的所有参数信息，用户可以进行查询或修改。

（9）"Confirm Selection Memory Clear（清除选定存储时需要确认）"复选框：勾选该复选框后，在清除选定的存储器时，将出现一个确认对话框。通过这项功能的设定可以防止由于疏忽而清除选定的存储器。建议用户勾选该复选框。

（10）"Hark Manual Parameters（标记需要手动操作的参数）"复选框：用于设置是否显示参数自动定位被取消的标记点。勾选该复选框后，如果对象的某个参数已取消了自动定位属性，那么在该参数的旁边会出现一个点状标记，提示用户该参数不能自动定位，

29

需手动定位,即应该与该参数所属的对象一起移动或旋转。

(11)"Click Clears Selection(单击清除选择)"复选框:勾选该复选框后,通过单击原理图编辑窗口中的任意位置,就可以解除对某一对象的选中状态,不需要再使用菜单命令或者"Schematic Standard(原理图标准)"工具栏中的 (取消对当前所有文件的选中)按钮。建议用户勾选该复选框。

(12)"Shift Click To Select(按 Shift 键并单击选择)"复选框:勾选该复选框后,只有在按下 Shift 键时,单击才能选中图元。此时,右侧的"Primitives(原始的)"按钮被激活。单击"Primitives(原始的)"按钮,弹出如图 2.12 所示的"Must Hold Shift To Select(必须按住 Shift 键选择)"对话框。可以设置哪些图元只有在按下 Shift 键时,单击才能选择。使用这项功能会使原理图的编辑很不方便,建议不必勾选该复选框,直接单击选择图元即可。

(13)"Always Drag(始终跟随拖曳)"复选框:勾选该复选框后,移动某一选中的图元时,与其相连的导线也随之被拖动,以保持连接关系。若不勾选该复选框,则移动图元时,与其相连的导线不会被拖动。

(14)"Place Sheet Entries Automatically(自动放置原理图入口)"复选框:勾选该复选框后,系统会自动放置图纸入口。

(15)"Protect Lacked Objects(保护锁定对象)"复选框:勾选该复选框后,系统会对锁定的图元进行保护,若不勾选该复选框,则镇定对象不会被保护。

2. Auto Pan Options(自动摇镜选项)选项组

该选项组主要用于设置系统的自动摇镜功能,即当光标在原理圈上移动时,系统会自动移动原理圈,以保证光标指向的位置进入可视区域。

(1)"Style(模式)"下拉列表框:用于设置系统自动摇镜的模式。有 3 个选项可以供用户选择,即 Auto Pan Off(关闭自动摇镜)、Auto Pan Fixed Jump(按照固定步长自动移动原理圈)和 Auto Pan Recenter(移动原理图时,以光标最近位置作为显示中心)。系统默认为 Auto Pan Fixed Jump(按照固定步长自动移动原理图)。

(2)"Speed(速度)"滑块:通过拖动滑块,可以设定原理圈移动的速度,滑块越向右,速度越快。

(3)"Step Size(移动步长)"文本框:用于设置原理图每次移动时的步长。系统默认值为 30,即每次移动 30 个像素点。数值越大,图纸移动越快。

(4)"Shift Step Size(快速移动步长)"文本框:用于设置在按住 Shift 键的情况下,原理图自动移动的步长。该文本框的值一般要大于"Step Size(移动步长)"文本框中的值,这样在按住 Shift 键时可以加快图纸的移动速度,系统默认值为 100。

3. Undo/Redo(撤销/重复)选项组

"Stack Size(堆栈大小)"文本框:用于设置可以取消或重复操作的最深层数,即次数的多少。理论上,取消或重复操作的次数可以无限多,但次数越多,所占用的系统内存就越大,会影响编辑操作的速度。系统默认值为 50,一般设定为 30 即可。

4. Color Options（颜色选项）选项组

该选项组用于设置所选中对象的颜色，单击"Selections（选择）"颜色显示框，系统将弹出如图2.18所示的"Choose Color（选择颜色）"对话框，在该对话框中可以设置选中对象的颜色。

5. Cursor（光标）选项组

该选项组主要用于设置光标的类型。在"Cursor Type（光标类型）"下拉列表框中，包含"Large Cursor 90（长十字形光标）""Small Cursor 90（短十字形光标）""Small Cursor 45（短45°交叉光标）"和"Tiny Cursor 45（小45°交叉光标）"4种光标类型。系统默认为"Small Cursor 90（短十字形光标）"类型。

其他参数的设置读者可以参照帮助文档，这里不再介绍。

【任务小结】

（1）原理图图纸设置的参数。

（2）原理图编辑器参数的设置。

【操作实例】

2.2.3　按题目要求设置原理图编辑环境

（1）在指定根目录底下新建一个以考生的准考证号为名的文件夹，然后新建一个以自己拼音命名的PCB项目文件。例：考生陈大勇的文件名为：CDY.PRJPCB；然后在其内新建一个原理图设计文件，名为：学号.SchDoc。

（2）设置图纸大小为A3，工作区颜色为210号色，边框颜色为6号色。设置捕捉栅格为5mil。设置系统字体为楷体、字号为12，效果选择删除线，设置鼠标样式为大90°，设置自动撤销次数为30次。

（3）设置标题栏如图2.28所示。用"特殊字符串"设置绘图者为"GXSDXY"，标题为"电子线路设计"，字体为华文行楷，颜色为231号色，如样图2.28所示。

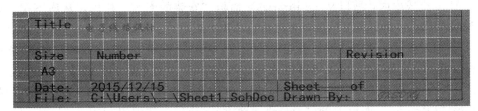

图2.28　样图一

任务2.3　三极管放大电路原理图设计

【本任务内容简介】

（1）在原理图中放置元件。

（2）元件的电气连接。

（3）编译项目。

【任务描述】

- 掌握原理图元件库管理器的使用方法。
- 掌握原理图编辑器菜单以及工具栏的基本使用方法。

【任务实施】

2.3.1 在原理图中放置元件

（1）下面将介绍从默认的安装库中首先放置两个三极管 Q1 和 Q2。

1）从菜单选择"View（视图）" \ "Fit Document（合适文档）"或按快捷键 V+D 确认设计者的原理图纸显示在整个窗口中。

2）单击"Libraries（库）"标签以显示"Libraries（库）"面板，如图 2.29 所示。

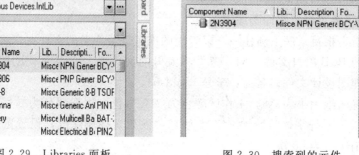

图 2.29　Libraries 面板　　　　图 2.30　搜索到的元件

3）Q1 和 Q2 是型号为 2N3904 的三极管，该三极管放在 Miscellaneous Devices.IntLib 集成库内，所以从"Libraries"面板"安装的库名"栏内，从库下拉列表中选择 Miscellaneous Devices.IntLib 来激活这个库。

4）使用过滤器快速定位设计者需要的元件。默认通配符"＊"可以列出所有能在库中找到的元件。在库名下的过滤器栏内输入＊3904＊设置过滤器，将会列出所有包含"3904"的元件。如图 2.30 所示。若我们须添加的原理图元件在系统默认的库没有，我们可以选择"Libraries"面板上的"Search（搜索）"选项，就弹出如图 2.31 所示的"Libraries Search（面板搜索）"对话框，在对话框中选择"Advanced（高级选项）"，并勾选上"Libraries on path（路径库）"选项，然后在"（Name = '')"的空白处输入要查找的元件名称，点击对话框左下方的"Search（搜索）"按钮就可以在库里面进行搜索，如图 2.32 所示。

5）在列表中单击 2N3904 来选择它，然后单击"Place"按钮。另外，还可以双击元件名。此时光标将变成十字状，并且在光标上"悬浮"着一个三极管的轮廓。现在设计者处于元件放置状态，如果设计者移动光标，三极管轮廓也会随之移动。

6）在原理图上放置元件之前，首先要编辑其属性。在三极管悬浮在光标上时，按下

任务 2.3 三极管放大电路原理图设计

Tab 键，这将打开"Component Properties（元件属性）"对话框，现在要设置对话框选项如图 2.33 所示。

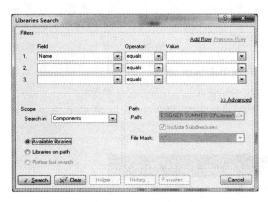

图 2.31 "Libraries Search（面板搜索）"对话框一

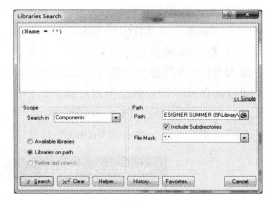

图 2.32 "Libraries Search（面板搜索）"对话框二

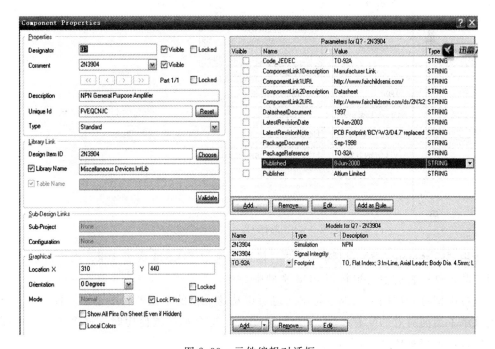

图 2.33 元件编辑对话框

7）对话框"Properties"单元中，在"Designator"栏中输入 Q1 以将其值作为第一个元件序号。

8）下面将检查在 PCB 中用于表示元件的封装。在课本的后面项目有集成库的介绍，这些库已经包括了封装和电路仿真的模型。确认在模型列表中（Models for Q? - 2N3904）含有模型名 TO-92A 的封装，保留其余栏为默认值，并单击"OK"按钮关闭对话框。

（2）下面放置四个电阻（resistors）。

1) 在"Libraries"面板中，确认 Miscellaneous Devices.IntLib 库为当前。在库名下的过滤器栏里输入 res2 来设置过滤器。

2) 在元件列表中单击"RES2"以选择它，然后单击"Place"按钮，现在设计者会有一个"悬浮"在光标上的电阻符号。

3) 按 Tab 键编辑电阻的属性。在对话框的"Properties"单元，在"Designator"栏中输入 R1 以将其值作为第一个元件序号；若放置好元件后，要修改其属性，可以在元件上面双击鼠标左键，就会弹出对话框的"Properties"单元。

4) 在对话框的"Properties"单元，单击"Comment"栏并从下拉列表中选择"＝Value"（图 2.34），单击"Visible"有效。

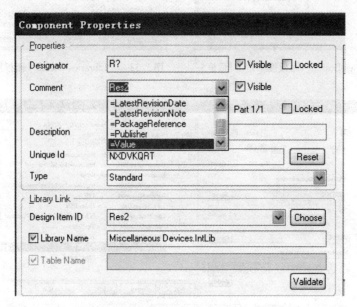

图 2.34　选择 Comment＝Value

使用"Comment"栏可以输入元件的描述，例如 74LS04 或者 10k。当原理图与 PCB 图同步时，这一栏的值将更新到 PCB 文件中。

也可以把这一栏的值当成字符串，也可以从这一栏的下拉列表中选择一种参数，下拉列表显示了当前有效的所有参数。当"＝Value"这个参数被使用时，这个参数将被用于电路仿真，也将被传到 PCB 文件中。

5) PCB 元件的内容由原理图映射过去，所以在"Parameters"栏将 R1 的值（Value）改为 12K。

6) 在模型列表中确定封装"AXIAL－0.4"已经被包含如图 2.35 所示，单击"OK"按钮返回放置模式。

7) 按 Space 键将电阻逆时针方向旋转 90°。

(3) 现在放置两个电容（capacitors）。

在"Libraries"面板的元件过滤器栏输入"Cap Pol2"，方法同上。

(4) 放置连接器（connector）。

图 2.35

连接器在 Miscellaneous Connectors.IntLib 库里。从"Libraries"面板"安装的库名"栏内，从库下拉列表中选择 Miscellaneous Connectors.IntLib 来激活这个库。

1）我们想要的连接器是两个引脚的插座，所以设置过滤器为 H*2*。

2）在元件列表中选择"HEADER2"并单击"Place"按钮。按 Tab 键编辑其属性并设置 Designator 为 P1，检查 PCB 封装模型为 HDR1X2。由于在仿真电路时我将把这个元件换为电压源，所以不需要作规则设置，单击"OK"关闭对话框。

3）以放置连接器之前，按 X 键作水平翻转，按 Y 键作垂直翻转，在原理图中放下连接器。右击或按 ESC 退出放置模式。

4）从菜单选择"File（文件）"\"Save（保存）"或按快捷键 F+S 保存设计者的原理图。

现在已经放完了所有的元件。元件的摆放如图 2.36 所示，从中可以看出元件之间留有间隔，这样就有大量的空间用来将导线连接到每个元件引脚上。

如果设计者需要移动元件，鼠标左击并拖动元件体，拖到需要的位置放开鼠标左键即可。

2.3.2 元件的电气连接

2.3.2.1 导线连接

连线起着在设计者的电路中的各种元器件之间建立连接的作用。要在原理图中连线，

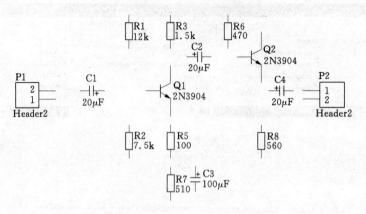

图 2.36　元件摆放完后的电路图

参照图 2.37 并完成以下步骤。

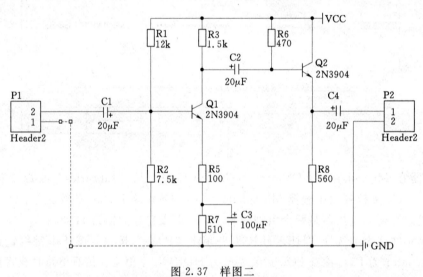

图 2.37　样图二

(1) 为了使电路图清晰,可以使用 Page Up 键来放大,或 Page Down 键来缩小;保持 Ctrl 键按下,使用鼠标的滑轮也可以放大或缩小;如果要查看全部视图,从菜单选择"View"/"Fit All Objects"或按快捷键 V+F。

(2) 首先用以下方法将电阻 R1 与三极管 Q1 的基极连接起来。①从菜单选择"Place"/"Wire"或按快捷键 P+W;②从连线工具栏单击 ≈ 工具进入连线模式,此时光标变成十字形状并附加一个交叉符号。

(3) 将光标移动到想要完成电气连接的元件 R1 的引脚上,单击放置导线的起点。由于启用了自动捕捉电气节点(electrical snap)的功能,因此,电气连接很容易完成。出现红色的符号表示电气连接成功,移动光标,多次单击可以确定多个固定点,最后放置导线的终点到 Q1 上,完成两个元件之间的电气连接。此时光标仍处于放置导线的状态,重复上述操作可以继续放置其他的导线。

（4）导线的拐弯模式。如果要连接的两个引脚不在同一水平线或同一垂直线上，则在放置导线的过程中需要单击确定导线的拐弯位置，并且可以通过按 Shift＋Space 键来切换导线的拐弯模式。有 90°、45°和任意角度 3 种拐弯模式，如图 2.38 所示。导线放置完毕，右击或按〈Esc〉键即可退出该操作。

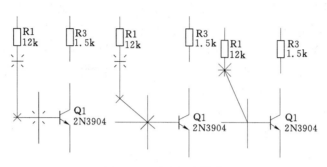

图 2.38　导线拐弯模式

（5）设置导线的属性，任何一个建立起来的电气连接都被称为一个网络（Net），每个网络都有自己唯一的名称，系统为每一个网络设置默认的名称，用户也可以自行设置。原理图完成并编译结束后，在导航栏中即可看到各种网络的名称。在放置导线的过程中，用户可以对导线的属性进行设置。双击导线或在光标处于放置导线的状态时按 Tab 键，弹出如图 2.39 所示的"Wire（导线）"对话框，在该对话框中可以对导线的颜色、线宽参数进行设置。

1）Color（颜色）：单击该颜色显示框，系统将弹出如图 2.40 所示的"Choose Color（选择颜色）"对话框。在该对话框中可以选择并设置需要的导线颜色。系统默认为深蓝色。

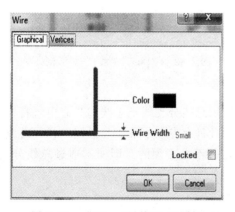

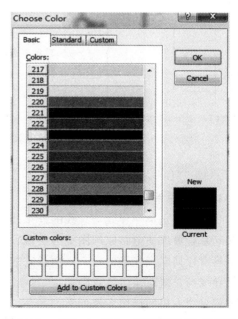

图 2.39　"Wire（导线）"对话框　　图 2.40　"Choose Color（选择颜色）"对话框

2) Wire Width（线宽）：在该下拉列表框中有 Smallest（最小）、Small（小）、Medium（中等）和 Large（大）4 个选项可供用户选择．系统默认为 Small（小）。在实际中应该参照与其相连的元件引脚线的宽度进行选择。

2.3.2.2 总线的绘制

总线是一组具有相同性质的并行信号线的组合，如数据总线、地址总线、控制总线等。在大规模的原理图设计，尤其是数字电路的设计中，如果只用导线来完成各元件之间的电气连接，那么整个原理图的连线就会显得杂乱而繁琐。而总线的运用可以大大简化原理图的连线操作，使原理图更加整洁、美观。原理图编辑环境下的总线没有任何实质的电气连接意义，仅仅是为了绘图和读图方便而采取的一种简化连线的表现形式。

总线的放置与导线的放置基本相同，其操作步骤如下：

（1）单击菜单栏中的"Place（放置）"\"Bus（总线）"命令，或单击"Wiring（连线）"工具栏中的 ![icon] （放置总线）按钮，或按快捷键 P＋B，此时光标变成十字形状。

（2）将光标移动到想要放置总线的起点位置，单击确定总线的起点，然后拖动光标，单击确定多个固定点，最后确定终点，如图 2.41 所示。总线的放置不必与元件的引脚相连，它只是为了方便接下来对总线分支线的绘制而设定的。

（3）设置总线的属性。在放置总线的过程中，可以对总线的属性进行设置。双击总线或在光标处于放置总线的状态时按 Tab 键，弹出如图 2.42 所示的"Bus（总线）"对话框，在该对话框中可以对总线的属性进行设置。

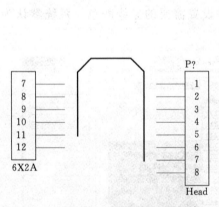

图 2.41 总线放置

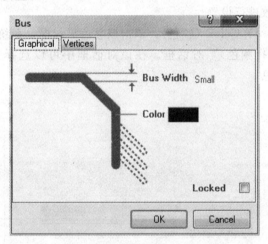

图 2.42 "Bus（总线）"对话框

2.3.2.3 绘制总线分支线

总线分支线是单一导线与总线的连接线。使用总线分支线把总线和具有电气特性的导线连接起来，可以使电路原理图更为美观、清晰且具有专业水准。与总线一样，总线分支线也不具有任何电气连接的意义，而且它的存在并不是必须的，即便不通过总线分支线，直接把导线与总线连接也是正确的。

放置总线入口的操作步骤如下：

（1）单击菜单栏中的"Place（放置）"\"Bus Entry（总线入口）"命令，或单击

"Wiring（连线）"工具栏中的 （放置总线入口）按钮，或按快捷键 P＋U，此时光标变成十字形状。

（2）在导线与总线之间单击，即可放置一段总线入口分支线。同时在该命令状态下，按 Space 键可以调整总线入口分支线的方向，如图 2.43 所示。

（3）设置总线入口的属性。在放置总线入口分支线的过程中，用户可以对总线入口分支线的属性进行设置。双击总线入口或在光标处于放置总线入口的状态时按 Tab 键，弹出如图 2.44 所示的"Bus Entry（总线入口）"对话框，在该对话框中可以对总线分支线的属性进行设置。

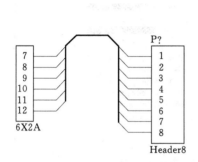

图 2.43 总线入口分支线的放置

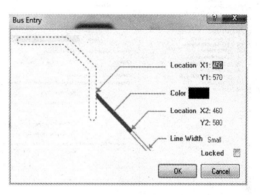

图 2.44 "Bus Entry（总线入口）"对话框

2.3.2.4 放置电气节点

在 Altium Designer Summer 09 中，默认情况下，系统会在导线的 T 型交叉点处自动放置电气节点，表示所画线路在电气意义上是连接的。但在其他情况下，如十字交叉点处，由于系统无法判断导线是否连接，因此不会自动放置电气节点。如果导线确实是相互连接的，就需要用户自己手动来放置电气节点。

手动放置电气节点的步骤如下：

（1）单击菜单栏中的"Place（放置）"\"Manual Junction（电气节点）"命令，或用快捷键 P＋J，此时光标变成十字形状，并带有一个电气节点符号。

（2）移动光标到需要放置电气节点的地方，单击即可完成放置，如图 2.45 所示，此时光标仍处于放置电气节点的状态，重复操作即可放置其他节点。

（3）设置电气节点的属性。在放置电气节点的过程中，用户可以对电气节点的属性进行设置。双击电气节点或者在光标处于放置电气节点的状态时按 Tab 键，弹出如图 2.45 所示的"Junction（节点）"对话框，在该对话框中可以对电气节点的属性进行设置。

系统存在着一个默认的自动放置节点的

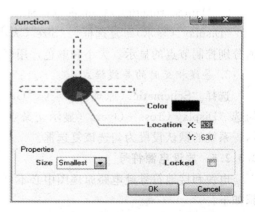

图 2.45 "Junction（节点）"对话框

属性，用户也可以按照自己的习惯进行改变。单击菜单栏中的"Tools（工具）"\
"Schematic Preferences（原理图优选参数设置）"命令，弹出"Preferences（优选参数设置）"对话框，选择"Schematic（原理图）"\"Compiler（编译器）"标签页即可对各类节点进行设置，如图2.46所示。

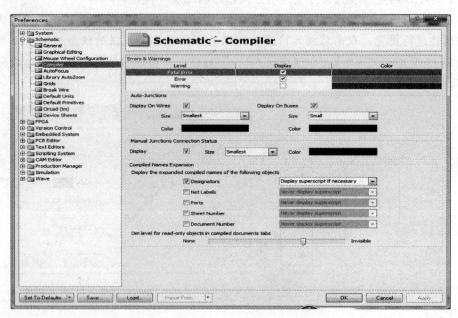

图2.46 "Compiler（编译器）"对话框

1. Auto-Junctions（自动连接）选项组

（1）"Display On Wires（连接线上的节点显示）"复选框：勾选该缸选框，则显示，在导线上自动设置的节点，系统默认为勾选状态。在下面的"Size（大小）"下拉列表框和"Color（颜色）"颜色显示框中可以对节点的大小和颜色进行设置。

（2）"Display On Buses（总线上的节点显示）"复选框：勾选该复选框，则显示在总线上自动设置的节点，系统默认为勾选状态。在下面的"Size（大小）"下拉列表框和"Color（颜色）"颜色显示框中可以对节点的大小和颜色进行设置。

2. Manual Junctions Connection Status（手动连接状态）选项组

"Display（显示）"复选框、"Size（大小）"下拉列表框和"Color（颜色）"颜色显示框分别控制节点的显示、大小和颜色，用以自行设置。

3. 导线相交时的导线模式

选择"Schematic（原理图）"\"General（常规设置）"标签页，如图2.47所示。勾选"Display Cross-Overs（显示交叉点）"复选框，可以改变原理图中的交叉导线显示。系统的默认设段为勾选该复选框。

2.3.2.5 放设电源符号

电源和接地符号赴电路原理图中必不可少的组成郎分，放置电源和接地符号的操作步骤如下：

（1）单击菜单栏中的"Place（放置）"\"Power Port（电源和按地符号）"命令，

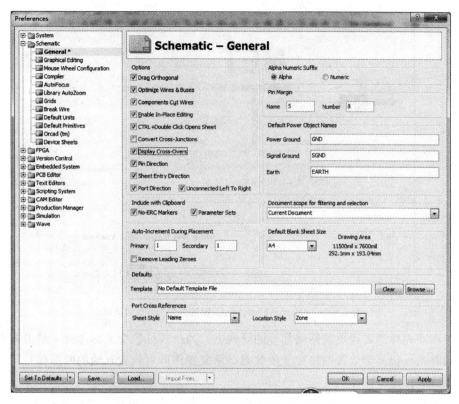

图 2.47 "General（常规设置）"标签页

或单击"Wiring（连线）"工具栏中的 ⏚（接地符号）或 （电源符号）按钮，或按快捷键 P+O，此时光标变成十字形状，并带有一个电源或接地符号。

（2）移动光标到需要放置电源或接地符号的地方，单击即可完成放置。此时光标仍处于放置电源或接地的状态，重复操作即可放置其他的电源或接地符号。

（3）设置电源和接地符号的属性。在放置电源和接地符号的过程中，用户可以对电源和接地符号的属性进行设置。双击电源和接地符号或在光标处于放置电源和接地符号的状态时按 Tab 键，弹出如图 2.48 所示的"Power Port（电源和接地符号）"对话框，在该对话框中可以对电源或接地符号的颜色、风格、位置、旋转角度及所在网络等属性进行设置。

2.3.2.6 放置网络标签

在原理图的绘制过程中，元件之间的电气连接除了使用导线外，还可以通过设置网络标号的方法来实现。

1. 放置网络标号

下面以放置电源网络标号为例介绍网络标号放置的操作步骤。

（1）单击菜单栏中的"Place（放置）"\"Net Label（网络标号）"命令，或单击"Wiring（连线）"工具栏中的 （放置网络标号）按钮，或按快捷键 P+N，此时光标变成十字形状，并带有一个初始标号"Net Label1"如图 2.49 所示。

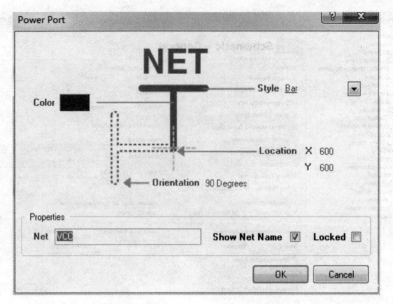

图 2.48 "Power Port（电源和接地符号）"对话框

（2）移动光标到需要放置网络标号的导线上，当出现红色交叉标志时，单击即可完成放置，此时光标仍处于放置网络标号的状态，重复操作即可放置其他的网络标号，右击或者按 Esc 键即可退出操作。

（3）设置网络标号的属性。在放置网络标号的过程中，用户可以对其属性进行设置。双击网络标号或者在光标处于放置网络标号的状态时按 Tab 键，弹出如图 2.50 所示的"Net Label（网络标号）"对话框，在该对话框中可以对网络标号的颜色、位置、旋转角度、名称及字体等属性进行设置。

2. 改写网络名称

可以在工作窗口中直接改变"Net（网络）"的名称，其操作步骤如下：

（1）单击菜单栏中的"Tools（工具）"\"Schematic Preferences（原理图优选参数设置）"命令，弹出"Preferences（优选参数设置）"对话框，选择"Schematic（原理图）"\"General（常规设置）"标签，勾选"Enable In-Place Editing（能够在当前位置编辑）"复选框（系统默认即为勾选状态），如图 2.50 所示。

（2）在工作窗口中单击网络标号的名称，过一段时间后再次单击网络标号的名称即可对该网络标号的名称进行编辑。

2.3.2.7 放置输入/输出端口

通过前面的学习我们知道，在设计原理图时，两点之间的电气连接，可以直接使用导线连接，也可以通过设置相同的网络标号来完成，还有一种方法，就是使用电路的输入/输出端口，相同名称的输入/输出端口在电气关系上是连接在一起的。一般情况下，在一张图纸中是不使用端口连接的，但在层次电路原理图的绘制过程中经常用到这种电气连接方式。放置输入/输出端口的操作步骤如下：

（1）单击菜单栏中的"Place（放置）"\"Port（端口）"命令，或单击"Wiring

（连线）"工具栏中的 （放置端口）按钮，或按快捷键 P＋R，此时光标变成十字形状，并带有一个输入/输出端口符号，如图 2.51 所示。

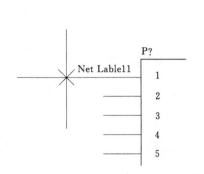

图 2.49　放置网络标号样式

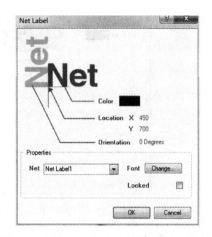

图 2.50　"Net Label（网络标号）"对话框

（2）移动光标到需要放置输入/输出端口的元件引脚末端或导线上，当出现红色交叉标志时，单击确定端口一端的位置。然后拖动光标使端口的大小合适。再次单击确定端口另一端的位置，即可完成输入/输出端口的一次放置，此时光标仍处于放置输入/输出端口的状态，重复操作即可放置其他的输入输出端口。

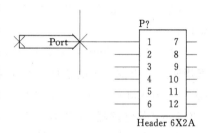

图 2.51　输入输出端口放置

（3）设置输入/输出端口的属性，在放置输入/输出端口的过程中，用户可以对输入/输出端口的属性进行设置，双击输入、输出端口或者在光标处于放置状态时按 Tab 键，弹出如图 2.52 所示的"Port Properties（端口属性）"对话框，在该对话框中可以对输入/输出端口的属性进行设置。

其中各选项的说明如下：

（1）"Alignment（队列）"：用于设置端口名称的位置，有 Center（居中）、Left（靠左）和 Right（靠右）3 种选择。

（2）"Text Color（文本颜色）"：用于设置文本颜色。

（3）"Width（宽度）"：用于设置端口宽度。

（4）"Fill Color（填充颜色）"：用于设置端口内填充颜色。

（5）"Border Color（边框颜色）"：用于设置边框颜色。

（6）"Style（风格）"：用于设置端口外观风格，包括 None（Horizontal）（水平）、Left（左）、Right（右）、Left ＆ Right（左和右）、None（Vertical）（垂直）、Top（顶）、Bottom（底）和 Top＆Bottom（顶和底）8 种选择。

（7）"Location（位置）"：用于设置端口位置，可以设置 X、Y 坐标值。

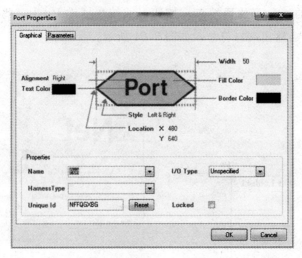

图 2.52 "Port Properties（端口属性）"对话框

（8）"Name（名称）"：用于设置端口名称，这是端口最重要的属性之一，具有相同名称的端口在电气上是连通的。

（9）"Unique ID（唯一的 ID）"：唯一的识别符，用户一般不需要改动此项，保留默认设置。

（10）"I/O Type（输入/输出端口的类型）"：用于设置端口的电气特性，对后面的电气规则检查提供一定的依据。有 Unspecified（未指明或不确定）、Output（输出）、Input（输入）和 Bidirectional（双向型）4 种类型。

2.3.2.8 放置忽略 ERC 测试点

在电路设计过程中，系统进行电气规则检查（ERC）时，有时会产生一些不希望产生的错误报告。例如，由于电路设计的需要，一些元件的个别输入引脚有可能被悬空，但在系统默认情况下，所有的输入引脚都必须进行连接，这样在 ERC 检查时，系统会认为悬空的输入引脚使用错误，并在引脚处放置一个错误标记。

为了避免用户为检查这种错误而浪费时间，可以使用忽略 ERC 测试符号，让系统忽略对此处的 ERC 测试，不再产生错误报告。放置忽略 ERC 测试点的操作步骤如下：

（1）单击菜单栏中的"Place（放置）"\ "Directives（指示符）"\ "No ERC（忽略 ERC 测试点）"命令，或单击"Wiring（连线）"工具栏中的 ✕（放置忽略 ERC 测试点）按钮，或按快捷键 P+V+N。此时光标变成十字形状，并带有一个红色的交叉符号，如图 2.53 所示。

（2）移动光标到需要放置忽略 ERC 测试点的位置处，单击即可完成放置，此时光标仍处于放置忽略 ERC 测试点的状态，重复操作即可放置其他的忽略 ERC 测试点。右击或按 Esc 键即可退出操作。

（3）设置忽略 ERC 测试点的属性。在放置忽略 ERC 测试点的过程中，用户可以对忽略 ERC 测试点的属性进行设置，双击忽略 ERC 测试点或在光标处于放置忽略 ERC 测试点的状态时按 Tab 键，弹出如图 2.54 所示的"No ERC（忽略 ERC 测试点）"对话框。

在该对话框中可以对忽略 ERC 测试点的颜色及位置属性进行设置。

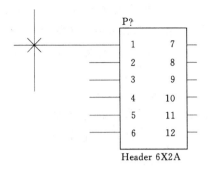

图 2.53　放置忽略 ERC 测试点

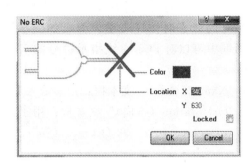

图 2.54　忽略 ERC 测试点对话框

2.3.2.9　放置 PCB 布线指示

用户绘制原理图的时候,可以在电路的某些位置放置 PCB 布线指示,以便预先规划和指定该处的 PCB 布线规则,包括铜箔的宽度,布线的策略、布线优先级及布线板层等,这样,在由原理图创建 PCB 印制板的过程中,系统就会自动引入这些特殊的设计规则。放置 PCB 布线指示的步骤如下:

(1) 单击菜单栏中的"Place(放置)"\"Directives(指示符)"\"PCB Layout(PCB 布线指示)"命令,或按快捷键 P+V+P,此时光标变成十字形状,并带有一个 PCB 布线指示符号。

(2) 固移动光标到需要放置 PCB 布线指示的位置处,单击即可完成放置,如图 2.55 所示。此时光标仍处于放置 PCB 布线指示的状态,重复操作即可放置其他的 PCB 布线指示符号。右击或者按 Esc 键即可退出操作。

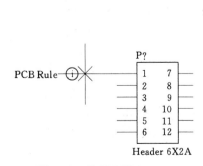

图 2.55　放置 PCB Layout

图 2.56　"Parameters(参数)"对话框

(3) 设置 PCB 布线指示的属性。在放置 PCB 布线指示符号的过程中,用户可以对 PCB 布线指示符号的属性进行设置。双击 PCB 布线指示符号或在光标处于放置 PCB 布线指示符号的状态时按 Tab 键,弹出如图 2.56 所示的"Parameters(参数)"对话框。在该对话框中可以对 PCB 布线指示符号的名称、位置、旋转角度及布线规则等属性进行设置。

(1) "Name(名称)"文本框:用于输入 PCB 布线指示符号的名称。

(2) "Orientation(方向)"文本框:用于设定 PCB 布线指示符号在原理图上的放置方向,有 0 Degrees(0°)、90 Degrees(90°)、180 Degrees(180°)和 270 Degrees(270°) 4 个选项。

(3) "X-Location(X 轴)"文本框、"Y-Location(Y 轴)"文本框:用于设定 PCB 布线指示符号在原理图上的 X 轴和 Y 轴坐标。

(4) 参数坐标窗口:该窗口中列出了该 PCB 布线指示的相关参数,包括名称、数值及类型。选中任一参数值,单击"Edit(编辑)"按钮,系统弹出如图 2.57 所示的"Parameter Properties(参数属性)"对话框。

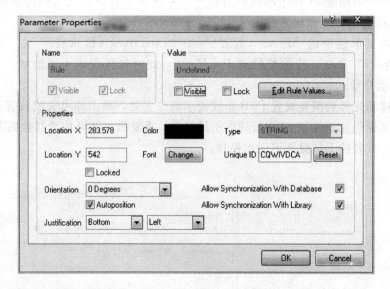

图 2.57 "Parameter Properties(参数属性)"对话框

在该对话框中单击"Edit Rule Values(编辑规则值)"按钮,系统将弹出如图 2.58 所示"Choose Design Rule Type(选择设计规则类型)"对话框,在该对话框中列车了 PCB 布线时用到的所有类型的规则供用户选择。

例如,选中"Width Constraint(导线宽度约束规则)"选项,单击"OK(确定)"按钮后,则弹出相应的导线宽度设置对话框,如图 3.59 所示。该对话框分为两部分,上半部分是图形显示部分,下半部分是列表显示部分,均可用于设置导线的宽度。

属性设置完毕后,单击"OK(确定)"按钮即可关闭该对话框。

2.3.2.10 绘制三极管放大电路

(1) 按给出的电路图绘制完成电路设计,如图 2.60 所示。

任务 2.3 三极管放大电路原理图设计

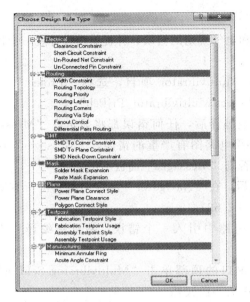

图 2.58 Choose Design Rule Type 对话框

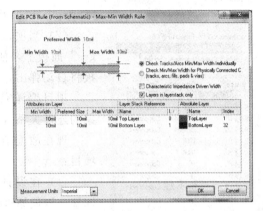

图 2.59 设置导线宽度

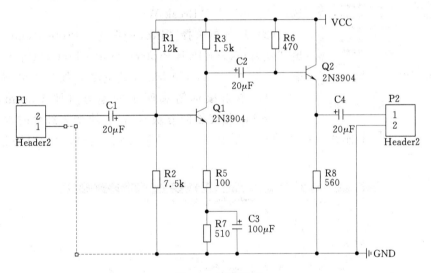

图 2.60 样图三

（2）如果电路图有某处画错了，需要删除，方法如下：

方法 1：从菜单栏选择 "Edit" / "Delete" 或按快捷键 E+D，然后选择需要删除的元件、连线或网络标记等即可。

右击或按 Esc 键退出删除状态。

方法 2：可以先选择要删除的元件、连线或网络标记等，选中的元件有绿色的小方块包围住，如图 2.61 所示，然后按 Delete 键即可。

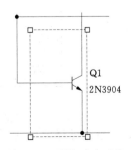

图 2.61 删除选中元件

2.3.3 编译项目

编译项目可以检查设计文件中的设计草图和电气规则的错误，并提供给设计者一个排除错误的环境。

(1) 要编译 Multivibrator 项目，选择"Project" \ "Compile PCB Project Multivibrator.PrjPcb"。

(2) 当项目被编译后，任何错误都将显示在"Messages"面板上，如果电路图有严重的错误，"Messages"面板将自动弹出，否则"Messages"面板不出现。

项目编译完后，在"Navigator"面板中将列出所有对象的连接关系（图 2.62）。

现在故意在电路中引入一个错误，并重新编译一次项目：

(1) 在设计窗口的顶部单击"Multivibrator.SchDoc"标签，以使原理图为当前文档。

(2) 在电路图中将 R1 与 Q1 基极的连线断开。从菜单选择"Edit" \ "Break Wire"。

(3) 从菜单选择"Protect" \ "Protect Options"，弹出"Options for PCB Protect Multivibrator.PrjPCB"对话框，选择"Connectoin Matrix"标签，如图 2.63 所示。

(4) 单击鼠标箭头所示的地方（即 Unconnected 与 Passive Pin 相交处的方块），在方块变为红色时停止单击，表示元件管脚如果未连线，报告错误（默认是一个绿色方块，表示运行时不给出错误报告）。

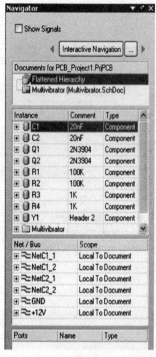

图 2.62 "Navigator"面板

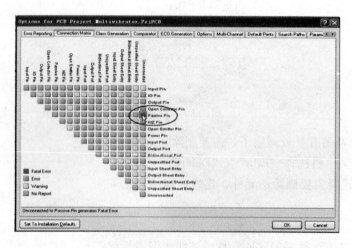

图 2.63 设置错误检查条件

(5) 重新编译项目（"Project" \ "Compile PCB Project Multivibrator.PrjPcb"）来检查错误，自动弹出"Messages"面板如图 2.64 所示，指出错误信息：Q1-2 脚没有

连接。

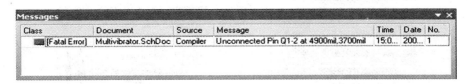

图 2.64 指出错误信息

（6）双击"Messages"面板中的错误或者警告，弹出"Compile Error"窗口，将显示错误的详细信息。从这个窗口，设计者可单击一个错误或者警告直接跳转到原理图相应位置去检查或修改错误。

（7）将删除的线段连通以后，重新编译项目（"Project"\"Compile PCB Project Multivibrator.PrjPcb"）来检查。Messages 对话框没有信息显示。

【任务小结】

（1）绘制原理图。

（2）编译项目。

（3）在电路中引入一个错误，并重新编译一次项目。

【操作实例】

2.3.4 绘制声控闪光电路

（1）绘制如图 2.65 所示的声控闪光电路。

（2）执行命令"File"\"New"\"Project"\"PCB Project"，弹出"Projects"面板。在面板中出现了新建的项目文件，系统提供的默认名为"PCB - Project1.PrjPCB"，如图 2.66 所示。

（3）执行菜单栏命令"File"\"Save Project as（项目另存为）"，在弹出的保存文件对话框中输入"声控闪光电路.PrjPCB"文件名，并保存在指定位置。此时，"Projects"面板中的项目名变为"声控闪光电路.PrjPCB"。

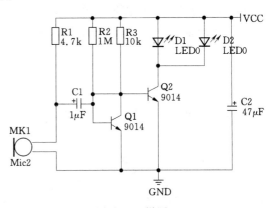

图 2.65 样图四

（4）执行命令"File"\"New"\"Schematic"，在项目文件中新建一个默认名为"Sheet1.SchDoc"电路原理图文件。然后执行"File"\"Save As"。在弹出的保存文件对话框中输入"声控闪光电路.SchDoc"文件名，并保存在指定位置。如图 2.67 所示。

（5）在电路原理图上放置元器件并完成电路图。在绘制过程中，放置元器件的基本依据是根据信号的流向放置，或从左到右，或从右到左。首先放置电路中关键的元器件，之后放置电阻、电容等外围元器件。

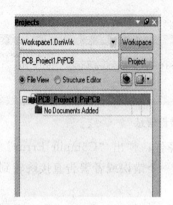
图 2.66 新建项目文件

图 2.67 创建原理图文件

1) 放置电路元件。打开"Libraries"面板,在当前元器件库名称栏中选择 Miscellaneous Devices.IntLib,在元器件列表中分别选择电路图中的元器件进行放置。

2) 编辑元器件属性。在图纸上放置完元器件后,用户要对每个元器件的属性进行编辑,包括元器件标识符、序号、型号等。设置好元件属性的电路原理图如图 2.68 所示。

3) 连接导线。根据电路设计的要求,将各个元器件用导线连接起来。单击布线工具栏中的绘制导线按钮 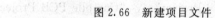,完成元器件之间的连接。在必要的位置执行命令"Place" \ "Manual Junction",放置节点。

4) 放置电路和地线符号。单击布线工具栏的电源按钮 和接地按钮 ,在电路中放置电源和接地。完成电路图的绘制,如图 2.69 所示。

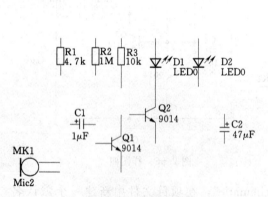
图 2.68 设置好元件属性后的布局

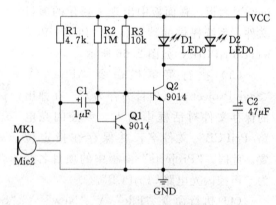
图 2.69 绘制完成的电路图

2.3.5 绘制 LED 发光电路

1. 绘制电路

绘制如图 2.70LED 发光电路。

2. 操作步骤

(1) 新建文件夹。

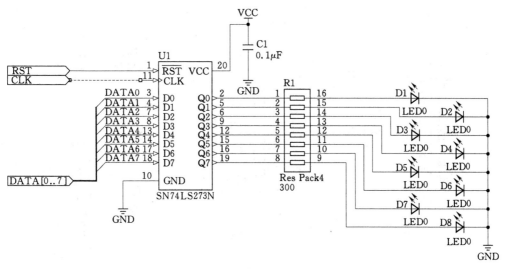

图 2.70 LED 发光电路

在学生本人文件夹下新建一个文件夹,命名为"LED 发光电路"。

(2) 新建项目文件。

新建一个项目文件,命名为"LED 发光电路.PrjPCB",保存到"LED 发光电路"文件夹中。

(3) 新建原理图文件。

新建一个名为"LED 发光电路.SchDoc"的原理图文件,保存到"LED 发光电路"文件夹中。

(4) 原理图图纸设置。

执行菜单"Design"/"Document Options"命令,弹出"Document Options"对话框。图纸类型设置为 A4,显示标准标题栏,捕获栅格设置为 5,可视栅格设置为 10,电气栅格设置为 4。

(5) 放置元器件。

元器件信息见表 2.3,依据表 2.3 添加元器件库,放置元器件。放置并修改其属性后如图 2.71 所示。

表 2.3 元器件信息清单

元器件名称	元器件标号	所在元件库
SN74LS273N	U1	TI Logic Flip-Flop.IntLib
Res Pack4	R1	Miscellaneous Devices.IntLib
LED0	D1-D8	Miscellaneous Devices.IntLib
Cap	C1	Miscellaneous Devices.IntLib
VCC	VCC	Wiring 工具栏
GND	GND	Wiring 工具栏

(6) 元器件布局。

将放置的元器件合理布局,如图 2.72 所示。

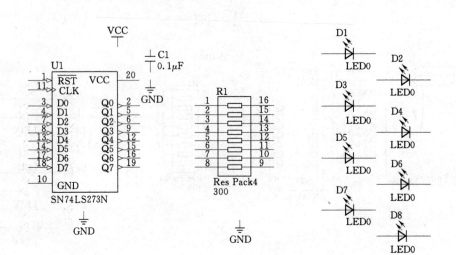

图 2.71 放置元件、电源及接地

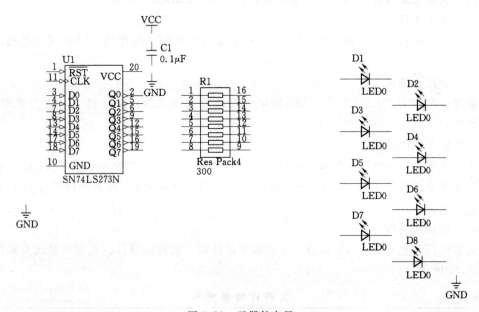

图 2.72 元器件布局

(7) 连接导线。

将大部分导线连接后,如图 2.73 所示。

(8) 绘制总线与总线分支。

单击工具菜单 ,或者单击菜单"Place"/"Bus",绘制总线。

单击工具菜单 ,或者单击菜单"Place"/"Bus Entry",绘制总线分支,如图 2.74 所示。

(9) 放置网络标号。

任务 2.3　三极管放大电路原理图设计

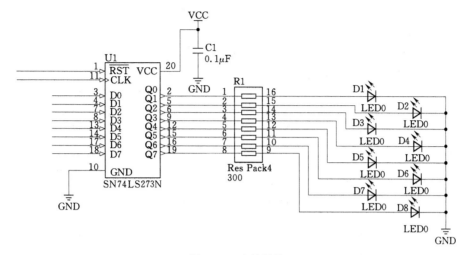

图 2.73　连接导线

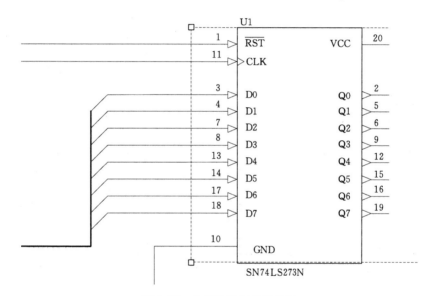

图 2.74　绘制总线与总线分支

单击工具菜单 ，或者单击菜单"Place"/"Net Lable"，放置网络标号。放置前按 Tab 键修改属性，如图 2.75 所示。

（10）放置 I/O 端口。

单击工具菜单，或者单击菜单"Place"/"Port"，放置 I/O 端口。修改 I/O 端口属性，修改端口名称，并将其"I/OType"属性修改为"Input"，如图 2.76 所示。

（11）添加说明性文字。

单击菜单"Place"/"Text String"，在原理图下方放置文本注释"实验四 线路连接与绘图"，并修改其属性，字形为粗斜体，字号为二号，颜色为蓝色。

（12）保存。

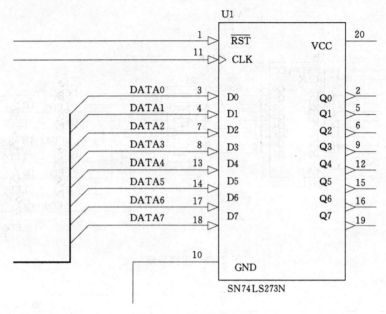

图 2.75 放置网络标号

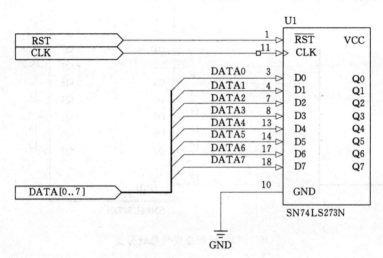

图 2.76 放置 I/O 端口

项目 3

51 单片机最小系统原理图绘制

任务 3.1　层次化原理图的设计

【本任务内容简介】
(1) 层次电路原理图的基本概念和结构。
(2) 层次电路原理图的设计方法。
(3) 层次电路原理图之间的切换。

【任务描述】
- 了解层次原理图、模块，设计包含子图符号的父图（方块图）、子图的含义。
- 了解"自上而下"和"自下而上"这两种层次电路设计方法。
- 熟练掌握自上而下的层次原理图设计。

【任务实施】

3.1.1　层次电路原理图的基本概念和结构

对于一个庞大和复杂的电子项目的设计系统，最好的设计方式是在设计时应尽量将其按功能分解成相对独立的模块进行设计，这样的设计方法会使电路描述的各个部分功能更加清晰。同时还可以将各独立部分分配给多个工程人员，让他们独立完成，这样可以大大缩短开发周期，提高模块电路的复用性和加快设计速度。采用这种方式后，对单个模块设计的修改可以不影响系统的整体设计，提高了系统的灵活性。

为了适应电路原理图的模块化设计，Altium Designer Summer 09 提供了层次原理图设计方法。所谓层次化设计，是指将一个复杂的设计任务分派成一系列有层次结构的、相对简单的电路设计任务。把相对简单的电路设计任务定义成一个模块（或方块），顶层图纸内放置各模块（或方块），下一层图纸放置各模块（或方块）相对应的子图，子图内还可以放置模块（或方块），模块（或方块）的下一层再放置相应子图，这样一层套一层，可以定义多层图纸设计。这样做还有一个好处，就是每张图纸不是很大，可以方便用小规格的打印机来打印图纸（如 A4 图纸）。

3.1.2　层次电路原理图的设计方法

Altium Designer Summer 09 支持"自上而下"和"自下而上"这两种层次电路设计方式。所谓自上而下设计，就是按照系统设计的思想，首先对系统最上层进行模块划分，设计包含子图符号的父图（方块图），标示系统最上层模块（方块图）之间的电路连接关系，接下来分别对系统模块图中的各功能模块进行详细设计，分别细化各个功能模块的电路实现（子图）。自顶向下的设计方法适用于较复杂的电路设计。与之相反，进行自下而上设计时，则预先设计各子模块（子图），接着创建一个父图（模块或方块图），将各个子模块连接起来，成为功能更强大的上层模块，完成一个层次的设计，经过多个层次的设计后，直至满足项目要求。

层次电路图设计的关键在于正确地传递各层次之间的信号。在层次原理图的设计中，信号的传递主要通过电路方块图、方块图输入/输出端口、电路输入/输出端口来实现，他们之间有着密切的联系。

层次电路图的所有方块图符号都必须有与该方块图符号相对应的电路图存在（该图称为子图），并且子图符号的内部也必须有子图输入输出端口。同时，在与子图符号相对应的方块图中也必须有输入/输出端口，该端口与子图符号中的输入/输出端口相对应，且必须同名。在同一项目的所有电路图中，同名的输入/输出端口（方块图与子图）之间，在电气上是相互连接的。

3.1.2.1 自上而下层次电路图设计

自上而下的设计方法是在绘制电路原理图之前，要求设计者对这个设计有一个整体的把握。把整个电路设计分成多个模块，如图 3.1 所示的单片机最小系统电路图，确定每个模块的设计内容，然后对每一模块进行详细的设计。在 C 语言中，这种设计方法被称为自上向下，逐步细化。该设计方法要求设计者在绘制原理图之前就对系统有比较深入的了

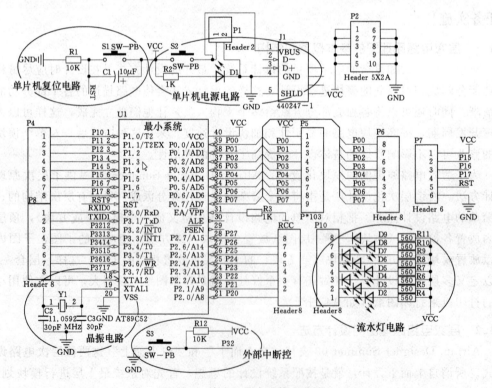

图 3.1 单片机最小系统电路图

解，对电路的模块划分比较清楚。

自下而上的设计方法是设计者先绘制子原理图，根据子原理图生成原理图符号，进而生成上层原理图，最后完成整个设计。这种方法比较适用于对整个设计不是非常熟悉的用户，这也是一种适合初学者选择的设计方法。采用这种方法设计时，首先要根据电路的功能把整个电路划分为若干个功能模块，然后把它们正确的连接起来。

介绍自上而下的层次原理图设计的具体操作步骤。

1. 绘制顶层原理图

(1) 执行命令"File（文件）" \ "New（新建）" \ "PCB Project（PCB 项目）"，建立一个新项目文件，另存为"test3 – 1. PRJPCB."。

(2) 执行命令"File（文件）" \ "New（新建）" \ "Schematic（原理图）"，在新项目文件中新建一个原理图文件，将原理图文件另存为"test3 – 1. schdoc"，设置原理图图纸参数。

(3) 执行命令"Place（放置）" \ "Sheet Symbol（原理图符号）"，或者单击布线工具栏中的 按钮，放置方块电路图。此时光标变成十字形，并带有一个方块电路。

(4) 移动光标到指定位置，单击鼠标确定方块电路的。一个顶点，然后拖动鼠标，在合适位置再次单击鼠标左键确定方块电路的另一个顶点，如图 3.2 所示。

此时系统仍处于绘制方块电路状态，用同样的方法绘制另一个方块电路。绘制完成后，单击鼠标右键退出绘制状态。

(5) 双击绘制完成的方块电路图，弹出方块电路属性设置对话框，如图 3.4 所示。在该对话框中设置方块图属性。

"Properties（属性）"选项卡中各功能如下：

"Location"：用于表示方块电路左上角顶点的位置坐标，用户可以输入设置。

"X – Size" "Y – Size"：用于设置方块电路的长度和宽度。

图 3.2 放置方块电路

"Border Color"：用于设置方块电路边框的颜色。单击后面的颜色块，可以在弹出的对话框中设置颜色。

"Draw Solid"：若选中该复选框，则方块电路内部被填充。否则，方块电路是透明的。

"Fill Color"：用于设置方块电路内部的填充颜色。

"Border Width"：用于设置方块电路边框的宽度，有 4 个选项供选择：Smallest、Small、Medium 和 Large。

"Designator"：用于设置方块电路的名称。这里我们输入为 Modulator（调制器）。

"File Name"：用于设置该方块电路所代表的下层原理图的文件名，这里我们输入为 Modulator. schdoc。

"Show Hidden Text Fields"：该复选框用于选择是否显示隐藏的文本区域。选中则显示。

"Unique ID":由系统自动产生的唯一的ID号,用户不需去设置。

Parameters(参数)选项卡中各功能如下:

单击图 3.3 中的 Parameters(参数)标签,弹出 Parameters(参数)选项卡,如图 3.4 所示。

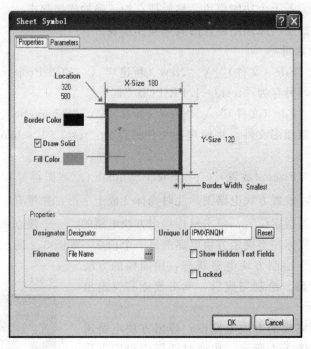

图 3.3 方块电路属性对话框

在该选项卡中,可以为方块电路的图纸符号添加、删除和编辑标注文字。

单击  按钮,系统弹出如图 3.5 所示的参数设置对话框。

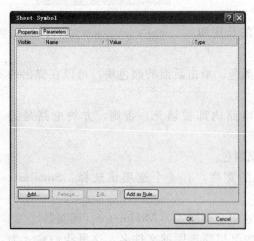

图 3.4 Parameters(参数)选项卡

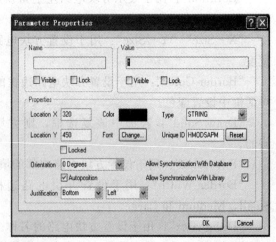

图 3.5 参数设置对话框

在该对话框中可以设置标注文字的 Name(名称)、Value(内容)、Location(位置坐标)、Color（颜色）、Font（字体）、Orientation（方向）以及 Type（类型）等。

设置好属性的方块电路如图 3.6 所示。

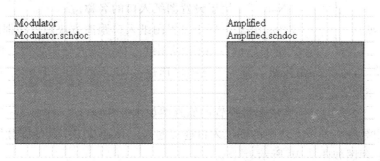

图 3.6　设置好属性的方块电路

（6）执行命令"Place"\"Add Sheet Entry（添加符号连接端口）"，或者单击布线工具栏中的 按钮，放置方块图的图纸入口。此时光标变成十字形，在方块图的内部单击鼠标左键后，光标上出现一个图纸入口符号。移动光标到指定位置，单击鼠标左键放置一个入口，此时系统仍处于放置图纸入口状态，单击鼠标左键继续放置需要的入口。全部放置完成后，单击鼠标右键退出放置状态。

（7）双击放置的入口，系统弹出图纸入口属性设置对话框，如图 3.7 所示。在该对话框中可以设器图纸入口的属性。

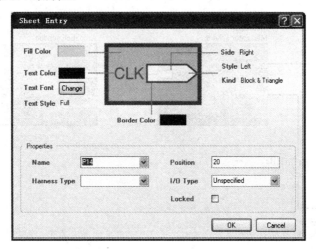

图 3.7　图纸入口属性设置对话框

"Fill Color"：用于设置图纸入口内部的填充颜色，同样单击后面的颜色块，可以在弹出的对话框中设置颜色。

"Text Color"：用于设置图纸入口名称文字的颜色，同样单击后面的颜色块，可以在弹出的对话框中设置颜色。

"Side"：用于设置图纸入口在方块图中的放置位置。单击后面的下三角按钮，有 4 个选项供选择：Left、Right、Top 和 Bottom。

"Style"：用于设置图纸入口的箭头方向。单击后面的下三角按钮，有 8 个选项供选择，如图3.8所示。

"Bonier Color"：用于设置图纸入口边框的颜色。

"Name"：用于设置图纸入口的名称。

"Position"：用于设置图纸入口距离方块图上边框的距离。

"I/O Type"：用于设图纸入口的输入输出类型。单击后面的下三角按钮，有4个选项供选择：Unspecified、Input、Output 和 Bi-directional。

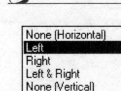

图3.8　Style下拉菜单

完成属性设置的原理图如图3.9所示。

（8）使用导线将各个方块图的图纸入口连接起来，并绘制图中其他部分原理图。绘制完成的顶层原理图如图3.10所示。

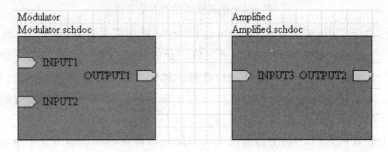

图3.9　完成属性设置的原理图

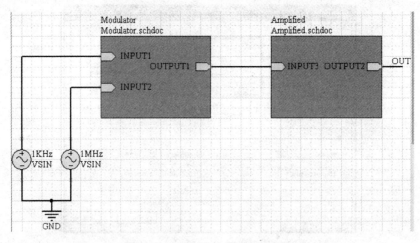

图3.10　绘制完成的顶层电路图

2. 绘制子原理图

完成了顶层原理图的绘制以后，要把顶层原理圈中的每个方块对应的子原理图绘制出来，其中每一个子原理图中还可以包括方块电路。

（1）执行命令"Design（设计）"\"Create Sheet From Symbol（从原理图符号创建子原理图）"，光标变成十字形。移动光标到方块电路内部空白处，单击鼠标左键。

（2）系统会自动生成一个与该方块图同名的子原理图文件，并在原理图中生成了3个与方块图对应的输入输出端口，如图3.11所示。

任务 3.1 层次化原理图的设计

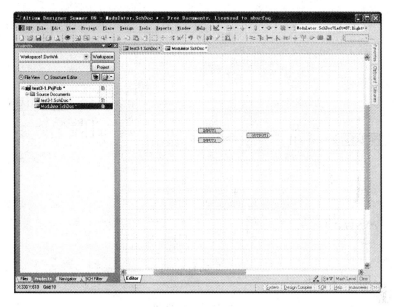

图 3.11 自动生成的子原理图

（3）绘制子原理图，绘制方法与项目二中三极管放大电路原理图的绘制方法相同。绘制完成的子原理图如图 3.12 所示。

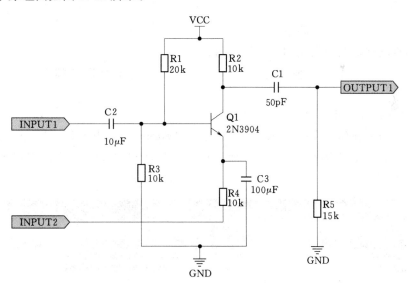

图 3.12 子原理图

（4）采用同样的方法绘制另一张子原理图。绘制完成的原理图如图 3.13 所示。

3.1.2.2 自下而上的层次电路图设计

在设计层次原理图的时候经常会碰到这样的情况，对于不同功能模块的不同组合会形成功能不同的电路系统，此时就可以采用另一种层次原理图的设计方法，即自下而上的层次原理图设计。首先根据功能电路模块绘制出子原理图，然后由子图生成方块电路，组合

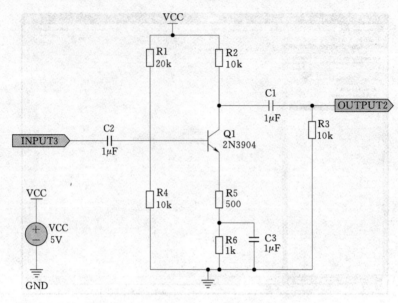

图 3.13 子原理图

产生一个符合自己设计需要的完整电路系统。

下面仍以 3.1.2.1 中的例子介绍自下而上的层次原理图设计步骤：

1. 置绘制子原理图

(1) 新建项目文件和电路原理图文件。

(2) 根据功能电路模块绘制出子原理图。

(3) 在于原理图中放置输入输出端口。绘制完成的子原理图如图 3.12 和图 3.13 所示。

2. 绘制顶层原理图

(1) 在项目中新建一个原理图文件，另存为"Amplified Modulatorl.Schdoc"后，执行命令"Design"\"Create Sheet Symbol From Sheet Or HDL"，系统弹出选择文件放置对话框，如图 3.14 所示。

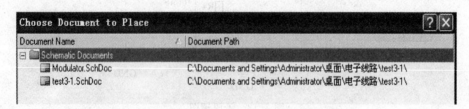

图 3.14 弹出的对话框

(2) 在对话框中选择一个子原理图文件后，单击 OK 按钮，光标上出现一个方块电路虚影，如图 3.15 所示。

(3) 在指定位置单击鼠标左键，将方块图放置在顶层原理图中，然后设置方块图属性。

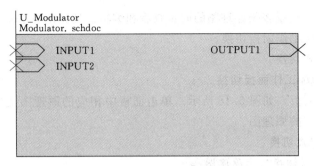

图 3.15　光标上出现的方块电路

（4）采用同样的方法放置另一个方块电路并设置其属性。放置完成的方块电路如图 3.16 所示。

（5）用导线将方块电路连接起来，并绘制剩余部分电路图，绘制完成的顶层电路图如图 3.17 所示。

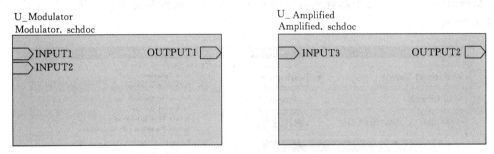

图 3.16　放置完成的方块电路

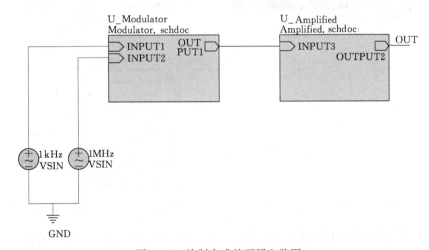

图 3.17　绘制完成的顶层电路图

3.1.3　层次电路原理图之间的切换

绘制完成的层次电路原理图中一般都包含有顶层原理图和多张子原理图。在编辑时，常常需要在这些图中来回切换查看，以便了解完整的电路结构。在 Altium Designer Summer 09 系统中，提供了层次原理图切换的专用命令，以帮助用户在复杂的层次原理图之

同方便地进行切换,实现多张原理图的同步查看和编辑。切换的方法如下:

(1) 用 Projects 工作面板切换。

(2) 用命令方式切换。

3.1.3.1　用 Projects 工作面板切换

打开 Projects 面板,如图 3.18 所示。单击面板中相应的原理图文件名,在原理图编辑区内就会显示对应的原理图。

3.1.3.2　用命令方式切换

1. 由顶层原理图切换到子原理图

(1) 打开项目文件,执行命令"Projects(项目)"\"Compile PCB Project test3-1.PRJPCB",编译整个电路系统。

(2) 打开顶层原理图,执行命令"Tools(工具)"\"Up/Down Hierarchy(上下层次)",如图 3.19 所示,或者单击主工具栏中的 按钮,光标变成十字形。移动光标至顶层原理图中的欲切换的子原理图对应的方块电路上,鼠标左键单击其中一个图纸入口,如图 3.20 所示。

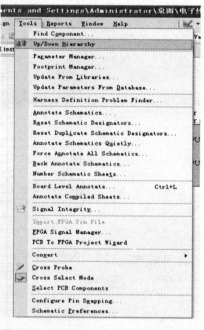

图 3.18　Projects 工作面板　　图 3.19　"Up/Down Hierarchy"命令

利用项目管理器直接可以用鼠标左键单击项目窗口的层次结构中所要编辑的文件名。

(3) 单击文件名后,系统自动打开子原理图,并将其切换到原理图编辑区内。此时,子原理图中与前面单击的图纸入口同名的端口处于高亮状态,如图 3.21 所示。

2. 由子原理图切换到顶层原理图

(1) 打开一个子原理图,执行命令"Tools"\"Up/Down Hierarchy",或者单击主工具栏中的  按钮,光标变成十字形。

（2）移动光标到子原理图的一个输入输出端口上，如图 3.22 所示。

（3）用鼠标左键单击该端口，系统将自动打开并切换到顶层原理图，此时，顶层原理图中与前面单击的输入输出端口同名的端口处于高亮状态，如图 3.23 所示。

3.1.3.3 层次原理图设计表

对于一个复杂的电路系统，可能是包含多个层次的层次电路图，此时，层次原理图的关系就比较复杂

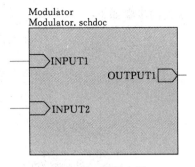

图 3.20 图纸入口

了。用户将不容易看懂这些电路图。为了解决这个问题，Altium Designer Summer 09 提供了一种层次设计报表，通过报表，可以清楚地了解原理图的层次结构关系。生成层次设

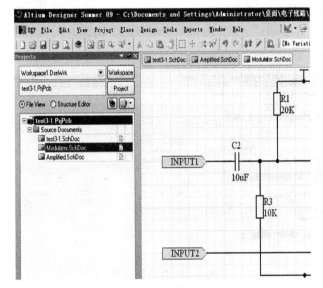

图 3.21 切换到子原理图

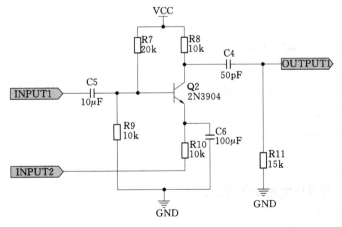

图 3.22 选择子原理图的一个端口

计报表的步骤如下：

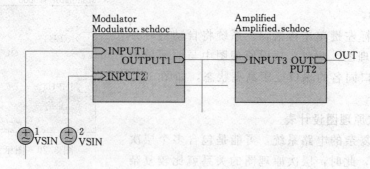

图 3.23 切换到顶层原理图

（1）打开层次原理图项目文件，执行命令"Project"\"Compile PCB Project test 3-1.PRJPCB"，编译整个电路系统。

（2）执行命令"Reports"\"Report Project Hierarchy"，系统将生成层次设计报表，如图 3.24 所示。

图 3.24 层次设计表

通过前面任务的学习，对 Altium Designer Summer 09 层次原理图设计方法应该有一个整体的认识。在章节的最后，用实例来详细介绍一下两种层次原理图的设计步骤。

【任务小结】

（1）完成各个子电路图（如：sub3.schdoc、sub4.schdoc、sub5.schdoc），并在各子电路图中放置连接电路的输入/输出端口。

（2）从下层原理图产生上层方块图。

（3）方块图之间的连线。

（4）层次原理图的切换。

【操作实例】

3.1.4 51 单片机开发板电路原理图的设计

1. 新建工程项目文件

（1）单击菜单"File"\"New"\"PCB Project"，新建工程项目文件。

（2）单击菜单"File" \ "Save Project"保存工程文件，并命名为"51单片机最小系统.PrjPCB"。

2.绘制上层原理图

（1）"51单片机最小系统.PrjPCB"工程文件中，单击菜单"File" \ "New" \ "Schematic"，新建原理图文件。

（2）单击菜单"File" \ "Save As..."，将新建的原理图文件保存为"51单片机最小系统.SchDoc"。

（3）单击菜单"Place" \ "Sheet Symbol"，或单击"Wring"工具栏中的 按钮，如图3.25所示，依次放置res（复位模块）、clock（时钟晶振模块）、51MCU（CPU模块）、led（LED模块），timer（外部中断模块）五个模块电路，并修改其属性，放置后如图3.26所示。

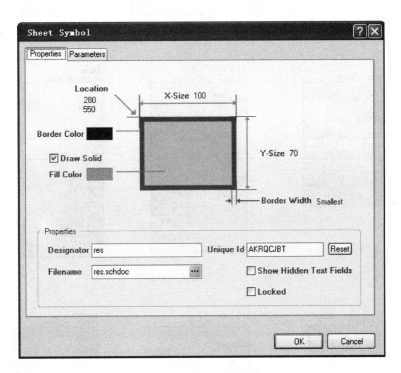

图3.25 模块电路属性

（4）单击菜单"Place" \ "Add sheet Entry"，或单击"Wring"工具栏的 按钮，放置模块电路端口，并修改其属性，完成后效果如图3.27所示。

（5）连线。根据各方块电路电气连接关系，用导线将端口连接起来，如图3.28所示。

3.创建并绘制下层原理图

（1）在上层原理图中，单击菜单"Design" \ "Create Sheet From Symbol"，此时鼠标变为十字形。

（2）将十字光标移到clock模块电路上，单击鼠标左键，系统自动创建下层原理图

项目 3　51 单片机最小系统原理图绘制

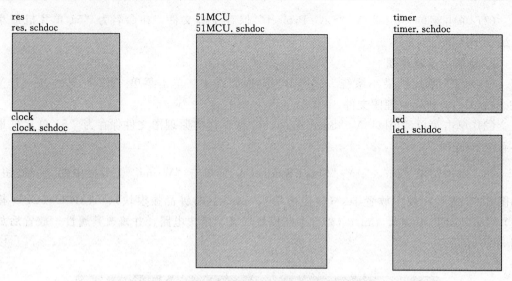

图 3.26　放置五个模块电路

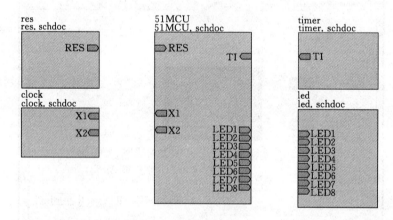

图 3.27　放置模块电路端口

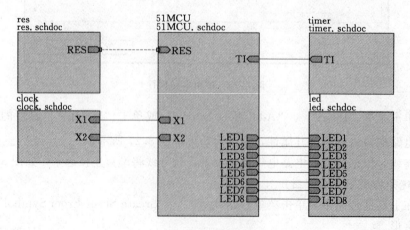

图 3.28　连线

clock.SchDoc 及相对应的 I/O 端口,如图 3.29 所示。

(3) 绘制 clock 模块电路原理图。

其用到的元件见表 3.1。绘制完成后的效果如图 3.30 所示。

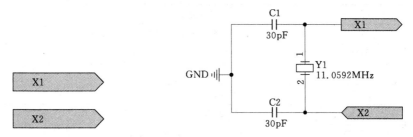

图 3.29 自动生成的 I/O 端口　　　　图 3.30 clock 模块电路

表 3.1 　　　　　　　　　clock 模块电路元件列表

元件标号	元件名	所在元件库	元件标示值	元件封装
C1	Cap	Miscellaneous Devices.IntLib	30pF	RAD－0.3
C2	Cap	Miscellaneous Devices.IntLib	30pF	RAD－0.3
Y1	XTAL	Miscellaneous Devices.IntLib		R38
GND		电源工具栏		

(4) 绘制 res 模块电路原理图。

其用到的元件见表 3.2。绘制完成后的效果如图 3.31 所示。

表 3.2 　　　　　　　　　res 模块电路元件列表

元件标号	元件名	所在元件库	元件标示值	元件封装
R12	RES2	Miscellaneous Devices.IntLib	10k	AXIAL0.4
C3	Cap	Miscellaneous Devices.IntLib	10μF	RAD－0.3
S3	SW－PB	Miscellaneous Devices.IntLib		SPST－2
VCC		电源工具栏		
GND		电源工具栏		

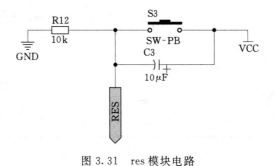

图 3.31 res 模块电路

(5) 用类似的方法创建其他模块电路子图。

各模块电路所用元件列表见表3.3、表3.4、表3.5。

表3.3　　　　　　　　　　　　CPU模块电路元件列表

元件标号	元件名	所在元件库	元件封装
U1	P80C51RA+JN	Philips Microcontroller 8 – Bit. IntLib	DIP40B
J1	440247-1	AMP Serial Bus USB. IntLib	440247
S1	SW – PB	Miscellaneous Devices. IntLib	SW6
R1	1K	Miscellaneous Devices. IntLib	AXIAL0.4
R2	1K	Miscellaneous Devices. IntLib	AXIAL0.4
D1	LED	Miscellaneous Devices. IntLib	LED0
P1	Header 2	Miscellaneous Connectors. IntLib	HDR1X2
P2	Header 2	Miscellaneous Connectors. IntLib	HDR1X2
P3	Header 2	Miscellaneous Connectors. IntLib	HDR1X2
P4	P*103	Miscellaneous Connectors. IntLib	HDR1X9
P5	Header 8	Miscellaneous Connectors. IntLib	HDR1X8
P6	Header 6	Miscellaneous Connectors. IntLib	HDR1X6
P7	Header 8	Miscellaneous Connectors. IntLib	HDR1X8
P8	Header 8	Miscellaneous Connectors. IntLib	HDR1X8
P9	Header 8	Miscellaneous Connectors. IntLib	HDR1X8
P10	Header 8	Miscellaneous Connectors. IntLib	HDR1X8
	VCC	电源工具栏	
	GND	电源工具栏	

注　440247-1 可以通过搜索功能来查找，搜索格式如图3.32所示，并添加其元件库。

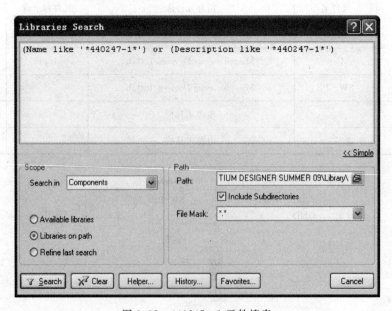

图3.32　440247-1元件搜索

表 3.4　　　　　　　　　　　　　LED 模块电路元件列表

元件标号	元件名	所在元件库	元件值	元件封装
R3	RES2	Miscellaneous Devices.IntLib	1k	AXIAL0.4
R4	RES2	Miscellaneous Devices.IntLib	1k	AXIAL0.4
R5	RES2	Miscellaneous Devices.IntLib	1k	AXIAL0.4
R6	RES2	Miscellaneous Devices.IntLib	1k	AXIAL0.4
R7	RES2	Miscellaneous Devices.IntLib	1k	AXIAL0.4
R8	RES2	Miscellaneous Devices.IntLib	1k	AXIAL0.4
R9	RES2	Miscellaneous Devices.IntLib	1k	AXIAL0.4
R10	RES2	Miscellaneous Devices.IntLib	1k	AXIAL0.4
D2	LED0	Miscellaneous Devices.IntLib		LED0
D3	LED0	Miscellaneous Devices.IntLib		LED0
D4	LED0	Miscellaneous Devices.IntLib		LED0
D5	LED0	Miscellaneous Devices.IntLib		LED0
D6	LED0	Miscellaneous Devices.IntLib		LED0
D7	LED0	Miscellaneous Devices.IntLib		LED0
D8	LED0	Miscellaneous Devices.IntLib		LED0
D9	LED0	Miscellaneous Devices.IntLib		LED0
VCC	LED0	电源工具栏		LED0

表 3.5　　　　　　　　　　　　外部中断模块电路元件列表

元件标号	元件名	所在元件库	元件封装
R11	RES2	Miscellaneous Devices.IntLib	10k
S2	SW-PB	Miscellaneous Devices.IntLib	SPST-2
VCC		电源工具栏	
GND		电源工具栏	

各模块电路绘制完成后效果如图 3.33、图 3.34、图 3.35 所示。

项目 3　51 单片机最小系统原理图绘制

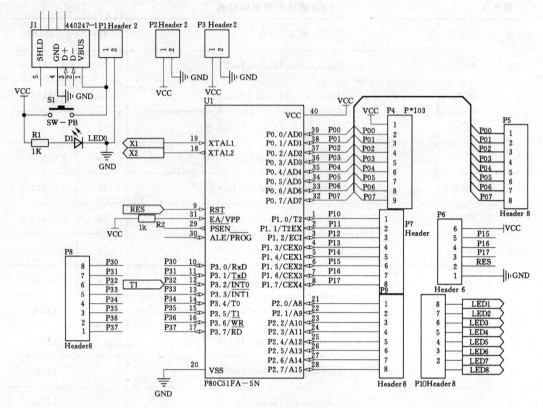

图 3.33　CPU 电路模块

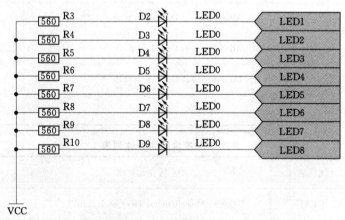

图 3.34　LED 模块电路

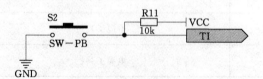

图 3.35　外部中断模块电路

(6) 保存。

这样就完成整个层次原理图自上而下的设计。

任务 3.2　原理图的后续操作与处理

【本任务内容简介】

（1）报表输出与打印设置。
（2）常用工具的使用。
（3）在原理图中设置 PCB 设计规则。

【任务描述】

- 打印报表输出。
- 原理图的电气规则检测。
- 原理图的编译。

【任务实施】

3.2.1　报表输出与打印设置

原理图设计完成后，经常需要打印出来。本节将介绍 Altium Designer Summer 09 原理图的打印与报表输出。

Altium Designer Summer 09 具有丰富的报表功能，可以方便地生成各种不同类型的报表。当电路原理图设计完成并且经过编译检测之后，应该充分利用系统所提供的这种功能来创建各种原理图的报表文件。借助于这些报表，用户能够从不同的角度，更好地去掌握整个项目的有关设计信息，以便为下一步的设计工作做好充足的准备。

3.2.1.1　打印输出

为方便原理图的浏览和交流，经常需要将原理图打印到图纸上。Altium Designer Summer 09 提供了直接将原理图打印输出的功能。

在打印之前首先进行页面设置。单击菜单栏中的"File（文件）"\"Page Setup（页面设置）"命令，弹出"Schematic Print Properties（原理图打印属性）"对话框，如图 3.36 所示。单击"Printer Setup（打印机设置）"按钮，弹出打印机设置对话框，对打印机进行设置，如图 3.37 所示。设置、预览完成后单击"Print（打印）"按钮，打印原理图。

此外，单击菜单栏中的"File（文件）"\"Print（打印）"命令，或单击"Schematic Standard（原理图标准）"工具栏中按钮，也可以实现打印原理图的功能。

3.2.1.2　网络报表输出

在由原理图生成的各种报表中，网络表是最为重要的。所谓网络，指的是彼此连接在一起的一组元件引脚，一个电路实际上就是由若干网络组成的。而网络表就是对电路或者电路原理图的一个完整描述，描述的内容包括两个方面：一是电路原理图中所有元件的信息（包括元件标识、元件引脚和 PCB 封装形式等）；二是网络的连接信息（包括网络名

项目 3　51 单片机最小系统原理图绘制

图 3.36　打印对话框

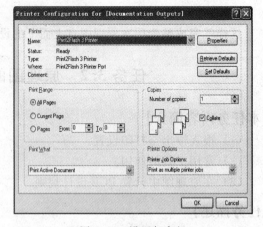

图 3.37　设置打印机

称、网络节点等）。这些都是进行 PCB 布线、设计 PCB 印制电路板不可缺少的依据。

具体来说，网络表包括两种，一种是基于单个原理图文件的网络表；另一种是基于整个项目的网络表。

1. 基于单个原理图文件的网络表

下面以上一章实例项目"test3-1"中一个原理图文件"Amplified.Sch"为例，介绍基于原理图文件网络表的创建。

网络表选项设置。打开项目文件"test3-1.PrjPCB"，并打开其中的任一电路原理图文件，单击菜单栏中的"Project（项目）" \ "Project Options（项目选项）"命令，弹出项目管理选项对话框。单击"Options（选项）"选项卡，如图 3.38 所示。其中各选项的功能如下。

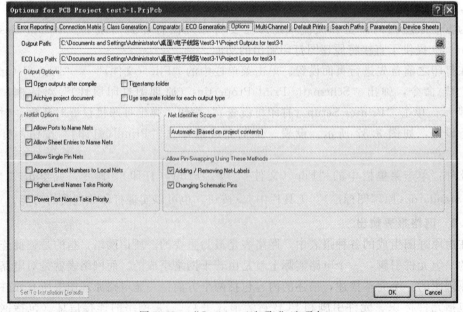

图 3.38　"Options（选项）"选项卡

1)"Output Path（输出路径）"文本框：用于设置各种报表（包括网络表）的输出路径，系统会根据当前项目所在的文件夹自动创建默认路径。例如，在图3.38中，系统创建的默认路径为"C:\Documents and Settings\Administrator\桌面\电子线路\test3-1\Project Outputs for test3-1"。单击右侧的 按钮，可以对默认路径进行更改，同时将文件保存在 E:\Altium designer Summer 09\yuanwenjian\ch4\4.1"。

2)"ECO Log Path（ECO 日志路径）"文本框：用于设置 ECO Log 文件的输出路径，系统会根据当前项目所在的文件夹自动创建默认路径。单击右侧的按钮。可以对默认路径进行更改。

3)"Output Options（输出选项）"选项组：用于设置网络表的输出选项，一般保持默认设置即可。

4)"Netlist Options（网络表选项）"选项组：用于设置创建网络表的条件。

"Allow Ports to Name Nets（允许自动命名端口网络）"复选框：用于设置是否允许用系统产生的网络名代替与电路输入/输出端口相关联的网络名，如果所设计的项目只是普通的原理图文件，不包含层次关系，可勾选该复选框。

"Allow Sheet Entries to Name Nets（允许自动命名原理图入口网络）"复选框：用于设置是否允许用系统生成的网络名代替与图纸入口相关的网络名，系统默认勾选。

"Append Sheet Numbers to Local Nets（将原理图编号附加到本地网络）"复选框：用于设置生成网络表时，是否允许系统自动将图纸号添加到各个网络名称中，当一个项目中包含多个原理图文档时，勾选该复选框，便于查找错误。

"Higher Level Names Take Priority（高层次命名优先）"复选框：用于设置生成网络表时的排序优先权。勾选该复选框，系统将以名称对应结构层次的高低决定优先权。

"Power Port Names Take Priority（电源端口命名优先）"复选框：用于设置生成网络表时的排序优先权。勾选该复选框，系统将对电源端口的命名给予更高的优先权。在本例中，使用系统默认的设置即可。

2. 创建项目网络表

单击菜群栏中的"Design（设计）"\"Netlist for Project（项目网络表）"\"Protel（生成项目网络表）"命令。系统自动生成了当前项目的网络表文件"test3-1.NET"并存放在当前项目下的"Generated\Netlist Files"文件夹中。双击打开该项目网络表文件"test3-1.NET"，结果如图3.39所示。

该网络表是一个简单的 ASCII 码文本文件，由多行文本组成。内容战了两大部分，一部分是元件的信息；另一部分是网络信息。

元件信息由若干小段组成，每一个元件的信息为一小段，用方括号分隔，由元件标识、元件封装形式、元件型号、数值等组成，如图3.40所示。空行则是由系统自动生成的。

网络信息同样由若干小段组成。每一个网络的信息为一小段，用圆括号分隔，由网络名称和网络中所有具有电气连接关系的元件序号及引脚组成，如图3.41所示。

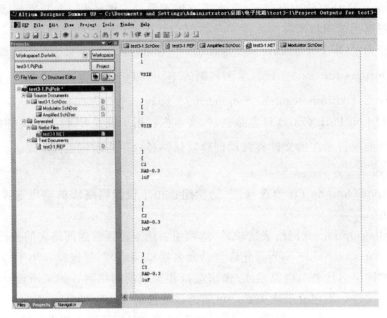

图 3.39　打开项目网络表文件

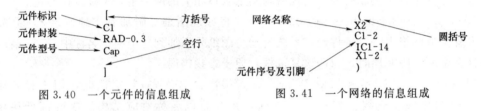

图 3.40　一个元件的信息组成　　　　图 3.41　一个网络的信息组成

3. 基于单个原理图文件的网络表

以实例项目"test3－1.PrjPCB"中的一个原理图文件"Amplified.SchDoc"为例，介绍基于单个原理图文件网络表的创建过程。

打开项目"test3－1.PrjPCB"中的原理图文件"Amplified.SchDoc"单击菜单栏中的"Design（设计）"\"Netlist for Document（文档网络表）"\"Protel（生成原理图网络表）"命令，系统自动生成了当前原理图的网络表文件"Amplified.NET"，并存放在当前项目下的"Generated（生成）\ Netlist Files（网络报表）"文件夹中双击打开该原理图的网络表文件"Amplified.NET"，结果如图 3.42 所示。

其他原理图文件生成网络表的方式与上述原理图的网络表是一样的，在此不再重复。

由于该项目不只有一个原理图文件，因此基于原理图文件的网络表"Amplified.NET"与基于整个项目的网络表"test3－1.NET"，是不同的，所包含的内容是不完全相同的；如果该项目只有一个原理图文件，则基于原理图文件的网络表与基于整个项目的网络表，虽然名称不同，但所包含的内容却是完全相同的。

3.2.1.3　生成元件报表

元件报表主要用来列出当前项目中用到的所有元件标识、封装形式、元件库中的名称等，相当于一份元件清单。依据这份报表，用户可以详细查看项目中元件的各类信息，同

任务 3.2　原理图的后续操作与处理

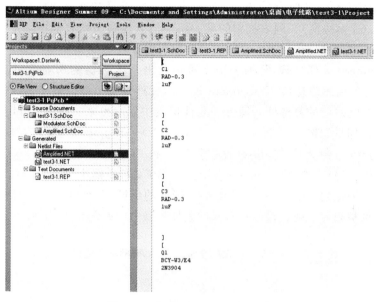

图 3.42　打开原理图的网络报表

时在制作印制电路扳时，也可以作为元件采购的参考。

下面仍以项目"test3－1.PrjPCB"为例，介绍元件报表的创建过程及功能特点。

1. 元件报表的选项设置

打开项目"test3－1.PrjPCB"中的原理图文件"Modulator.SchDoc"，单击菜单栏中的"Reports（报表）"\"Bill of Materials（元件清单）"命令，系统弹出相应的元件报表对话框，如图 3.43 所示。在该对话框中，可以对要创建的元件报表的选项进行设置。左侧有两个列表框，它们的功能如下：

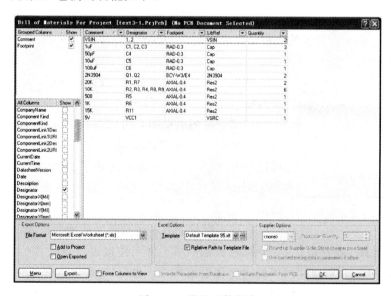

图 3.43　设置元件报表

"Grouped Columns（聚合的纵队）"列表框：用于设置元件的归类标准。如果将"All Columns（全部纵队）"列表框中的某一属性信息拖到该列表框中，则系统将以该属性信息为标准，对元件进行归类，显示在元件报表中。

"All Columns（全部纵队）"列表框：用于列出系统提供的所有元件属性信息，如Description（元件描述信息）、Component Kind（元件种类）等。对于需要查看的有用信息，勾选右侧与之对应的复选框，即可在元件报表中显示出来。在图3.44中，使用了系统的默认设置，即只勾选了"Comment（注释）""Description（描述）""Designator（指示符）""Footprint（封装）""LibRef（库编号）"和"Quantity（数量）"6个复选框。

例如，我们勾选了"All Columns（全部纵队）"列表框中的"Description（描述）"复选框，将该选项拖到"Grouped Columns（聚合的纵队）"列表框中。此时，所有描述信息相同的元件被归为一类，显示在右侧的元件列表中，如图3.44所示。

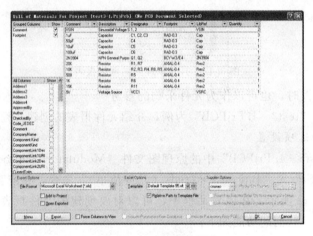

图3.44 元件归类显示

另外，在右侧元件列表的各栏中，都有一个下拉按钮，单击该按钮，同样可以设置元件列表的显示内容。

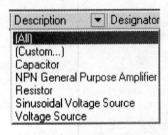

图3.45 下拉列表

例如，单击元件列表中"Description（描述）"栏的下拉按钮，会弹出如图3.45所示的下拉列表框。

在该下拉列表框中，可以选择"All（显示全部元件）"选项，也可以选择"Custom（定制方式显示）"选项，还可以只显示具有某一具体描述信息的元件。例如，选择"capacitor（容电器）"选项，相应的元件列表如图3.46所示。

在列表框的下方，还有若干选项和按钮，其功能如下：

"File Format（文件格式）"下拉列表框：用于为元件报表设置文件输出格式。单击右侧的下拉按钮，可以选择不同的文件输出格式，如CVS格式、Excel格式、PDF格式、html格式、文本格式、XML格式等。

"Add to Project（添加到项目）"复选框：若勾选该复选框，则系统在创建了元件报表之后会将报表直接添加到项目里面。

"Open Exported（打开输出报表）"复选框：若勾选该复选框，则系统在创建了元件报表以后，会自动以相应的格式打开。

"Template（模板）"下拉列表框：用于为元件报表设置显示模板。单击右侧的下拉按钮，可以使用。曾经用过的模板文件，也可以单击 按钮重新选择。选择时，如果模板文件与元件报表在同一目录下，则可以勾选下面的"Relative Path to Template File（模板文件的相对路径）"复选框，使用相对路径搜索，否则应该使用绝对路径搜索。

"Menu（菜单）"按钮：单击该按钮，弹出如图 3.47 所示的"Menu（菜单）"菜单。由于该菜单中的各项命令比较简单，在此不一一介绍，可以自己练习操作。

图 3.46　全部显示电容器　　　　　　　图 3.47　"Menu（菜单）"菜单

"Export（输出）"按钮：单击该按钮，可以将元件报表保存到指定的文件夹中。

"Force Columns to View（强制多列显示）"复选框：若勾选该复选框，则系统将根据当前元件报表窗口的大小重新调整各栏的宽度，使所有项目都可以显示出来。

设置好元件报表的相应选项后，就可以进行元件报表的创建、显示及输出了。元件报表可以以多种格式输出，但一般选择 Excel 格式。

2. 元件报表的创建

（1）单击"Menu（菜单）"按钮，在"Menu（菜单）"菜单中单击"Report…（报表）"命令，系统将弹出"Report Preview（报表预览）"对话框，如图 3.48 所示。

（2）单击"Export（输出）"按钮，可以将该报表进行保存，默认文件名为"test3-1.xls"，该报表是一个 Excel 文件。单击"Open Report（打开报表）"按钮，可以将该报表打开，如图 3.49 所示。单击"Print（打印）"按钮，可以将该报表打印输出。

（3）在元件报表对话框中，单击 按钮，在"D：\Program Files\Altium DesignerSummer 09\Template"目录下，选择系统自带的元件报表模板文件"BOM Default Template.XLT"，如图 3.50 所示。

（4）单击"打开"按钮后，返回报表预览对话框。单击"OK（确定）"按钮，退出该对话框。

此外，Altium Designer Summer 09 还为用户提供了推荐的元件报表，不需要进行设置即可产生。单击菜单栏中的"Reports（报表）"\"Simple BOM（简单元件清单报

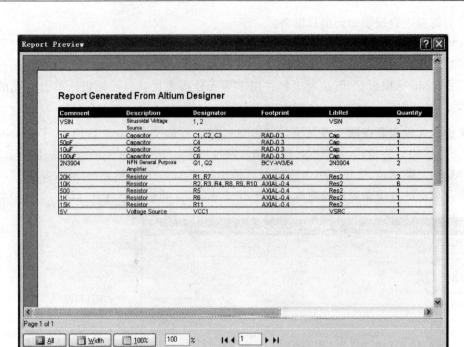

图 3.48 "Report Preview(报表预览)"对话框

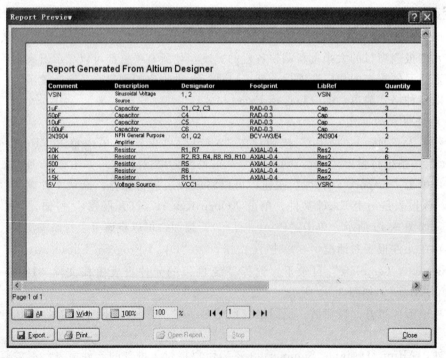

图 3.49 test3-1.xls 报表

任务 3.2　原理图的后续操作与处理

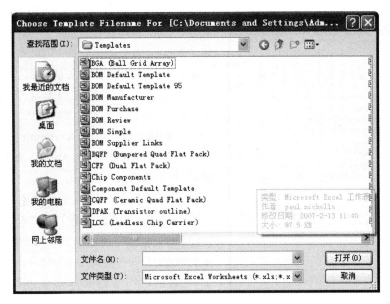

图 3.50　选择元件报表模版

表)"命令，系统同时产生"MCU.BOM"和"MCU.CSV"两个文件，并加入到项目中，如图 3.51 所示。

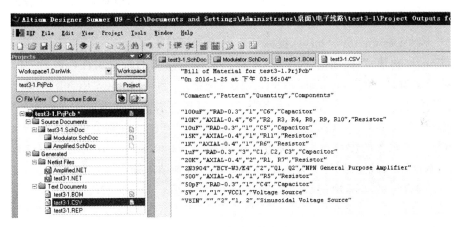

图 3.51　简易元件报表

3.2.2　常用工具的使用

3.2.2.1　Find Text

Find Text（文本查找）：该命令用于在电路图中查找指定的文本，通过此命令可以迅速找到包含某一文字标识的图元，下面介绍该命令的使用方法。

单击菜单栏中的"Edit（编辑）"\"Find Text（文本查找）"命令，或者用快捷键 Ctrl+F，系统将弹出如图 3.52 所示的"Find Text（文本查找）"对话框。

Find Text（文本查找）对话框中个选项的功能如下：

"Text to Find（查找文本）"文本框：用于输入需要查找的文本。

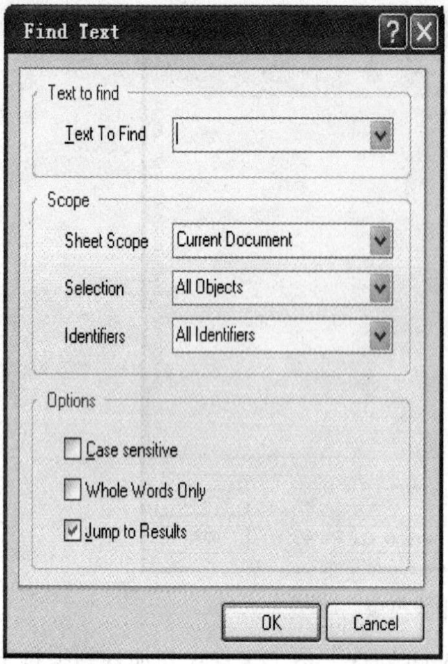

"Scope（范围）"选项组：包含"Sheet Scope（原理图文档范围）""Selection（选择）"和"Identifiers（标识符）"3个下拉列表框。"Sheet Scope（原理图文档范围）"下拉列表框用于设置所要查找的电路图范围，包含"Current Document（当前文档）""Project Document（项目文档）""Open Document（已打开的文档）"和"Document On Path（选定路径中的文档）"4个选项。"Selection（选择）"下拉列表框用于设置需要查找的文本对象的范围，包含"All Objects（所有对象）""Selected Objects（选择的对象）"和"Deselected Objects（未选择的对象）"3个选项。"All Objects（所以对象）"表示对所有的文本对象进行查找，"Selected Objects（选择的对象）"表示对选中的文本对象进行查找，"Deselected Objects（未选择的对象）"表示对没有选中的文本对象进行查找。"Identifiers（标识符）"下拉列表框用于设置查找的电路图标识符范围，包含"All Identifiers（所有ID）""Net Identifiers Only（仅网络ID）"和"Designators Only（仅标号）"3个选项。

图 3.52　"Find Text（文本查找）"对话框

"Options（选项）"选项组：用于匹配查找对象所具有的特殊属性，包含"Case sensitive（敏感案例）""Whole Words Only（仅完全字）"和"Jump to Results（跳至结果）"3个复选框。勾选"Case sensitive（敏感案例）"复选框表示查找时要注意大小写的区别。勾选"Whole Words Only（仅安全字）"复选框表示只查找具有整个单词匹配的文本，要查找的网络标识包含的内容有网络标号、电源端口、I/O端口、方块电路I/O口。勾选"Jump to Results（跳至结果）"复选框表示查找后跳到结果处。

用户按照自己的实际情况设置完对话框的内容后，单击"OK（确定）"按钮开始查找。

3.2.2.2　Replace Text

"Replace Text（文本替换）"命令用于将电路图中。指定文本用新的文本替换掉，该操作在需要将多处相同文本修改成另一文本时非常有用。首先单击菜单栏中的"Edit（编辑）"\"Replace Text...（文本替换）"命令，或按用快捷键<Ctrl+H>，系统将弹出如图3.53所示的"Find and Replace Text（查找和替换文本）"对话框。

可以看出如图3.52、图3.53所示的两个对话框非常相似，对于相同的部分，这里不再赘述，读者可以参看"Find Text（文本查找）"命令，下面只对上面未提到的一些选项进行解释。

"Replace With（替代）"文本框：用于输入替换原文本的新文本。

"Prompt On Replace（提示替换）"复选框：用于设置是否显示确认替换提示对话框。

如果勾选该复选框，表示在进行替换之前，显示确认替换提示对话框，反之不显示。

3.2.2.3 Find Next

"Find Next"命令用于查找"Find Text（查找下一处）"对话框中指定的文本，也可以用快捷键F3来执行该命令。

3.2.2.4 Find Similar Objects

"Find Similar Objects（查找相似对象）"在原理图编辑器中提供了查找相似对象的功能。具体的操作步骤如下：

（1）单击菜单栏中的"Edit（编辑）"\"Find Similar Objects（查找相似对象）"命令，光标将变成十字形状出现在工作窗口中。

（2）移动光标到某个对象上，单击，系统将弹出如图3.54所示的"Find Similar Objects（查找相似对象）"对话框，在该对话框中列出了该对象的一系列属性。通过对各项属性进行匹配程度的设置，可决定搜索的结果。这里以搜索和三极管类似的元件为例，此时该对话框给出了如下的对象属性：

"Kind（种类）"选项组：显示对象类型。

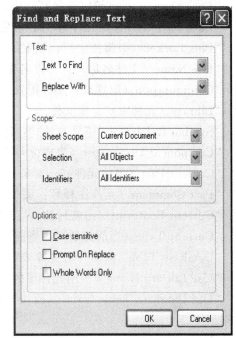

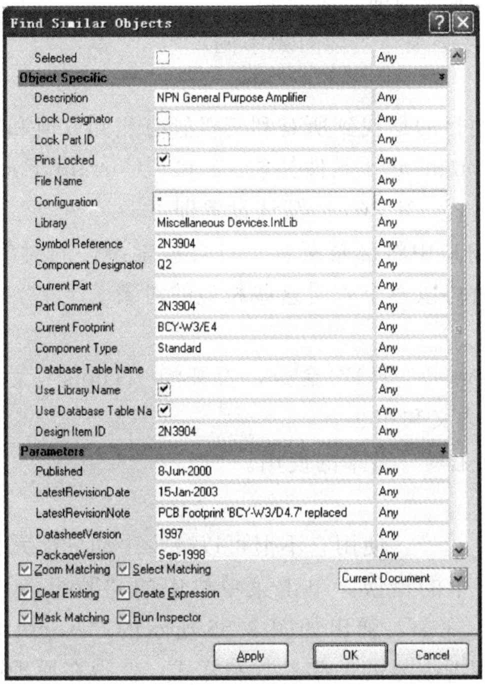

图3.53 "Find and Replace Text"对话框

"Design（设计）"选项组：显示对象所在的文档。

"Graphical（图形）"选项组：显示对象图形属性。

"X1"：X1坐标值。

"Y1"：Y1坐标值。

"Orientation（方向）"：放置方向。

"Locked（锁定）"：确定是否镇定。

"Mirrored（镜像）"：确定是否镜像显示。

"Show Hidden Pins（显示隐藏引脚）"：确定是否显示隐藏引脚。

"Show Designator（显示标号）"：确定是否显示标号。

"Object Specific（对象特性）"选项组：显示对象特性。

"Description（描述）"：对象的基本描述。

图3.54 "Find Similar Objects"对话框

"Lock Designator（锁定标号）"：确定是否锁定标号。
"Lock Part ID（锁定元件 ID）"：确定是否锁定元件 ID。
"Pins Locked（引脚锁定）"：锁定的引脚。
"File Name（文件名称）"：文件名称。
"Configuration（配置）"：文件配置。
"Library（元件库）"：库文件。
"Symbol Reference（符号参考）"：符号参考说明。
"Component Designator（组成标号）"：对象所在的元件标号。
"Current Part（当前元件）"：对象当前包含的元件。
"Part Comment（元件注释）"：关于元件的说明。
"Current Footprint（当前封装）"：当前元件封装。
"Current Type（当前类型）"：当前元件类型。
"Database Table Name（数据库表的名称）"：数据库中表的名称。
"Use Library Name（所用元件库的名称）"：所用元件库名称。
"Use Database Table Name（所用数据库表的名称）"：当前对象所用的数据库表的名称。
"Design Item ID（设计正 D）"：元件设计 ID。

在选中元件的每一栏属性后都另有一栏，在该栏上单击将弹出下拉列表框，在下拉列表框中可以选择搜索时对象和被选择的对象在该项属性上的匹配程度，包含以下 3 个选项：

"Same（相同）"：被查找对象的该项属性必须与当前对象相同。
"Different（不同）"：被查找对象的该项属性必须与当前对象不同。
"Any（忽略）"：查找时忽略该项属性。

例如，这里对三极管搜索类似对象，搜索的目的是找到所有和三极管有相同取值和相同封装的元件，在设置匹配程度时在"Part Comment（元件注释）"和"Current Footprint（当前封装）"属性上设置为"Same（相同）"，其余保持默认设置即可。

（3）单击"Apply（应用）"按钮，在工作窗口中将屏蔽所有不符合搜索条件的对象，并提跳转到最近的一个符合要求的对象上。此时可以逐个查看这些相似的对象。

3.2.2.5 TOOL（工具）的使用

在原理图编辑器中，单击菜单栏中的"Tools（工具）"命令，打开的"Tools"菜单如图 3.55 所示。下面详细介绍其中几个命令的含义和用法。

本节以上面的项目文件为例来说明 Tools（工具）菜单的使用。

1. 自动分配元件标号

"Annotate（标注）"命令用于自动分配元件标号。使用它不但可以减少手动分配元件标号的工作量，而且可以避免因手动分配而产生的错误。单击菜单栏中的"Tools（工具）"\"Annotate Schematics（标注原理图）"命令，弹出如图 3.56 所示的"Annotate（标注）"对话框。在该对话框中，可以设置原理图编号的一些参数和样式，使得在原理图自动命名时符合用户的要求。该对话框在前面和后面章节中均有介绍，这里不再赘述。

任务 3.2 原理图的后续操作与处理

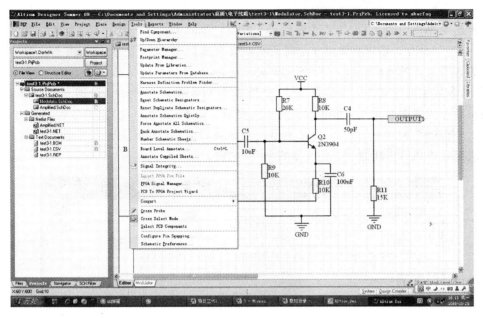

图 3.55 Tools 菜单

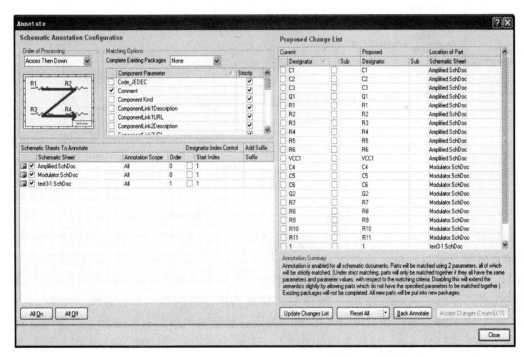

图 3.56 "Annotate（标注）"对话框

2. 回溯更新原理图元件标号

"Back Annotate Schematics（回溯更新原理图元件标注）"命令用于从印制电路回溯更新原理圈元件标号。在设计印制电路时，有时可能需要对元件重新编号，为了保持原理图和 PCB 板图之间的一致性，可以使用该命令基于 PCB 板图来更新原理图中的元件标号。

单击菜单栏中的"Tools（正具）"\"Back Annotate Schematics（回溯更新原理图元件标注）"命令，系统将弹出一个对话框，要求选择 WAS-IS 文件，用于从 PCB 文件更新原理图文件的元件标号。WAS-IS 文件是在 PCB 文档中执行"Reannotate（回溯标记）"命令后生成的文件。当选择 WAS-IS 文件后，系统将弹出一个消息框，报告所有将被重新命理图中的元件名称并没有真正被更新。单击"OK（确定）"接钮，弹出"Annotate（标注）"对话框，如图 3.57 所示，在该对话框中可以预览系统推荐的重命名，然后再决定是否执行更新命令，创建新的 ECO 文件。

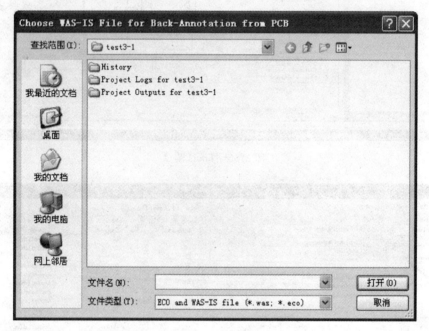

图 3.57 "Annotate（标注）"对话框

3. 导入引脚数据

"Import FPGA Pin File（导入 FPGA 引脚数据）"命令用于为原理图文件导入 FPGA 引脚数据。在导入 FPGA 引脚数据之前，要确认 FPCA 原理图（该原理图包含所有连接到设备引脚的端口）是否是当前文档。单击该命令后系统将弹出"Open FPGA Vendor Pin File（打开 FPGA 引脚数据文件）"对话框，要求选择包含所需引脚分配数据的文件。找到文件并单击"Open（打开）"按钮后，原理图中所有的端口都将分配一个新的参数"PINNUM"，该参数用于指定与实际 FPGA 设备相连时的所有引脚分配。引脚参数分配取决于各个端口的名称，这些名称包含在 Pin 文件中。Pin 文件的扩展名取决于制造商使用的技术。

3.2.2.6 元件编号管理

对于元件较多的原理图，当设计完成后，往往会发现元件的编号变得很混乱或者有些元件还没有编号。用户可以逐个地手动更改这些编号，但是这样比较烦琐，而且容易出现错误。Altium Designer Summer 09 提供了元件编号管理的功能。

1. Annotate 对话框

单击菜单栏中的"Tools（工具）"\"Annotate Schematics（原理图标注）"命令，系统将弹出如图 3.58 所示的"Annotate（标注）"对话框。在该对话框中。可以对元件进行重新编号。

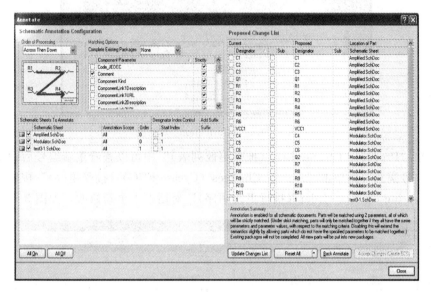

图 3.58 "Annotate"对话框

"Annotate（标注）"对话框分为两部分：左侧是"Schematic Annotation Configuration（原理图元件编号设置）"；右侧是"Proposed Change List（推荐更改列表）"。

（1）在左侧的"Schematic Sheets To Annotate（需要对元件编号的原理图文件）"栏中列出了当前工程中的所有原理图文件。通过文件名前面的复选框，可以选择对哪些原理图进行重新编号。

在对话框左上角的"Order of Processing（编号顺序）"下拉列表框中列出了 4 种编号顺序，即 Up Zhen Across（先向上后左右）、Down Then Across（先向下后左右）、Across Then Up（先左右后向上）和 Across Then Down（先左右后向下）。

在"Matching Options（匹配选项）"选项组中列出了元件的参数名称。通过勾选参数名前面的复选框，用户可以选择是否根据这些参数进行编号。

（2）在右侧的"Current（当前）"栏中列出了当前的元件编号，在"Proposed（推荐）"栏中列出了新的编号。

2. 重新编号的方法

对原理图中的元件进行重新编号的操作步骤如下：

（1）选择要进行编号的原理图。

（2）选择编号的顺序和参照的参数。在"Annotate（标注）"对话框中，单击"Reset All（全部重新编号）"按钮，对编号进行重置。系统将弹出"Information（信息）"对话框，提示用户编号发生了哪些变化。单击"OK（确定）"按钮，重置后，所有的元件编号将被消除。

（3）单击"Update Change List（更新变化列表）"按钮，重新编号，系统将弹出如图3.59所示的"Information"（信息）对话框，提示用户相对前一次状态和相对初始状态发生的改变。

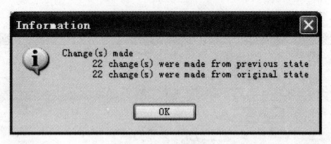

图3.59 "Information"对话框

（4）在"Proposed Change List（推荐更改列表）"中可以查看重新编号后的变化。如果对这种编号满意，则单击"Accept Changes（Create ECO）（接受更改）"按钮，在弹出的"Engineering Change Order（执行更改顺序）"对话框中更新修改，如图3.60所示。

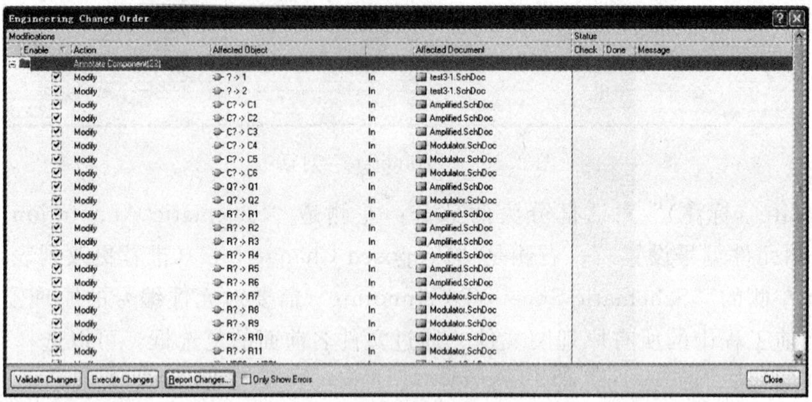

图3.60 "Engineering Change Order"对话框

（5）在"Engineering Change Order（执行更改顺序）"对话框中，单击"Validate Changes（确定更改）"按钮。可以验证修改的可行性，如图3.61所示。

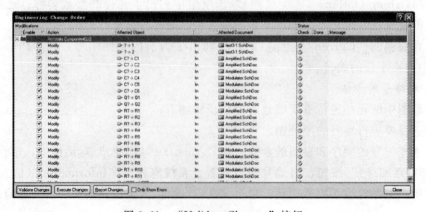

图3.61 "Validate Changes"按钮

（6）单击"Report Changes（修改报表）"按钮。系统将弹出如图 3.62 所示的"Report preview（报表预览）"对话框，在其中可以将修改后的报表输出。单击"Export（输出）"按钮，可以将该报表进行保存，默认文件名为"Pcblrda. PrjPCB And Pcblrda. xls"。该报表是一个 Excel 文件。单击"Open Report（打开报表）"按钮，可以将该报表打开，如图 3.63 所示，单击"Print（打印）"按钮，可以将该报表打印输出。

（7）单击"Engineering Change Order（执行更改顺序）"对话框中的"Execute Changes（执行更改）"按钮，即可执行修改，如图 3.64 所示，对元件的重新编号便完成了。

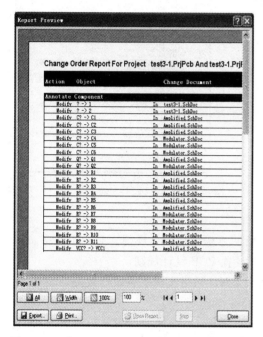

图 3.62　"Report preview（报表预览）"对话框 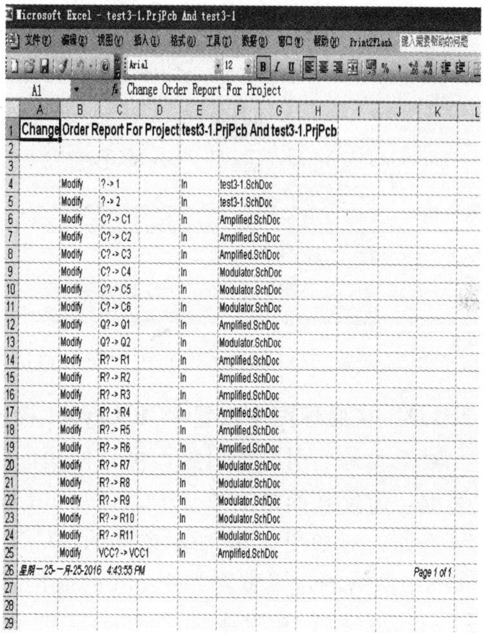　　　图 3.63　打开的报表

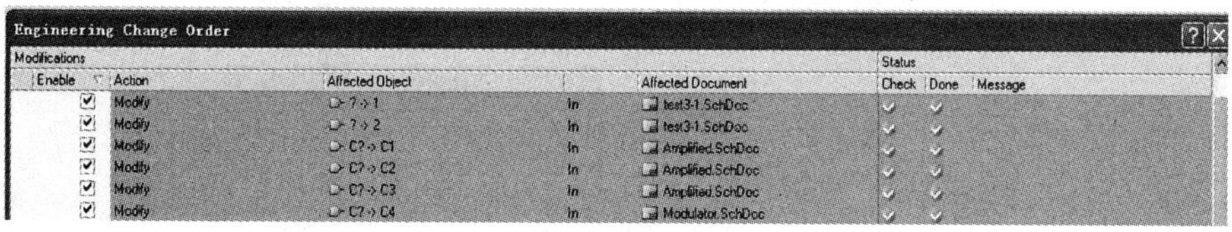

图 3.64　"Execute Changes（执行更改）"对话框

3.2.3　在原理图中设置 PCB 设计规则

Altium Designer Summer 09 允许用户在原理图中添加 PCB 设计规则。当然，PCB 设计规则也可以在 PCB 编辑器中定义。不同的是，在 PCB 编辑器中，设计规则的作用范围是在规则中定义的，而在原理图编辑器中，设计规则的作用范围就是添加规则所处的位置。这样，在进行原理图设计时，可以提前定义一些 PCB 设计规则，以便进行下一步 PCB 设计。

3.2.3.1　在对象属性中添加设计规则

编辑一个对象（可以是元件、引脚、输入/输出端口或原理图符号）的属性时，在弹出的属性对话框中单击"Add as Rule（添加规则）"按钮，系统将弹出如图 3.65 所示的

"Parameter Properties（参数属性）"对话框。单击该对话框中的"Edit Rule Values（编辑规则值）"按钮，系统将弹出如图3.66所示的"Choose Design Rule Type（选择设计规则类型）"对话框，在该对话框中可以选择要添加的设计规则。

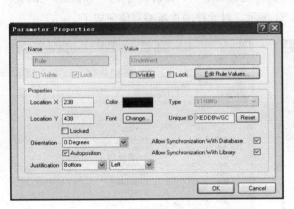

图3.65 "Parameter Properties"对话框

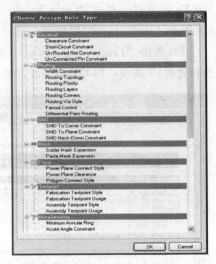

图3.66 "Choose Design Rule Type"对话框

3.2.3.2 在原理图中放置 PCB Layout 标志

对于元件、引脚等对象，可以使用前面介绍的方法添加设计规则。而对于网络、属性对话框，需要在网络上放置 PCB Layout 标志来设置 PCB 设计规则。

例如，对如图3.67所示电路的 VCC 网络和 GND 网络添加一条设计规则，设置 VCC 和 GND 网络的走线宽度为30mil 的操作步骤如下：

（1）单击菜单栏中的"Place（放置）"\"Directives（命令）"\"PCB Layout（PCB设计规则）"命令，即可放置 PCB Layout 标志，此时按 Tab 键，弹出如图3.68所示的"Parameters（参数）"对话框。

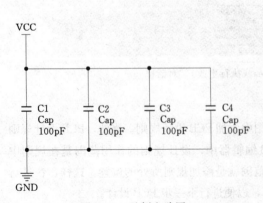

图3.67 示例电路图

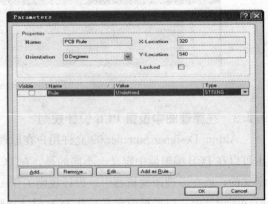

图3.68 "Parameters（参数）"对话框

（2）单击"Edit（编辑）"按钮，系统将弹出如图3.65所示的"Parameters Properties（参数属性）"对话框，单击其中的"Edit Rule Values（编辑规则值）"按钮，系统将弹出如图3.66所示的"Choose Design Rule Type（选择设计规则类型）"对话框，在其中可以选择要添加的设计规则。双击"Width Constraint"选项，系统将弹出如图3.69所示的"Edit PCB Rule（From Schematic）-Max-Min Width Rule（编辑PCB规则）"对话框。其中各选项意义如下：

"Min Width（最小值）"：走线的最小宽度。

"Preferred Width（首选的）"：走线首选宽度。

"Max Width（最大值）"：走线的最大宽度。

（3）将3项都设为30mil，单击"OK（确定）"按钮。

（4）将修改后的PCB Layout标志放置到相应的网络中，完成对VCC和GND网络走线宽度的设置，效果如图3.70所示。

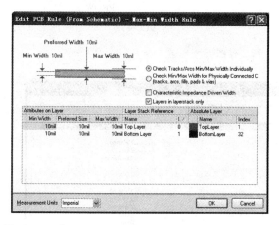

图3.69 "Edit PCB Rule（From Schematic）-Max-Min Width Rule（编辑PCB规则）"对话框

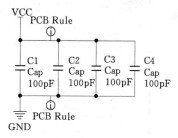

图3.70 添加PCB Layout标志的效

【任务小结】

（1）掌握Altium Designer Summer 09软件报表输出与打印设置。

（2）掌握Altium Designer Summer 09软件常用工具的使用。

【操作实例】

3.2.4 音量调节电路的报表清单输出及打印

1. 创建文件夹

在学生本人文件夹下新建一个文件夹，命名为"test3-3"。

2. 创建项目文件

新建"test3-3.PrjPCB"，PCB项目文件，并创建新的原理图文件，保存好，如图3.71所示。然后按照样图3.72完成绘制。

3. 执行电气规则检查（ERC）

在原理图设计窗口中执行命令"Project"\"Project Options"，将弹出"Options for PCB Project test3-3.PrjPCB"对话框，如图3.73所示。

图3.71 创建好的项目文件

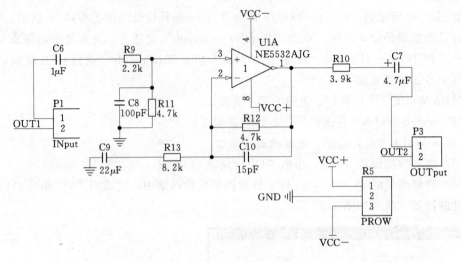

图 3.72　样图五

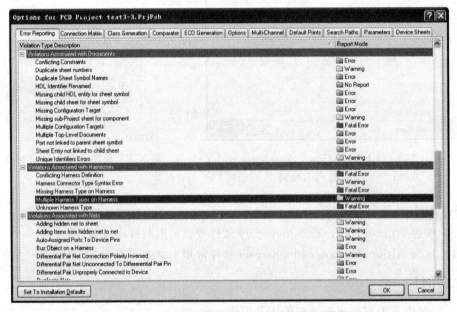

图 3.73　"Options for PCB Project test3-3.PrjPCB"对话框

在该对话框的"Error Reporting（错误报告）"和"Connection Matrix（连接矩阵）"两个选项卡中进行电气规则设置，或单击 Set To Installation Defaults 按钮实现默认设置，设置完成单击"OK"按钮退出。执行命令"Project"/"Compile PCB Project test3-3.PrjPCB"对整个项目编译查错。在"Massages"窗口中查看错误报告并修改相关错误。如系统提示为"warning"，可根据原理图中波浪线提示内容判断，若不认为是错误，则返回"Options for PCB Project test3-3.PrjPCB"对话框，找到相关选项进行报告模式"Report Mode"的设置，设置为"No Report"后，再重新进行原理图的编译查错，直到没有问题出现为止。

4. 生成网络表文件

在原理图设计窗口中执行命令"Design（设计）"\"Netlist For Project（项目网络清单）"\"Protel"，系统则会生成当前整个项目的网络表文件，如图 3.74 所示。

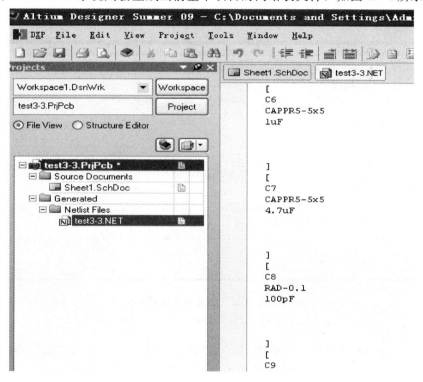

图 3.74　"test3-3"网络表文件

5. 生成元器件清单报表

在原理图设计窗口中执行命令"Reports"\"Bill of Materials"，将会弹出如图 3.75 所示的元器件清单报表对话框。单击"Export…"按钮，可将该报表以".xls"格式文件保存。

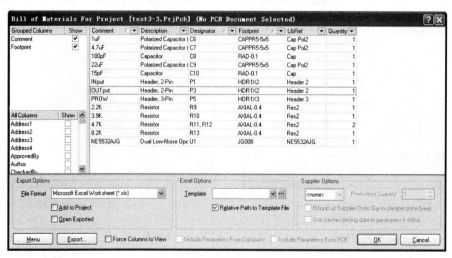

图 3.75　元器件清单报表对话框

6. 生成元器件交叉参考表

在原理图设计窗口中执行命令"Reports"\"Component Cross Reference",将会弹出如图 3.76 所示的元器件交叉参考表对话框。单击"Export..."按钮,可将该报表以".xls"格式文件保存。

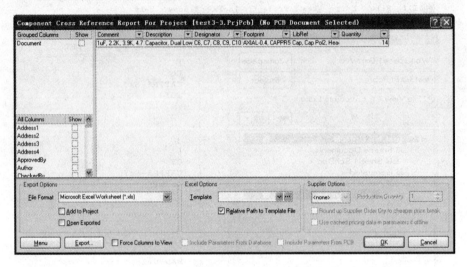

图 3.76　元器件交叉参考表对话框

7. 打印输出

单击菜单栏中的"File(文件)"\"Page Setup(页面设置)"命令,弹出"Schematic Print Properties(原理图打印属性)"对话框,如图 3.77 所示。单击"Printer Setup(打印机设置)"按钮,弹出打印机设置对话框,对打印机进行设置,如图 3.78 所示。设置、预览完成后单击"Print(打印)"按钮,打印原理图,如图 3.79 所示。

图 3.77　"Schematic Print Properties"对话框

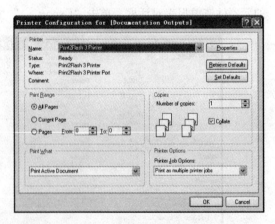

图 3.78　设置打印机

此外,单击菜单栏中的"File(文件)"\"Print(打印)"命令,或单击"Schematic Standard(原理图标准)"工具栏中 (打印)按钮,也可以实现打印原理图的功能。

任务 3.2　原理图的后续操作与处理

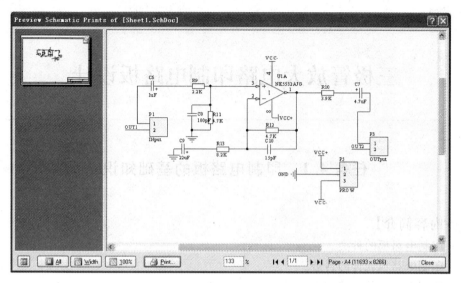

图 3.79　打印预览效果

项目 4

三极管放大电路印制电路板设计

任务 4.1　印制电路板的基础知识

【本任务内容简介】
　　（1）印制电路板的种类。
　　（2）印制电路板元件的封装。
　　（3）印制电路板的其他知识。

【任务描述】
- 熟悉印刷电路板的基础知识。
- 熟悉掌握 PCB 环境的设置。

【任务实施】

4.1.1　印制电路板的种类

　　印制电路板英文简称为 PCB（printed circle board）。印制电路板的结构原理为在塑料板上印制导电铜箔，用铜箔取代导线，只要将各种元件安装在印制电路板上，铜箔就可以将它们连接起来组成一个电路。

4.1.1.1　电路板的种类

　　根据层数分类，印制电路板可分为单面板、双面板和多层板。

　　1. Single－Sided Boards（单面板）

　　在最基本的 PCB 上元件集中在其中的一面，走线则集中在另一面上。因为走线只出现在其中的一面，所以就称这种 PCB 板叫做单面板（Single－Sided Boards）。在单面板上通常只有底面也就是"Bottom Layer"覆上铜箔，元件安装在这一面，所以又称为"元件面"。因为单面板在设计线路上有许多严格的限制（因为只有一面，所以布线间不能交叉而必须绕走独自的路径），布通率往往很低，所以只有早期的电路及一些比较简单的电路才使用这类的板子。

　　2. Double－Sided Boards（双面板）

　　这种电路板的两面都有布线，不过要用上两面的布线则必须要在两面之间有适当的电路连接才行。这种电路间的"桥梁"叫做过孔（Via）。过孔是在 PCB 上充满或涂上金属的小洞，它可以与两面的导线相连接。双面板通常无所谓元件面和焊接面，因为两个面都可以焊接或安装元件，但习惯上可以称"Bottom Layer"为焊接面，"Top Layer"为元件面。因为双面板的面积比单面板大了一倍，而且因为布线可以互相交错（可以绕到另一面),因此它适合用在比单面板复杂的电路上。相对于多面板而言,双面板的制作成本不高,在给一定面积的时候通常能 100%布通,因此一般的印制板都采用双面板,如图 4.1 所示。

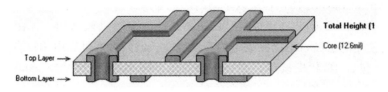

图 4.1 双面板

3. Multi-Layer Boards(多层板)

常用的多层板有 4 层板、6 层板、8 层板和 10 层板等。简单的 4 层板是在"Top Layer"和"Bottom Layer"的基础上增加了电源层和地线层,这一方面极大程度地解决了电磁干扰问题,提高了系统的可靠性,另一方面可以提高布通率,缩小 PCB 板的面积。6 层板通常是在 4 层板的基础上增加了两个信号层:Mid-Layer 1 和 Mid-Layer 2。8 层板则通常包括 1 个电源层、2 个地线层、5 个信号层(Top Layer、Bottom Layer、Mid-Layer 1、Mid-Layer 2、Mid-Layer 3)。

多层板层数的设置是很灵活的,设计者可以根据实际情况进行合理的设置。各种层的设置应尽量满足以下的要求:

(1) 元件层的下面为地线层,它提供器件屏蔽层以及为顶层布线提供参考平面。

(2) 所有的信号应尽可能与地平面相邻。

(3) 尽量避免两信号层直接相邻。

(4) 主电源应尽可能地与其对应地相邻。

(5) 兼顾层压结构对称。

多层电路板结构如图 4.2 所示。

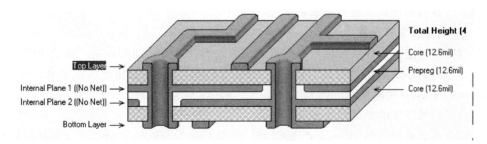

图 4.2 多层板

4.1.1.2 工作层面的类型

PCB 一般包括很多层,不同的层包含不同的设计信息。制版商通常是将各自分开做,后期经过压制、处理,最后生成各种功能的电路板。

Altium Designer Summer 09 提供了以下 6 种类型的工作层。

(1) "Signal Layers(信号层)",即铜箔层,用于完成电气连接。Altium Designer Summer 09 允许电路板设计 32 个信号层,分别为 Top Layer、Mid-Layer 1、Mid-Lay-

er 2…Mid-Layer 30 和 Bottom Layer，各层以不同的颜色显示。

(2) "Internal Planes（中间层，也称内部电源与地线层）"，也属于铜箔层，用于建立电源和地线网络。系统允许电路板设计 16 个中间层，分别为 Internal Layers 1、Internal Layers 2…Internal Layers 16，各层以不同的颜色显示。

(3) "Mechanical Layers（机械层）"：用于描述电路板机械结构、标注及加工等生产和组装信息所使用的层面，不能完成电气连接特性，但其名称可以由用户自定义。系统允许 PCB 板设计包含 16 和机械层，分别为 Mechanical Layers 1、Mechanical Layers 2…Mechanical Layers 16，各层以不同的颜色显示。

(4) "Mask Layers（阻碍层）"：用于保护铜线，也可以防止焊接错误。系统允许 pcb 设计包含 4 个阻碍层，即 Top Paste（顶层锡膏防护层）、Bottom Paste（底层锡膏防护层）、Top Solder（顶层阻碍层）和 Bottom Solder（底层阻碍层），分别以不同的颜色显示。

(5) "Silkscreen Layers（丝印层）"，也称图例（legend），通常该层用于放置元件标号、文字与符号，以标示出各零件在电路板上的位置。系统提供有两层丝印层，即 Top Overlay（顶层丝印层）和 Bottom Overlay（底层丝印层）。

(6) Other Layers（其他层）。

"Drill Guides（钻孔）"和"Drill Drawing（钻孔图）"：用于描述钻孔图和钻孔位置。

"Keep-Out Layers（禁止布线层）"：用于定义布线区域，基本规则是元件不能放置于该层上或进行布线。只有在这里设置了闭合的布线范围，才能启动元件自动布局和自动布线功能。

"Multi-Layer（多层）"：该层用于放置穿越多层的 PCB 元件，也用于显示穿越多层的机械加工指示信息。

单击菜单栏中的"Design（设计）"\"Board Layers&Colors…（电路板层和颜色）"命令，在弹出的"View Configuration（视图配置）"对话框中取消中间 3 个复选框的勾选即可看到系统提供的所有层，如图 4.3 所示。

4.1.1.3 电路板层数设置

在对电路板进行设计前可以对电路板的层数及属性进行详细的设置。这里所说的层主要是指 Signal Layers（信号层）、Internal Plane Layers（电源层和地线层）和 Insulation (Substrate) Layers（绝缘层）。

电路板层数设置的具体操作步骤如下：

(1) 单击菜单栏中的"Design（设计）"\"Layer Stack Manager…（电路板层堆栈管理）"命令，系统将弹出该对话框。系统弹出如图 4.4 所示的"Layer Stack Manager（电路板层堆栈管理）"对话框。在该对话框中可以增加层、删除层移动层所处的位置及对各层的属性进行设置。

对话框的中心显示了当前 PCB 图的层结构。默认设置为双层板，既只包括 Top Layer（顶层）和 Bottom Layer（底层）两层。用户可以单击"Add Layer（添加层）"按钮添加信号层、电源层和地层，单击"Add Plane（添加平面）"按钮添加中间层。选定某一层为参考层，执行添加新层的操作时，新添加的层将出现在参考层的下面。当勾选"Bottom

任务 4.1 印制电路板的基础知识

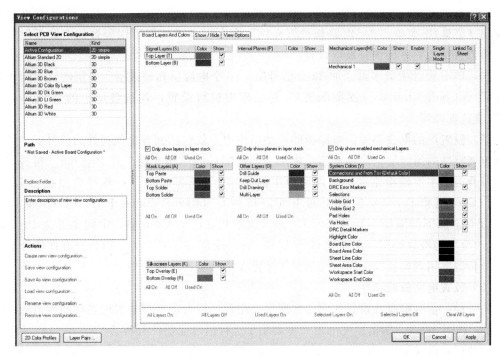

图 4.3 系统所有层的显示

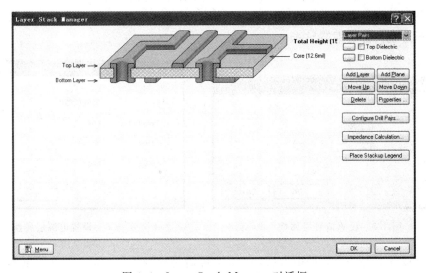

图 4.4 Layer Stack Manager 对话框

Layer（底层）"复选框时，添加层则出现在底层的上面。

（2）双击某一层的名称或选中该层，单击"Properties（属性）"按钮就可以打开该层的属性设置对话框，然后可对该层的名称及铜箔厚度进行设置。

（3）添加新层后，单击"Move Up（上移）"按钮或"Move Down（下移）"按钮，可以改变该层在所有层中的位置。在设计过程的任何时间都可进行添加层的操作。

（4）选中某一层后单击"Delete（删除）"按钮即可删除该层。

(5) 单击"Menu（菜单）"按钮或在该对话框的任意空白处右击，即可弹出一个"Menu（菜单）"菜单。"层电路板设置样例"命令提供了常用不同层数的电路板层数设置，可以直接选择进行快速板层设置。

(6) PCB 设计中最多可添加 32 个信号层、16 个电源层和地线层。各层的显示与否可在"View Configurations（视图配置）"对话框中进行设置，勾选各层中的"Show（显示）"复选框即可。

(7) 设置层的堆叠类型。电路板的层叠结构中不仅包括拥有电气特性的信号层，还包括无电气特性的绝缘层。两种典型绝缘层主要是指 Core（填充层）和 Prepreg（塑料层）。层的堆叠类型主要是指绝缘层在电路板中的排列顺序，默认的 3 种堆叠类型包括 Layer Pairs（Core 层和 Prepreg 层自上而下间隔排列）、Internal Layer Pairs（Prepreg 层和 Core 层自上而下间隔排列）和 Build-up（顶层和底层为 Core 层，中间全部为 Prepreg 层）。改变层的堆叠类型将会改变 Core 层和 Prepreg 层在层栈中的分布，只有在信号层完整性分析需要用到盲孔或深埋过孔的时候才需要进行层的堆叠类型。

(8) 设置电路板层属性。

信号层：信号层属性设置如图 4.5 所示。用户可以自定义信号层的名称和铜箔的厚度（Copper thickness），铜箔厚度的定义主要用于进行信号完整性分析。

电源层：电源层属性设置对话框如图 4.6 所示。用户可以自定义"Name（名称）"。"Copper thickness（铜箔的厚度）"主要用于进行信号完整性分析，"Net name（网络名）"指连接到此层的网络名称，"Pullback（障碍物）"指将内部电源层铜箔的外围尺寸限制在整个电路板形状内部的铜箔导线。

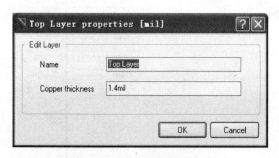

图 4.5 设置信号层属性

图 4.6 设置电源层属性

对于所设计的每一个内部电源层，一系列障碍物导线将自动地创建在板框周围。这些线在屏幕上不可以编辑，建立的障碍物线事实上是原来设置宽度的两倍。即如果设计障碍物导线的宽度值为 20mil 的铺铜。

绝缘层：绝缘层属性设置对话框如图 4.7 所示。"Material（材料）"表示材料的类型，"Thickness（厚度）"表示绝缘层的厚度，"Dielectric Constant（绝缘体常数）"表示绝缘体的介电常数。绝缘层的厚度和绝缘体的介电常数主要用于进行信号完整性分析。

(9) 单击"Layer Stack Manger"对话框的"Configure Drill Pairs（钻孔设置）"按钮设置钻孔。

（10）单击"Layer Stack Manger"对话框的"Impedance Calculation（阻抗计算）"按钮计算阻抗。

4.1.1.4 电路板显示与颜色设置

PCB 编辑器采用不同的颜色显示各个电路板层，以便于区分。可根据个人习惯进行设置，并且可以决定是否在编辑器内显示该层。下面通过实际操作介绍 PCB 层颜色的设置，首先打开"View Configurations（视图设置）"对话框，有以下 3 种方法。

（1）单击菜单栏中"Design（设计）"\"Board Layers & Colors（电路板层和颜色设置）"命令。

（2）在工作窗口右击，在弹出的右键快捷菜单中单击"Options（选项）"\"Board Layers & Colors"命令，如图 4.8 所示。

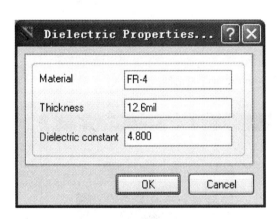

图 4.7 设置绝缘层属性

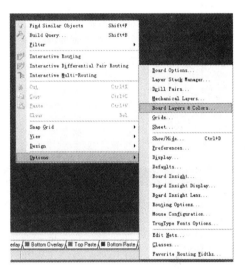

图 4.8 右键快捷菜单

（3）按快捷键 L，系统弹出"View Configurations（视图设置）"对话框，如图 4.9 所示。该对话框包括电路板层颜色设置和系统默认颜色设置的显示两部分。

在"Board Layers And Colors"（电路板层和颜色）选项中，包括"Only show layers in layer stack（只显示层叠中的层）""Only show planes in layer stack（只显示层叠中的面）"和"Only show enabled mechanical layers（只显示激活的机械层）"3 个复选框，他们分别对应上方的信号层、电源层和电线层、机械层。这 3 个复选框决定了在"View Configurations（视图设置）"对话框中是显示全部的层面，还是只显示图层堆栈管理器中设置的有效层面。一般为使对话框简洁明了，勾选 3 个复选框只显示有效层面，对未用层面可以忽略其颜色设置。

在各个设置区域中，"Colors（颜色）"设置栏用于设置对应电路板层的显示颜色。"show（显示）"复选框用于决定此层是否自 PCB 编辑器内显示。如果要修改某层的颜色，单击其对应的流"Colors（颜色）"设置栏中的颜色显示框，即可在弹出的"2D System Colors（二维系统颜色）"对话框中进行修改。如图 4.10 所示是修改"Keep－Out Layer（层外）"颜色的"2D System Colors（二维系统颜色）"对话框。

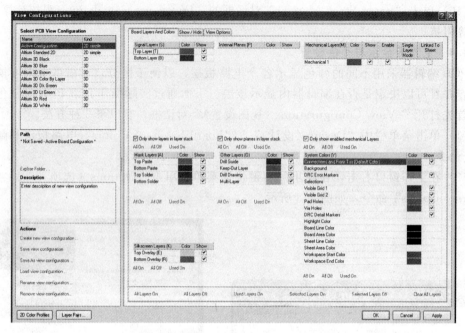

图 4.9 "View Configurations"对话框

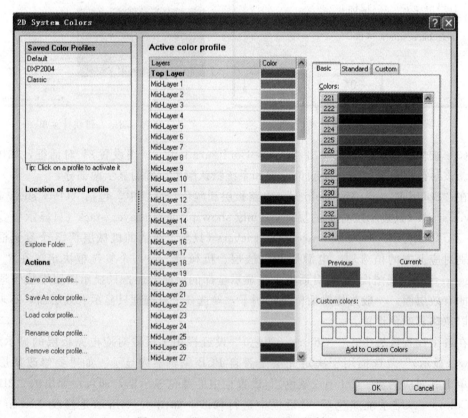

图 4.10 "2D System Colors"对话框

在图 4.9 中，单击"All On（打开所有）"按钮，则所以层的"Show（显示）"复选框都处于勾选状态。相反，如果单击"All Off（关闭所有）"按钮，则所有层的"Show（显示）"复选框都处于未勾选状态。单击"Used On（惯用）"按钮，则当前工作窗口中所有层的"Show（显示）"复选框都处于勾选状态。在该对话框中选择某一层，然后单击"Selected Layer On（被选层打开）"按钮，即勾选该层"Show（显示）"复选框；如果单击"Selected Layer Off（被选层关闭）"按钮，即可取消该层"Show（显示）"复选框的勾选；如果单击"Clear All Layer（清除所以层）"按钮，即可清除对话框中层的勾选状态。

4.1.2 印制电路板元件的封装

印制电路板是用来安装元件的，而同类型的元件，如电阻，即使阻值一样，也有大小之分。因而在设计印制电路板时，就要求印制电路板上大体积元件焊接孔的孔径要大、距离要远。为了使印制电路板生产厂家生产出来的印制电路板可以安装大小和形状符合要求的各种元件，要求在设计印制电路板时，用铜箔表示导线，而用与实际元件形状和大小相关的符号表示元件。这里的形状与大小是指实际元件在印制电路板上的投影。这种与实际元件形状和大小相同的投影符号称为元件封装。例如，电解电容的投影是一个圆形，那么其元件封装就是一个圆形符号。

4.1.2.1 元件封装的分类

按照元件安装方式，元件封装可以分为直插式和表面粘贴式两大类。

典型直插式元件封装外型及其 PCB 板上的焊接点如图 4.11 所示。直插式元件焊接时先要将元件引脚插入焊盘通孔中，然后再焊锡。由于焊点过孔贯穿整个电路板，所以其焊盘中心必须有通孔，焊盘至少占用两层电路板。

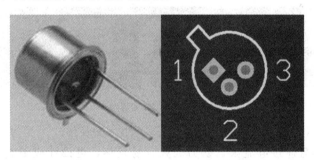

图 4.11 穿孔安装式元件外型及其 PCB 焊盘

典型的表面粘贴式封装的 PCB 如图 4.12 所示。此类封装的焊盘只限于表面板层，即顶层或底层，采用这种封装的元件的引脚占用板上的空间小，不影响其他层的布线，一般引脚比较多的元件常采用这种封装形式，但是这种封装的元件手工焊接难度相对较大，多用于大批量机器生产。

4.1.2.2 元件封装的编号

常见元件封装的编号原则为元件封装类型＋焊盘距离（焊盘数）＋元件外型尺寸。可以根据元件的编号来判断元件封装的规格。例如有极性的电解电容，其封装为 RB.2－.4，其中".2"为焊盘间距，".4"为电容圆筒的外径，"RB7.6－15"表示极性电容类元件封

图 4.12 表面粘贴式封装的器件外型及其 PCB 焊盘

装，引脚间距为 7.6mm，元件直径为 15mm。

4.1.3 印制电路板的其他知识

1. 铜箔导线

印制电路板以铜箔作为导线将安装在电路板上的元件连接起来，所以铜箔导线简称为导线（Track）。印制电路板的设计主要是布置铜箔导线。

与铜箔导线类似的还有一种线，称为飞线，又称预拉线。飞线主要用于表示各个焊盘的连接关系，指引铜箔导线的布置，它不是实际的导线。

2. 焊盘

焊盘的作用是在焊接元件时放置焊锡，将元件引脚与铜箔导线连接起来。焊盘的形式有圆形、方形和八角形，常见的焊盘如图 4.13 所示。焊盘有针脚式和表面粘贴式两种，表面粘贴式焊盘无须钻孔；而针脚式焊盘要求钻孔，它有过孔直径和焊盘直径两个参数。

图 4.13 常见焊盘

在设计焊盘时，要考虑到元件形状、引脚大小、安装形式、受力及振动大小等情况。例如，如果某个焊盘通过电流大、受力大并且易发热，可设计成泪滴状（后面章节会介绍）。

3. 助焊膜和阻焊膜

为了使印制电路板的焊盘更容易粘上焊锡，通常在焊盘上涂一层助焊膜。另外，为了防止印制电路板不应粘上焊锡的铜箔不小心粘上焊锡，在这些铜箔上一般要涂一层绝缘层（通常是绿色透明的膜），这层膜称为阻焊膜。

4. 过孔

双面板和多层板有两个以上的导电层，导电层之间相互绝缘，如果需要将某一层和另一层进行电气连接，可以通过过孔实现。过孔的制作方法为在多层需要连接处钻一个孔，然后在孔的孔壁上沉积导电金属（又称电镀），这样就可以将不同的导电层连接起来。过孔主要有穿透式和盲过式两种,如图 4.14 所示。穿透式过孔从顶层一直通到底层,而盲过孔可以从顶层通到内层,也可以从底层通到内层。

过孔有内径和外径两个参数,过孔的内径和外径一般要比焊盘的内径和外径小。

(a)穿透式过孔　　　　(b)盲过孔

图 4.14　过孔的两种形式

5. 丝印层

除了导电层外,印制电路板还有丝印层。丝印层主要采用丝印印刷的方法在印制电路板的顶层和底层印制元件的标号、外形和一些厂家的信息。

【任务小结】

(1) 了解印制电路板的知识。

(2) 了解印制电路板的封装。

任务 4.2　创建一个新的 PCB 文件

【本任务内容简介】

(1) 使用 PCB 向导创建一个 PCB 文件。

(2) PCB 编辑器功能特点及界面简介。

(3) 印制电路板环境参数设置。

(4) PCB 的设计流程。

【任务描述】

- 熟悉掌握用 PCB 向导来创建 PCB 板。
- 熟练掌握用封装管理器检查所有元件的封装。
- 熟练掌握用 Update PCB 命令原理图信息导入到目标 PCB 文件。

【任务实施】

在将原理图设计转换为 PCB 设计之前,需要创建一个有最基本的板子轮廓的空白 PCB。在 Altium Designer Summer 09 中创建一个新的 PCB 设计的最简单方法是使用 PCB 向导,它可让设计者根据行业标准选择自己创建的 PCB 板的大小。在向导的任何阶段,设计者都可以使用"Back"按钮来检查或修改以前页的内容。

4.2.1　使用 PCB 向导创建一个 PCB 文件

要使用 PCB 向导来创建 PCB,完成以下步骤:

(1) 在 Files 面板的底部的"New from template"单元单击"PCB Board Wizard"创建新的 PCB。如果这个选项没有显示在屏幕上,单击向上的箭头图标关闭上面的一些单元。

(2) PCB Board Wizard 打开,设计者首先看见的是介绍页,单击"Next"按钮继续。

(3) 设置度量单位为英制（Imperial）。注意：1000 mils = 1 inch、1 inch=2.54cm。

(4) 向导的第三页允许设计者选择要使用的板轮廓。在本例中设计者使用自定义的板子尺寸，从板轮廓列表中选择"Custom"，单击"Next"。

(5) 在下一页，进入了自定义板选项。在本例电路中，一个 2×2inch 的板便足够了。选择"Rectangular"并在"Width"和"Height"栏输入 2000。取消"Title Block & Scale""Legend String"和"Dimension Lines"以及"Corner Cutoff"和"Inner Cutoff"复选框如图 4.15 所示。单击"Next"继续。

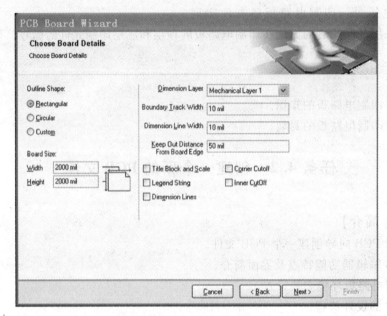

图 4.15　PCB 板形状设置

(6) 在这一页允许选择板子的层数。例子中需要两个 Signal Layers，不需要 Power Planes，所以将"Power Planes"下面的选择框改为 0。单击"Next"按钮继续。

(7) 在设计中使用过孔（via）样式选择"Thruhole Vias only"，单击"Next"按钮。

(8) 在下一页允许设计者设置元件/导线的技术（布线）选项。选择"Through-hole components"选项，将相邻焊盘（pad）间的导线数设为 One Track。单击"Next"按钮继续。

(9) 下一页用于设置一些设计规则，如线的宽度、焊盘的大小，焊盘孔的直径，导线之间的最小距离如图 4.16，在这里设为默认值。单击"Next"按钮继续。

(10) 单击"Finish"按钮。PCB Board Wizard 已经设置完所有创建新 PCB 板所需的信息。PCB 编辑器现在将显示一个新的 PCB 文件，名为 PCB1.PcbDoc，如图 4.17 所示。

(11) PCB 向导现在收集了它需要的所有的信息来创建设计者的新板子。PCB 编辑器将显示一个名为 PCB1.PcbDoc 的新的 PCB 文件。

(12) PCB 文档显示的是一个空白的板子形状（带栅格的黑色区域）。

(13) 选择"View" \ "Fit Board"或快捷键 V+F 将只显示板子形状。

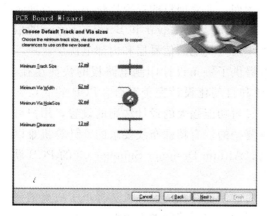 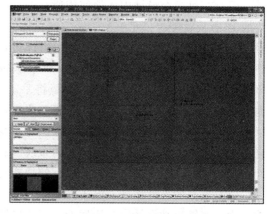

图 4.16　线宽设置　　　　　　　　图 4.17　PCB 板所需的信息

（14）选择"File"\"Save As"来将新 PCB 文件重命名（用 *.PcbDoc 扩展名）。指定设计者要把这个 PCB 保存在设计者的硬盘上的位置，在文件名栏里输入文件名 Multivibrator.PcbDoc 并单击"保存"按钮。

（15）如果添加到项目的 PCB 是以自由文件打开的，在"Projects"面板的"Free Documents"单元右击 PCB 文件，选择"Add to Project"。这个 PCB 文件已经被列在 Projects 下的 Source Documents 中，并与其他项目文件相连接。设计者也可以直接将自由文件夹下的 Multivibrator.PcbDoc 文件拖到项目文件夹下。保存项目文件如图 4.18 所示。

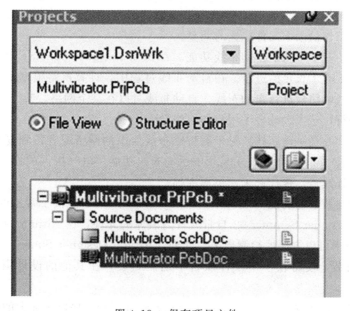

图 4.18　保存项目文件

4.2.2　PCB 编辑器功能特点及界面简介

4.2.2.1　PCB 编辑器功能特点

Altium Designer Summer 09 的 PCB 设计能力非常强，能够支持复杂的 32 层 PCB 设

计，但是在每一个设计中无须使用所有的层次，例如，如果项目的规模比较小时，双面走线的PCB板就能提供足够的走线空间，此时只需要启动Top Layer和Bottom Layer的信号层以及对应的机械层、丝印层等层次即可，无须任何其他的信号层和内部电源层。

Altium Designer Summer 09的PCB编辑器提供了一条设计印制电路板的快捷途径，PCB编辑器通过它的交互性编辑环境将手动设计和自动化设计完美融合。PCB的底层数据结构最大限度地考虑了用户对速度的要求，通过对功能强大的设计法则的设置，用户可以有效地控制印刷电路板的设计过程。对于特别复杂的、有特殊布线要求的、计算机难以自动完成的布线工作，可以选择手动布线。总之，Altium Designer Summer 09的PCB设计系统功能强大而方便，它具有以下的功能特点：

（1）丰富的设计法则。电子工业的飞速发展对印制电路板的设计人员提供了更高的要求。为了能够成功设计出一块性能良好的电路板，用户需要仔细考虑电路板阻抗匹配、布线间距、走线宽度、信号反射等各项因素，而Altium Designer Summer 09强大的设计法则极大地方便了用户。Altium Designer Summer 09提供了超过25种设计法则类别，覆盖了设计过程中的方方面面。这些定义的法则可以应用于某个网络、某个区域，以至整个PCB板上，这些法则互相组合能够形成多方面的复合法则，使用户迅速地完成印制电路板的设计。

（2）易用的编辑环境。和Altium Designer Summer 09的原理图编辑器一样，PCB编辑器完全符合Windows应用程序风格，操作起来非常简单，编辑工作非常自然直观。

（3）合理的元件自动布局功能。Altium Designer Summer 09提供了好用的元件自动布局功能，通过元件自动布局，计算机将根据原理图生成的网络报表对元件进行初步布局。用户的布局工作仅限于元件位置的调整。

（4）高智能的基于形状的自动布线功能。Altium Designer Summer 09在印制电路板的自动布线技术上有了长足的进步。在自动布线过程中，计算机将根据定义的布线规则，并基于网络形状对电路板进行自动布线。自动布线可以在某个网络、某个区域直至整个电路板的范围内进行，这大大减轻了用户的工作量。

（5）易用的交互性手动布线。对于有特殊布线要求的网络或者特别复杂的电路设计，Altium Designer Summer 09提供了易用的手动布线功能。电气格点的设置使得手动布线时能够快速定位连线点，操作起来简单而准确。

（6）强大的封装绘制功能。Altium Designer Summer 09提供了常用的元件封装，对于超过Altium Designer Summer 09自带元件封装库的元件，在Altium Designer Summer 09的封装编辑器中可以方便地绘制出来。此外，Altium Designer Summer 09采用库的形式来管理新建封装，使得在一个设计项目中绘制封装，在其他的设计项目中能够得到引用。

（7）恰当的视图缩放功能。Altium Designer Summer 09提供了强大的视图缩放功能，方便了大型的PCB绘制。

（8）强大的编辑功能。Altium Designer Summer 09的PCB设计系统有标准的编辑功能，用户可以方便地使用编辑功能，提高工作效率。

（9）万无一失的设计检验。PCB文件作为电子设计的最终结果，是绝对不能出错的。

Altium Designer Summer 09 提供了强大的设计法则检验器（DRC），用户可以定义通过对 DRC 的规则进行设置，然后计算机自动检测整个 PCB 文件。此外，Altium Designer Summer 09 还能够给出各种关于 PCB 的报表文件，方便随后的工作。

（10）高质量的输出。Altium Designer Summer 09 支持标准的 Windows 打印输出功能，其中 PCB 输出质量无可挑剔。

4.2.2.2 新方法创建空白 PCB

在 4.2.1 使用 PCB 向导创建一个 PCB 文件，介绍了用 PCB 向导产生空白 PCB 板子轮廓的方法。本节将介绍另一种方法产生空白的 PCB 板。

（1）启动 Altium Designer Summer 09，打开"数码管显示电路.PrjPCB"的项目文件，再打开"数码管显示电路.SchDoc"的原理图。

（2）产生一个新的 PCB 文件。方法如下：选择主菜单中的"File"/"New"/"PCB"命令，在"数码管显示电路.PrjPcb"项目中新建一个名称为"PCB1.PcbDoc"的 PCB 文件。

（3）在新建的 PCB 文件上单击鼠标右键，在弹出的下拉菜单中选择"Save"命令，打开"Save [PCB1.PcbDoc] As"对话框。

（4）在"Save [PCB1.PcbDoc] As"对话框的"文件名"编辑框中输入"数码管显示电路"，单击"保存"按钮，将新建的 PCB 文档保存为"数码管显示电路.PcbDoc"文件。

4.2.2.3 PCB 界面简介

PCB 编辑器界面主要包括菜单栏、工具栏和面板 3 个部分，如图 4.19 所示。

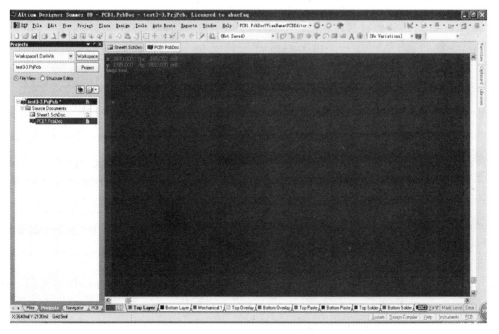

图 4.19 PCB 编辑器界面

与原理图编辑器的界面一样，PCB 编辑器界面也是在软件主界面的基础添加了一系列菜单和工具栏,这些菜单及工具主要用于 PCB 设计中电路板设置、布局、布线及工程操作等。菜单与工具栏基本上是对应的,大部分菜单命令都能通过工具栏中的相应按钮来完成。右击工作窗口将弹出一个右键快捷菜单,其中包括一些 PCB 设计中常用的命令。

1. 菜单栏

在 PCB 设计过程中,各项操作都可以使用菜单栏中相应的命令来完成,菜单栏中的各菜单命令功能简要介绍如下:

"File(文件)"菜单:用于文件的新建、打开、关闭、保存与打印等操作。

"Edit(编辑)"菜单:用于对象的复制、粘贴、选取、删除、导线切割、移动、对齐等编辑操作。

"View(视图)"菜单:用于实现对视图的各种管理,如工作窗口的放大与缩小,各种工具栏、面板、状态栏及节点的显示与隐蔽等,以及 3D 模型、公英制转换等。

"Project(项目)"菜单:用于实现与项目有关的各种操作,如项目文件的新建、打开、保存与关闭,工程项目的编译及比较等。

"Place(放置)"菜单:包含了在 PCB 中放置导线、字符、焊盘、过孔等各种对象,以及放置坐标、标注等命令。

"Design(设计)"菜单:用于添加或删除元件库、导入网络表、原理图与 PCB 间的同步更新及印制电路板的定义,以及电路板形状的设置、移动等操作。

"Tool(工具)"菜单:用于为 PCB 设计提供各种工具,如 DRC 检查、元件的手动与自动布局、PCB 图的密度分析及信号完整性分析等操作。

"Auto Route(自动布线)"菜单:用于执行与 PCB 自动布线相关的各种操作。

"Reports(报表)"菜单:用于执行生成 PCB 设计报表及 PCB 板尺寸测量等操作。

"Window(窗口)"菜单:用于对窗口进行各种操作。

"Help(帮助)"菜单:用于打开帮助菜单。

2. 主工具栏

工具栏中以图标按钮的形式列出了常用菜单命令的快捷方式,用户可根据需要对工具栏中包含的命令进行选择,对摆放的位置进行调整。

右击菜单栏或工具栏的空白区域即可弹出工具栏的命令菜单,如图 4.20 所示。它包含 6 个命令,带有 标志的命令表示被选中而出现在工作窗口上方的工具栏中。每一个命令代表一系列工具选项。

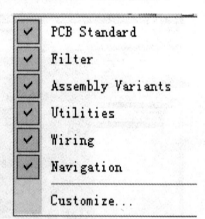

图 4.20 工具栏的命令菜单

"PCB Standard(PCB 标准)"命令:用于控制 PCB 标准工具栏的打开与关闭,如图 4.21 所示。

图 4.21 PCB 标准工具栏

"Filter（过滤）"命令：用于控制过滤工具栏 的打开与关闭，可以快速定位各种对象。

"Utilities（实用）"命令：用于控制实用工具栏的打开与关闭。

"Wiring（连线）"命令：用于控制连线工具栏的打开与关闭。

"Navigation（导航）"命令：用于控制导航工具栏的打开与关闭。通过这些按钮，可以实现在不同界面之间的快速跳转。

"Customize（用户定义）"命令：用于用户自定义设置。

4.2.3 印制电路板环境参数设置

对于手动生成的 PCB，在进行 PCB 设计前，首先要对板的各种属性进行详细的设置。主要包括板型的设置，PCB 图纸的设置、电路板的设置、层的显示、颜色的设置、布线框的设置，PCB 系统参数的设置以及 PCB 设计工具的设置等。

4.2.3.1 电路板物理边框的设置

1. 边框线的设置

电路板的物理边界即为 PCB 的实际大小和形状，板型的设置是在"Mechanical 1（机械层）"上进行的。根据所设计的 PCB 在产品中安装位置、所占空间的大小、形状及与其他部件的配合来确定 PCB 的外形与尺寸。具体的操作步骤如下：

（1）新建一个 PCB 文件，使之处于当前的工作窗口中，如图 4.22 所示。

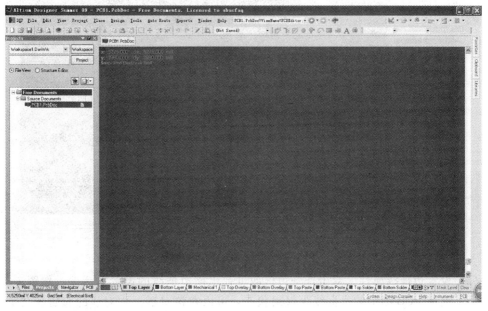

图 4.22 新建的 PCB 文件

默认的 PCB 图为带有栅格的黑色区域，包括以下几个工作层面：

两个信号层 TOP Layer（顶层）和 Bottom Layer（底层）：用于建立电气连接的铜箔层。

Mechanical 1（机械层）：用于设置 PCB 与机械加工相关的参数，以及用于 PCB 3D

模型设置与显示。

Top Overlay（丝印层）：用于添加电路板的说明文字。

Keep-Out Layer（禁止布线层）：用于设立布线范围，支持系统的自动布线和自动布线功能。

Multi-Layer（多层同时显示）：可实现多层叠加显示，用于显示多个电路板层相关的 PCB 细节。

（2）单击工作窗口下方"Mechanical 1（机械层）"标签，使该层面处于当前工作窗口中。

（3）单击菜单层中的"Place（放置）"\"Line（线）"命令，此时光标变成十字形状。然后将光标移到工作窗口的合适位置，单击即可进行线的放置操作，每单击一次就确定一个固定点。通常将板的形状定义为矩形，但在特殊的情况下，为了满足电路的某种特殊要求，也可以将板形定义为矩形，椭圆形或者不规则的多变形。这些都可以通过"Place（放置）"菜单来完成。

（4）当放置的线组成了一个封闭的边框时，就可结束边框的绘制。右击或者按〈Esc〉键退出该操作。绘制好的 PCB 边框如图 4.23 所示。

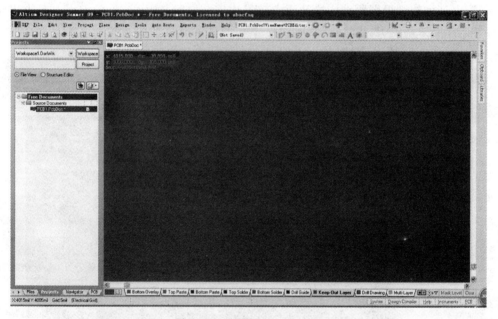

图 4.23　绘制好的 PCB 边框

（5）设置边框线属性。双击任一边框即可弹出该边框线的设置对话框，如图 4.24 所示。为了确保 PCB 图中的边框线为封闭状态，可以在该对话框中对线的起始和结束点进行设置，使一段边框线的终点为下一段边框线的起点。

"Layer（层）"下拉列表框：用于设置该线所在的电路板层。用户在开始画线时可以不选择 Mechanical 1 层，在此处进行工作层的修改也可以实现上述操作所达到的效果，只是这样需要对所有边框线段进行设置，操作起来比较麻烦。

"Net（网络）"下拉列表框：用于设置该线所在的网络。通常边框线不属于任何网络，

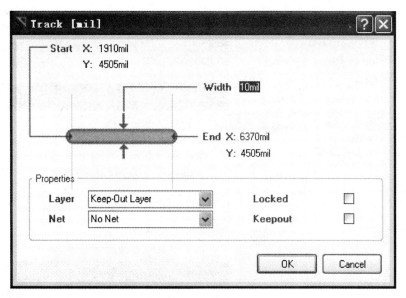

图 4.24 设置边框线

即不存在任何电气特征。

"Locked（锁定）"复选框：勾选该复选框时，边框线将被锁定，无法对该线进行移动等操作。

"Keepout（使在外）"复选框：用于定义该边框属性是否为"Keepout（使在外）"。具有该属性的对象将被定义为板外对象，将不出现在系统生成的"Gerber"文件中。单击"OK（确定）"按钮，完成边框线的属性设置。

2. 板形的修改

对线框进行设置的主要目的是给制板商提供加工电路板形状的依据。用户也可以在设计时直接修改板形，即在工作窗口中可直接看到自己所设计的电路板的外观形状，然后对板进行修改。板形的设置与修改主要通过"Design（设计）"菜单中的"Board Shape（电路板形状）"子菜单来完成，如图 4.25 所示。

(1) Redefine Board Shape（重新定义板形）。

1) 单击菜单栏中"Design（设计）" \ "Board Shape（电路板形状）" \ "Redefine Board Shape（重新定义板形）"命令，此时光标将变成十字形状，工作窗口显示出绿色的电路板。

2) 移动光标到电路板上，单击确定起点，然后移动光标多次单击确定多个固定点，以重新设定电路板的尺寸，如图 4.26 所示。当绘制的边框为封闭时，系统将自动连接起始点和结束点以完成电路板形状的定义。

3) 右击或者按 Esc 键退出该操作。重新定义以后，电路板的可视栅格会自动调整以满足显示电路板尺寸确定的区域。

(2) Move Board Vertices（移动电路板边框线节点）。

1) 击菜单栏中"Design（设计）" \ "Board Shape（电路板形状）" \ "Move Board Vertices（移动电路板边框线节点）"命令，此时光标将变成十字形状，工作窗口显示出

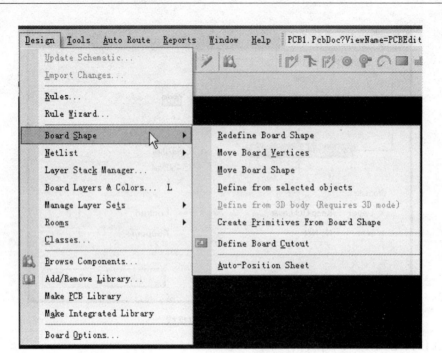

图 4.25 "Board Shape"子菜单

绿色的电路板,边框线显示出多个可以拖动的固定节点。

2)拖动任何一个节点即可改变电路板的形状,如图 4.27 所示。

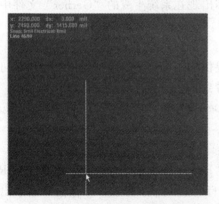

图 4.26 重新定义电路板的尺寸

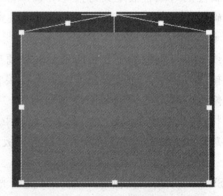

图 4.27 移动边框线的节点

3)右击或者按 Esc 键退出该操作。

(3) Move Board Shape(移动电路板位置)。

1)单击菜单栏中"Design(设计)"\"Board Shape(电路板形状)"\"Move Board Shape(移动电路板位置)"命令此时光标将变成十字形状,一个虚线悬浮在光标上,同时工作窗口出绿色显示电路板,如图 4.28 所示。

2)移动光标到合适的位置,单击即可完成电路板的移动。

(4) Define From Selected Objects(根据选定对象定义板形)。在机械层或其他层可以

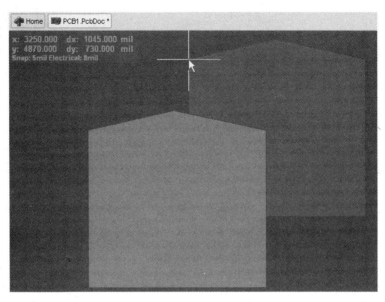

图 4.28 移动电路板

利用线条或圆弧定义一个内嵌的边界，以新建对象为参考重新定义板形。具体操作步骤如下：

1）单击菜单栏中"Place（放置）"\"Full Circle（圆）"命令，在电路板上绘制一个圆，如图 4.29 所示。

2）选中已绘制的圆，然后单击菜单栏中"Design（设计）"\"Board Shape（电路板形状）"\"Define From Selected Objects（根据选定对象定义）"命令，电路板将变成圆形，如图 4.30 所示。

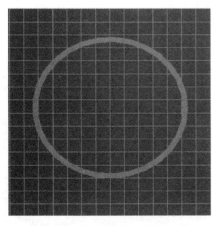
图 4.29 绘制一个圆

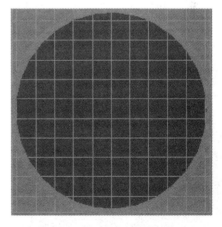
图 4.30 定义后的板形

4.2.3.2 设置 PCB 板选项

（1）在主菜单中选择"Design"\"Board Options…"命令，打开如图 4.31 所示的"Board Options"对话框。

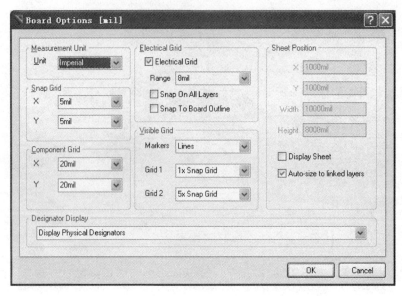

图 4.31 "Board Options" 对话框

（2）在如图 4.31 所示的"Board Options"对话框的"Measurement Unit"区域中设置"Unit"为"Metric"；勾选"Sheet Position"区域中的"Display Sheet"复选项，表示在 PCB 图中显示白色的图纸；设置 Snap Grid X、Y：1mm，单击"OK"按钮。

（3）在主菜单中选择"Design" \ "Board Sharp" \ "Redefine Board Sharp"命令，重新定义 PCB 板的形状。

（4）移动光标按顺序分别在工作区内坐标为（100mm，30mm）、（190mm，30mm）、（190mm，106mm）和（100mm，106mm）的点上单击，最后单击鼠标右键，绘制一个矩形区域。重新定义的 PCB 板区域，如图 4.32 所示。

图 4.32 重新定义的 PCB 板区域

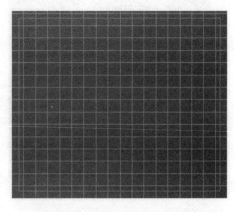

图 4.33 绘制布线区域的 PCB 板

（5）单击工作区下部的"Keep-Out Layer"层标签，选择"Keep Out Layer"层，重新定义 PCB 板的边框。

（6）单击"Utilities"工具栏中的绘图工具按钮" ",在弹出的工具栏中选择线段工具按钮" ",移动光标按顺序连接工作区内坐标为（103，33）、（187，33）、（187，103）和（103，103）的四个点，然后光标回到（103，33）处，光标处出现一个小方框，按鼠标左键，即绘制"Keep Out"布线的矩形区域（图4.33），按鼠标右键，退出布线状态。（单位：mm）。

（7）在主菜单中选择"Design"\"Layer Stack Manager"命令，打开"Layer Stack Manager"对话框。

（8）在"Layer Stack Manager"对话框中勾选"Top Dielectric"复选项和"Bottom Dielectric"复选项，设置电路板为有阻焊层的双层板，单击"OK"按钮。

至此，PCB板的形状、大小，布线区域和层数就设置完毕了。

4.2.3.3 Preferences 的设置

在"Preferences（优选参数）"对话框可以对一些与PCB编辑窗口相关的系统参数进行设置。设置后的系统参数将用于当前工程的设计环境，并且不会随PCB文件的改变而改变。

单击菜单栏中的"Tools（工具）"\"Preferences...（优选参数）"命令，系统将弹出如图4.34所示的"Preferences（优选参数）"对话框。

在该对话框中需要设置的有"General（常规）""Display（显示）""Show/Hide（显示/隐藏）""Defaults（默认）"和"PCB Legacy 3D（PCB的3D图）"5个标签页。

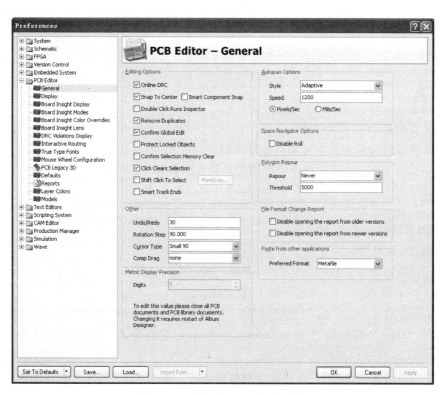

图4.34 "Preferences"对话框

4.2.4 PCB 的设计流程

笼统的来讲,在进行印制电路板的设计时,首先要确定设计方案,并进行局部电路的仿真或实验,完善电路性能。之后根据确定的方案绘制电路原理图,并进行 ERC 检查。最后完成 PCB 的设计,输入设计文件,送交加工制造。设计者在工程中按照流程进行设计,这样可以避免一些重复的操作,同时也可以防止一下不必要的错误出现。

PCB 设计的操作步骤如下:

(1) 绘制电路原理图。确定选用的元件及其封装形式,完善电路。

(2) 规划电路板。全面考虑电路板的功能、部件、元件封装形式、连接器及安装方式等。

(3) 设置各项环境参数。

(4) 载入网络表和元件封装。收集所有的元件封装,确保选用的每个元件封装都能在 PCB 库文件中找到,将封装和网络表载入到 PCB 文件中。

(5) 元件自动布局。设定自动布局规则,使用自动布局功能,将元件进行初步布置。

(6) 手工调整布局,手工调整元件布局使其符合 PCB 板的功能需要和元器件电气要求,还要考虑到安装方式,放置安装孔等。

(7) 电路板自动布线。合理设定布线规则,使用自动布线功能为 PCB 板自动布线。

(8) 手工调整布线。自动布线结果往往不能满足设计要求,还需要做大量的手工调整。

(9) DRC 检验。PCB 板布线完毕,需要经过 DRC 检验无误,否则,根据错误提示进行修改。

(10) 文件保存,输出打印。保存、打印各种报表文件及 PCB 制作文件。

(11) 加工制作。将 PCB 制作文件送交加工单位。

【任务小结】

(1) 掌握创建 PCB 板的方法。

(2) 掌握用封装管理器检查所有元件的封装。

(3) 掌握用 Update PCB 命令原理图信息导入到目标 PCB 文件。

【操作实例】

4.2.5 PCB 印制电路板的设计基础

1. 新建 PCB 文件

方法一:执行命令"File" \ "New" \ "PCB"。

方法二:使用 PCB 向导创建新的 PCB 文件。

(1) 单击工作区的"Files"面板标签,即弹出如图 4.35 所示的"Files"面板。

(2) 在"Files"面板的"New from Template"单元单击"PCB Board Wizard..."命令,启动 PCB 向导,如图 4.36 所示。

(3) 单击 Next> 按钮,出现度量单位对话框,如图 4.37 所示。默认的度量单位为英制(Imperial),也可以选择公制单位(Metric)。二者的换算关系为:1mil=0.0254mm。

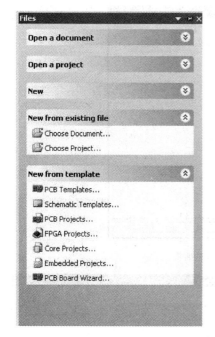

图 4.35 "Files"面板

图 4.36 启动 PCB 向导

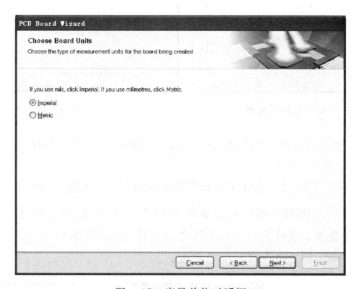

图 4.37 度量单位对话框

（4）单击 Next> 按钮，显示电路板尺寸选择对话框，如图 4.38 所示，选择自定义电路板的轮廓和尺寸，即选择"Custom"。

（5）单击 Next> 按钮，显示自定义电路板对话框，如图 4.39 所示。设置 PCB 为 2000×1500 的矩形电路板。

（6）单击 Next> 按钮，显示电路板层数设置对话框，如图 4.40 所示。设置信号层（Signal Layers）数和电源层（Power Planes）数。设置了两个信号层，不需要电源层。

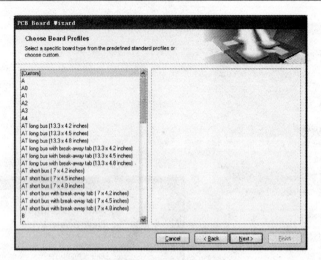

图 4.38 电路板尺寸选择对话框

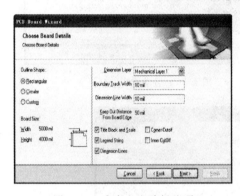

图 4.39 自定义电路板选项

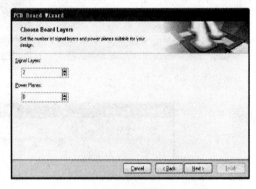

图 4.40 电路板层数设置对话框

（7）单击 Next> 按钮，向导显示导孔类型选择对话框，如图 4.41 所示，选择 Thruhole Vias（穿透式过孔）。

（8）单击 Next> 按钮，设置元件和布线技术对话框，如图 4.42 所示。

（9）单击 Next> 按钮，屏幕显示如图 4.43 所示的导线/导孔尺寸设置对话框。主要设置导线的最小宽度、过孔的尺寸和导线之间的安全距离等参数。

（10）单击 Next> 按钮，PCB 向导完成。

图 4.41 过孔类型选择对话框

图 4.42 设置元件和布线技术对话框

图 4.43 导线/导孔尺寸设置对话框

(11) 单击 Finish 关闭该向导。执行命令 "File" / "Save As...",将新的 PCB 文件重新命名,用 *.PcbDoc 表示,并给出文件保存的路径。

提示:如果创建或打开的是自由文档,在 "Projects" 面板的 "Free Documents" 单元用鼠标将文件拖放到已创建项目中。

2.规划电路板

(1) 板层及颜色设置执行命令 "Design" / "Board Layers & Colors...",或在 PCB 编辑窗口单击鼠标右键,在弹出快捷菜单中选择 "Options" / "Board Layers & Colors..." 命令,就可以看到如图 4.44 所示的板层及颜色设置对话框。

(2) PCB 选项设置执行命令 "Design" / "Board Options...",或在 PCB 编辑窗口单击鼠标右键,在弹出快捷菜单中选择 "Design/Board Options..." 命令,就弹出如图 4.45 所示的 "Board Options" 对话框。印制电路板的选项设置包括 Snap Grid(移动栅格)设置、Electrical Grid(电气栅格)设置、Visible Grid(可视栅格)设置、计量单位和图纸大小设置等。

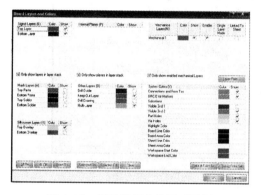

图 4.44　板层及颜色设置对话框

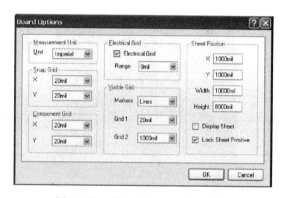

图 4.45　"Board Options" 对话框

3.定义电路板形状及尺寸

如果用方法一执行命令 "File" \ "New" \ "PCB" 创建的 PCB 文档,则需要再进行板形及尺寸规划。

定义物理边界:在执行命令 "Design" / "Board Shape" \ "Redefine Board Shape",光标呈十字形状,系统进入编辑 PCB 板外形状态,绘制一个封闭的矩形,如图 4.46 所示。

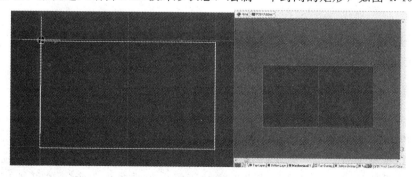

图 4.46　设置的 PCB 板物理边界

定义电气边界：

（1）将光标移至编辑区下面的工作层标签上的"KeepOut Layer（禁止布线层）"，单击鼠标左键，将禁止布线层设置为当前工作层。

（2）执行执行命令"Place"\"KeepOut"\"Track"。

（3）在编辑区中适当位置单击鼠标左键，开始绘制第一条边。

（4）移动光标到合适位置，单击鼠标左键，完成第一条边的绘制。依次绘线，最后绘制一个封闭的个矩形，如图4.47所示。

（5）单击鼠标右键或按下Esc键取消布线状态。

要查看印制电路板的大小执行命令"Reports"\"Board Information"，如图4.48所示。也可以按快捷键R＋B。

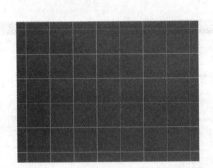

图4.47 设置PCB板电气边界

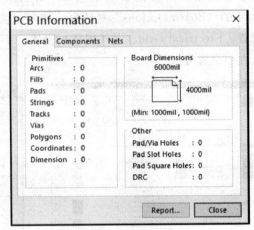

图4.48 板信息对话框

任务4.3 三极管放大电路印制电路板（PCB）设计

【本任务内容简介】

（1）在PCB文件中导入原理图网络表信息。

（2）PCB中元件的布局。

（3）PCB电路板的布线。

（4）PCB电路板常用工具操作。

【任务描述】

- 掌握PCB板设计流程。
- 掌握PCB板设计技巧。

【任务实施】

4.3.1 在PCB文件中导入原理图网络表信息

印制电路板有单面板、双面板和多层板三种。单面板由于成本低而被广泛应用。初听起来单面板似乎比较简单，但是从技术上说单面板的设计难度很大。在印制电路板设计中，单面板设计是一个重要的组成部分，也是印制电路板设计的起步。双面板的电路板一般比单面板复杂，但是由于双面都能布线，设计不一定比单面板困难，深受广大设计员的喜爱。

单面板与双面板两者的设计过程类似，均可按照电路板设计的一般步骤进行。在设计电路板之前，准备好原理图和网络表，为设计印制电路板打下基础。然后进行电路板的规划，也就是电路板板边的确定，或者说是确定电路板的大小尺寸。规划好电路板后，接下来的任务就是将网络表和元件封装装入。装入元件封装后，元件是重叠的，需要对元件封装进行布局，布局的好坏直接影响到电路板的自动布线，因此非常重要。元件的布局可以采用自动布局，也可以手工对元件进行调整布局。元件封装在规划好的电路板上布完后，我们可以运用 Altium Designer Summer 09 提供的强大的自动布线功能，进行自动布线。在自动布线结束之后，往往还存在一些令人不满意的地方，这就需要设计人员利用经验通过手工修改调整。当然对于那些设计经验丰富的设计人员，从元件封装的布局到布完线，都可以用手工去完成。

我们现在最普遍的电路设计方式是用双面板设计。但是当电路比较复杂而利用双面板无法实现理想的布线时，我们就要采用多层的设计了。多层板是指采用四层板以上的电路板布线。它一般包括顶层、底层、电源板层、接地板层，甚至还包括若干个中间板层。板层越多，布线就越简单。但是多层板的制作费用比较高，制作工艺也比较复杂。多层板的布线主要以顶层和底层为主要布线层，以走中间层为辅。在需要中间层布线的时候，我们往往先将那些在顶层和底层难以布置的网络，布置在中间层，然后切换到顶层或底层进行其他的布线操作。

网络表是原理图与 PCB 图之间的联系纽带，原理图的信息可以通过导入网络表的形式完成与 BCP 之间的同步。在进行网络表的导入之前，需要装载元件的封装库及对同步比较器的比较规则进行设置。

原理图和 PCB 图之间的信息可以通过在相应的 PCB 文件中导入网络表的方式完成同步。在执行导入网络表的操作之前，需要在 PCB 设计环境中装载元件的封装库及对同步比较器的比较规则进行设置。

4.3.1.1 装载元件封装库

由于 Altium Designer Summer 09 采用的是集成的元件库，因此对于大多数设计来说，在进行原理图设计的同时变装载了元件的 PCB 封装模型，一般可以省略该项操作。但 Altium Designer Summer 09 同时也支持单独的元件封装库，只要 PCB 文件中有一个元件封装不是在集成的元件库中，用户就需要单独装载该封装所在的元件库。元件封装库的添加与原理图中元件库的添加步骤相同，这里不再赘述。

4.3.1.2 设置同步比较规则

同步设计是 Protel 系列软件中实现绘制电路图最基本的方法，这是一个非常重要的概念。对同步设计概念最简单的理解就是原理图文件和 PCB 文件在任何情况下保持同步。也就是说，不管是先绘制原理图再绘制 PCB 图，还是同时绘制原理图和 PCB 图，最重要保证原理图中元件的电气连接意义必须和 PCB 图中的电气连接意义的完全相同。实现这个目的地最终方法是用同步器来实现，这个概念就称为同步设计。

如果说网络表包括了电路设计的全部电气连接信息,那么 Altium Designer Summer 09 则是通过同步器添加网络表的电气连接信息来完成原理图与 PCB 图之间的同步更新。同步器的工作原理是检查当前的原理图文件和 PCB 文件,得出它们各自的网络报表并进行比较,比较后得出的不同网络信息将作为更新信息,然后根据更新信息便可以完成原理图设计与 PCB 设计的同步。同步比较规则能够决定生成的更新信息,因此要完成原理图与 PCB 图的同步更新,同步比较规则的设置是至关重要的。

单击菜单栏中的"Project(项目)"\"Project Options...(项目选项)"命令,系统将弹出"Options for PCB Project...(PCB 项目选项)"对话框,然后单击"Comparator(比较器)"选项卡,在该选项卡中可以对同步比较规则进行设置。如图 4.49 所示。单击"Set To Installation Defaults(设置成安装默认值)"按钮,将恢复软件安装时同步器的默认设置状态。单击"OK(确定)"按钮,即可完成同步比较规则的设置。

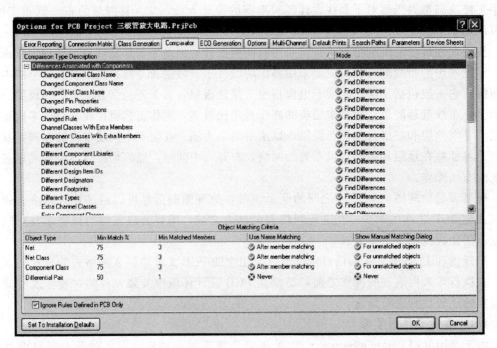

图 4.49 "Comparator(比较器)"选项卡

同步器的主要作用是完成原理图与 PCB 图之间的同步更新,但这只是对同步器的狭义理解。同步器可以完成任何两个文档之间的同步更新,可以是两个 PCB 文档之间、网络表文件和 PCB 文件之间,也可以是两个网络表文件之间的同步更新。用户可以在"Differences(不同)"面板中查看两个文件之间的不同之处。

4.3.1.3 导入网络报表

完成同步比较规则的设置后,即可进行网络报表的导入工作。下面以前面绘制的"三极管放大电路"原理图项目为例进行讲解,打开原理图文件"三极管放大电路.SchDoc",原理图如图 4.50 所示,将原理图的网络报表导入到当前的 PCB1 文件中,操作步骤如下:

任务 4.3 三极管放大电路印制电路板（PCB）设计

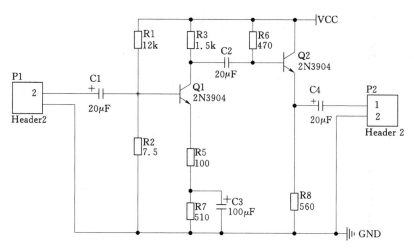

图 4.50 要导入网络表的原理图

（1）打开"三极管放大电路.SchDoc"文件，使之处于当前的工作窗口中，同时应保证 PCB1 文件也处于打开状态。

（2）单击菜单栏中的"Design（设计）"\"Update PCB Document PCB1.PcbDoc（更新 PCB 文件）"命令，系统将对原理图和 PCB 图的网络报表进行比较并弹出一个"Engineering Change Order（工程更新操作顺序）"对话框，如图 4.51 所示。

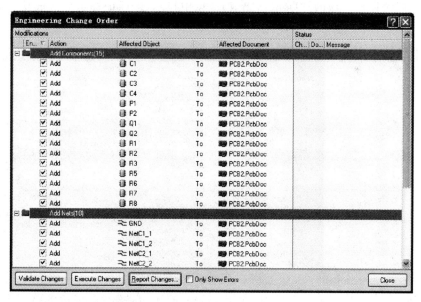

图 4.51 "Engineering Change Order"对话框

（3）单击"Validate Changes（确认更改）"按钮，系统将扫描所有的更改操作项，验证能否在 PCB 上执行所有的更新操作。随后在可以执行更新操作的每一项对应的"Check（检查）"栏中将显示 ● 标记，如图 4.52 所示。

● 标记：说明该项更改操作项都是合乎规则的。

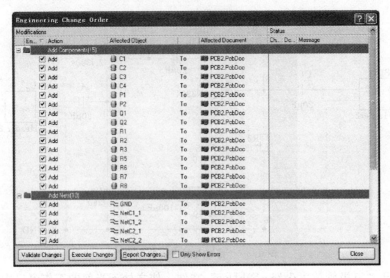

图 4.52　PCB 中能实现的合乎规则的更新

❌标记：说明该项更改操作是不可执行的，需要返回到以前的步骤中进行修改，然后重新进行更新验证。

（4）进行合法行效验后单击"Execute Changes（执行更改）"按钮，系统将完成网络表的导入，同时在每一项的"Done（完成）"栏中显示 ✓ 标记提示导入成功，如图 4.53 所示。

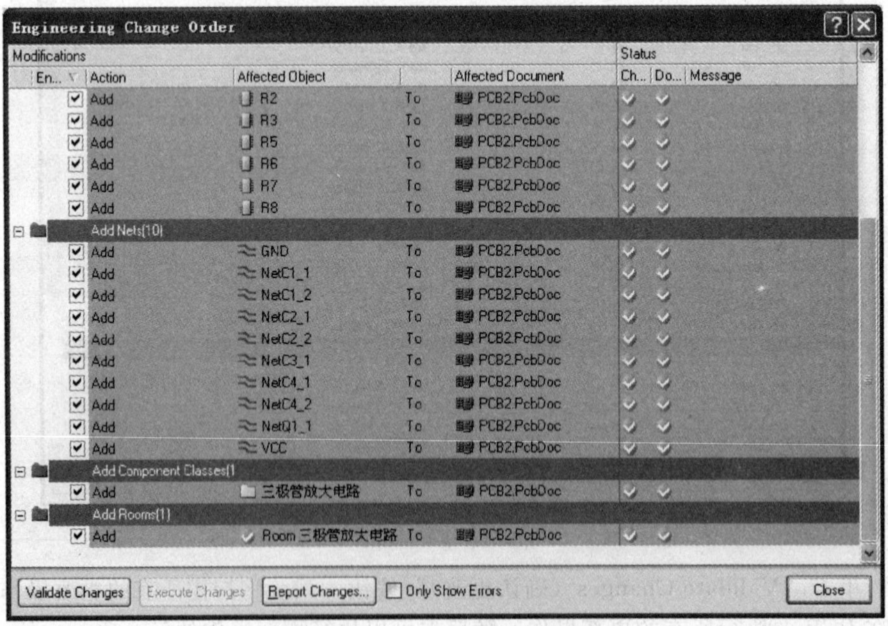

图 4.53　执行更新命令

（5）单击"Close（关闭）"按钮，关闭该对话框。此时可以看到在 PCB 图布线框的右侧出现了导入的所有元件的封装模型，如图 4.54 所示。该图中的紫色边框为布线框，各元件之间仍保持着与原理图相同的电气连接特性。

图 4.54　导入网络表后的 PCB 图

需要注意的是，导入网络表时，原理图中的原件并不直接导入到用户绘制的布线区内，而是位于布线区范围以外。通过随后执行的自动布局操作，系统自动将原件放置在布线区内。当然，也可以手动拖动原件到布线区内。

4.3.1.4　原理图与 PCB 图的同步更新

第一次执行导入网络表操作时，完成上述操作即可完成原理图与 PCB 图之间的同步更新。如果导入网络表后又对原理图或者 PCB 图进行了修改，那么要快速完成原理图与 PCB 图设计之间的双向同步更新，可以采用下面的方法实现。

（1）打开"PCB1.PcbDoc"文件，使之处于当前的工作窗口中。

（2）单击菜单栏中的"Design（设计）"\ "Update Schematic in MCU.PrjPcb（更新原理图）"命令，系统将对原理图和 PCB 图的网络表进行比较，并弹出一个对话框，比较结果并提示用户确认是否查看二者之间的不同之处，如图 4.55 所示。

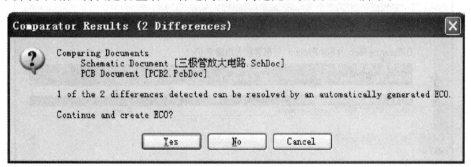

图 4.55　比较结果提示

（3）单击"Yes（是）"按钮，进行查看比较结果信息对话框，如图 4.56 所示。在该对话框中可以查看详细的比较结果，了解二者之间的不同之处。

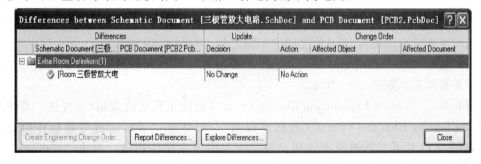

图 4.56　查看比较结果信息

（4）单击某一项信息的"Update（更新）"选项，系统将弹出一个小的对话框，如图 4.57 所示。用户可以选择更新原理图或者更新 PCB 图，也可以进行双向的同步更新。单击"No Updates（不更新）"按钮"Cancel（取消）"按钮，可以关闭该对话框而不进行任何更新操作。

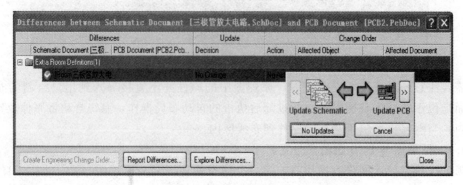

图 4.57　执行同步更新操作

（5）单击"Report Differences（记录不同）"按钮，系统将生成一个表格，如图 4.58 所示，从中可以预览原理图与 PCB 图之间的不同之处，同时可以对此表格进行导出或打印等操作。

图 4.58　预览原理图

（6）单击"Explore Differences（查看不同）"按钮，弹出"Differences（不同）"面板，从中可查看原理图与 PCB 图之间的不同之处，如图 4.59 所示。

（7）选择"Updates Schematic（更新原理图）"进行原理图的更新，更新后对话框中将显示更新信息。如图 4.60 所示。

（8）单击"Create Engineering Change Order（创建工程更改规则）"按钮，系统将弹出"Engineering Change Order（工程更改规则）"对话框，显示工程更新操作信息，完成原理图与 PCB 图之间的同步设计。与网络表的导入操作相同，单击"Validate Changes（确认更改）"按钮和"Execute Changes（执行更改）"按钮，即可完成原理图的

任务4.3 三极管放大电路印制电路板（PCB）设计

更新。

除了通过单击菜单栏中的"Design（设计）"\ "Update Schematic in My Project.PrjPcb"命令来完成原理图与PCB图之间的同步更新之外，单击菜单栏中的"Project（项目）"\ "Show Differences...（显示文档差别）"命令也可以完成同步更新，这里不再赘述。

4.3.2 PCB中的元件布局
4.3.2.1 自动布局的菜单命令

Altium Designer Summer 09 提供了强大的

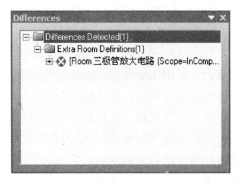

图4.59 Differences（不同）"面板

PCB自动布局功能，PCB编辑器根据一套智能的算法可以自动地将元件分开，然后放置到规划好的布局区域内并进行合理的布局。单击"Tool"\ "Component Placerent"菜单项即可打开与自动布局有关的菜单项，如图4.61所示。

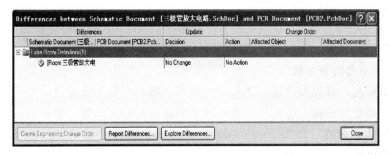

图4.60 更新信息的显示

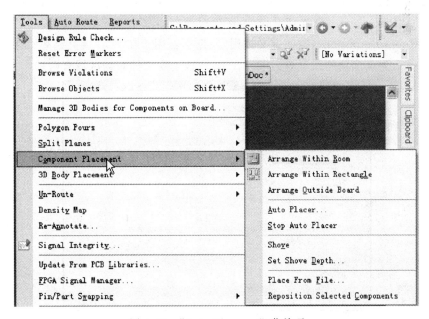

图4.61 "Auto Placerent"菜单项

"Arrange Withn Room（空间内排列）"命令：用于在指定的空间内部排列元件。单击该命令后，光标变为十字形状，在要排列元件的空间区域内单击，元件自动排列到该空间内部。

"Arrange Withn Rectangle（矩形区域内排列）"命令：用于将选中的元件排列到矩形区域内，使用该命令前，需要先将要排列的元件选中。此时光标变为十字形状，在要放置元件的区域内单击，确定矩形区域的一角，拖动光标，至矩形区域的另一角后再次单击。确定该矩形区域后，系统将会自动将已选择的元件排列到矩形区域中来。

"Arrange Withn Boaard（矩形区域内排列）"命令：用于将选中的元件排列在 PCB 板的外部。使用该命令前，需要先将要排列的元件选中，系统自动将选择的元件排列到 PCB 范围以外的右下角区域内。

"Auto Placer"命令：进行自动布局。

"Stop Auto Placer"命令：停止自动布局。

"Shove"命令：推挤布局。推挤布局的作用是将重叠在一起的元件推开。可以这样理解：选择一个基准元件，当周围元件与基准元件存在重叠时，则以基准元件为中心向四周推挤其他的元件。如果不存在重叠则不执行推挤命令。

"Set Shove Depth"命令：设置推挤命令的深度，可以为 1~1000 之间的任何一个数字。

"Place From File"命令：导入自动布局文件进行布局。

4.3.2.2 自动布局约束参数

在自动布局前，首先要设置自动布局的约束参数。合理地设置自动布局参数，可以使自动不见得结果更加完善，也就相对地减少了手动布局的工作量，节省了设计时间。

自动布局的参数在"PCB Rules and Constraints Editor（PCB 规则和约束编辑器）"对话框中进行设置。单击菜单栏中的"Design（设计）"\"Rules（规则）"命令，系统将弹出"PCB Rules and Constraints Editor（PCB 规则和约束编辑器）"对话框。单击该对话框中的"Placement（设置）"标签，逐项对其中的选项进行参数设置。

（1）"Room Definition（空间定义规则）"选项：用于在 PCB 板上定义元件布局区域，如图 4.62 所示为该选项的设置对话框。在 PCB 板上定义的布局区域有两种，一种是区域

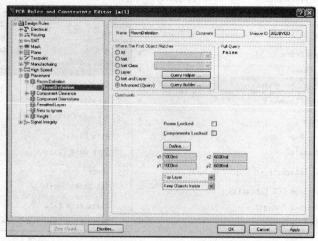

图 4.62　"Room Definition"选项设置对话框

中部允许出现元件，一种则是某些元件一定要在指定区域内。在该对话框中可以定义该区域的范围（包括坐标范围与工作层范围）和种类。该规则主要用在线 DRC、批处理 DRC 和 Cluster Placer（分组布局）自动布局的过程中。

其中各选项的功能如下：

"Room Locked（区域锁定）"复选框：勾选该复选框时，将锁定 Room 类型的区域，以防止在进行自动布局或手动布局时移动该区域。

"Components Locked（元件锁定）"复选框：勾选该复选框时，将锁定区域中的元件，以防止在进行自动布局或手动布局时移动该元件。

"Define（定义）"按钮：单击该按钮，光标将变成十字形状，移动光标到工作窗口中，单击可以定义 Room 的范围和位置。

"x1"文本框、"y1"文本框：显示 Room 最左下角的坐标。

"x2"文本框、"y2"文本框：显示 Room 最右下角的坐标。

最后两个下拉列表框中列出了该 Room 所在的工作层及对象与此 Room 的关系。

(2) "Component Clearance（元件间距限制规则）"选项：用于设置元件间距，如图 4.63 所示为该选项的设置对话框。在 PCB 板可以定义元件的间距，该间距会影响到远见的布局。

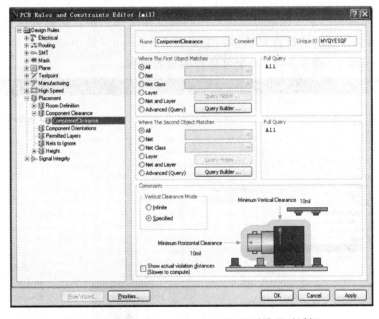

图 4.63 "Component Clearance"选项设置对话框

"Infinite（无穷大）"选项：用于设定最小水平间距，当元件间距小于该参数值时将视为违例。

"Specified（指定）"选项：用于设定最小水平和垂直间距，当元件间距小于这个数值时将视为违例。

(3) "Component Orientations（元件布局方向规则）"选项：用于设置 PCB 板上元件允许旋转的角度，如图 4.64 所示为该选项设置内容，在其中可以设置 PCB 板上所有元件允许使用的旋转角度。

（4）"Permitted Layers（电路板工作层设置规则）"选项：用于设置 PCB 板上允许放置元件的工作层，如图 4.65 所示为选项设置内容，PCB 板上的底层和顶层本来是都可以放置元件的，但在特殊情况下可能有一面不能放置元件，通过设置该规则可以实现这种需求。

图 4.64 "Component Orientations" 选项设置　　图 4.65 "Permitted Layers" 选项设置

（5）"Nets To Ignore（网络忽略规则）"选项：用于设置在采用 Cluster Placer（分组布局）方式执行元件自动布局时需要忽略的网络。忽略电源网络将加快自动布局的速度，提高自动布局的质量。如果设计中有大量连接到电源网络的双引脚元件，设置该规则则可以忽略电源网络的布局并将与电源相连的各个元件归类到其他网络中进行布局。

（6）"Height（高度规则）"选项：用于定义元件的高度。在一些特殊的电路板上进行布局操作时，电路板的某一区域可能对元件的高度要求很严格，此时就需要设置该规则。如图 4.66 所示为该选项的设置对话框，主要有 Minimum（最小高度）、Preferred（首选高度）和 Maximum（最大高度）3 个可选择的设置选项。

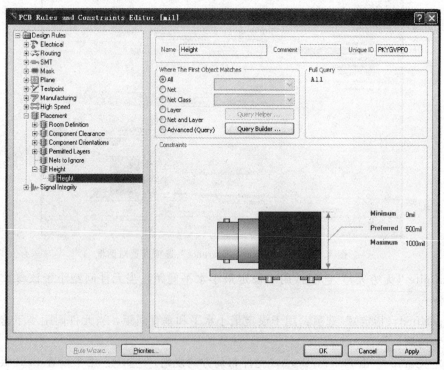

图 4.66 "Height" 选项设置对话框

元件布局的参数设置完毕后，单击"OK（确定）"按钮，保存规则设置，返回PCB 编辑环境。接着就可以采用系统提供的自动布局功能进行 PCB 板元件的自动布局了。

4.3.2.3 元件的自动布局

打开前面的"PCB.PcbDoc"文件，使之处于当前的工作窗口中。介绍元件的自动布局操作，操作步骤如下：

（1）在已经导入了电路原理图的网络表和所使用的元件封装的 PCB 文件PCB.PcbDoc 编辑器内，设定自动布局参数。自动布局前的 PCB 图如图 4.67 所示。

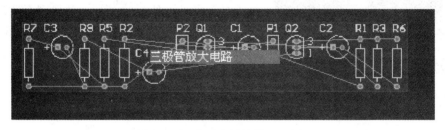

图 4.67 自动布局前的 PCB 图

（2）在"Keep-out Laye（禁止布线层）"设置布线区。

（3）单击菜单栏中的"Tool（工具）"\"Component Placement（元件放置）"\"Auto Placer...（自动布局）"命令，系统将弹出如图 4.68 所示的"Auto Placer（自动布局）"对话框。自动布局有两种方式，即分组布局方式和统计布局方式。

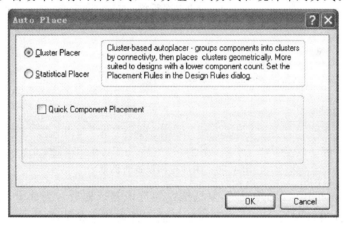

图 4.68 "Auto Placer（自动布局）"对话框

分组布局方式的自动布局思路为，根据电气连接关系将元件划分为不同的组，然后按照几何关系放置各元件组。该布局方式适用于元件较少（小于 100 个）的电路。在点选"Cluster Placer（分组布局）"复选框，系统将进行快速元件自动布局，但快速布局一般无法达到最优化的元件不见效果。

统计布局方式的自动布局思路为，根据统计计算法放置元件，优化元件的布局使元件之间的导线长度最短。该布局方式比较适用于元件较多（大于 100 个）的电路。

下面对这两种自动布局方式进行详细介绍。

（1）"Cluster Placer（分组布局）"自动布局方式。在"Auto Placer（自动布局）"对话框中，点选"Cluster Placer（分组布局）"选项，在该对话框中提供了"Quick Component Placement（快速元件布局）"布局模式。在该模式下布局速度较快，单是布局效果较差。单击"OK（确定）"按钮，即可开始"Cluster Placer（分组布局）"的自动布局方式。自动布局需要经过大量的计算，因此需要耗费一定的时间。在项目中执行自动布局后，所有的元件进入了PCB的边框内，它们按照如图4.69所示，放置到合适的位置。所有的元件将按照分组的形式出现在PCB中，但是布局并不合理，PCB的空间利用严重不合理，需要手动调整。

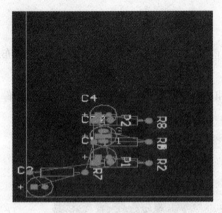

图4.69 放置元件的位置

（2）"Statistical Placer（统计布局）"自动布局方式。在"Auto Placer...（自动布局）"对话框中，单选"Statistical Placer（统计布局）"选项，弹出统计布局设置对话框，如图4.70所示，其中各选项功能如下：

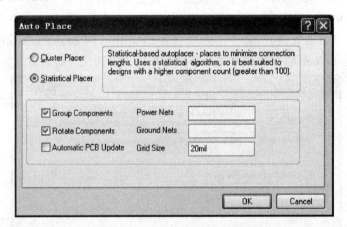

图4.70 统计布局设置对话框

"Group Components（元件组）"复选框：勾选该复选框后，当前PCB设计中网络连接关系密切的元件将被归为一组，排列时改组的元件将作为整体考虑。

"Rotate Components（旋转元件）"复选框：勾选该复选框后，在进行元件的布局时系统可以根据需要对元件或原件组进行旋转（方向为0°、90°、180°或270°）。

"Automatic PCB Update（自动更新PCB显示）"复选框：勾选该复选框，在布局时系统将自动更新PCB文件的显示。由于需要执行窗口的刷新操作，因此勾选该复选框将延长自动布局的时间。

"Power Nets（电源网络）"文本框：在该文本框中可以填写一个或多个电源网络的名称。跨过这些网络的双引脚元件通常被称为退耦电容，系统将其自动放置到与之相关的元件旁边。详细地定义电源网络可以加速自动布局的进程。

"Ground Nets（地线网络）"文本框：在该文本框中可以填写一个或多个地线网络的名称。跨过这些网络的双引脚元件通常被称为退耦电容，系统将其自动放置到与之相关的元件旁边。详细地定义地线网络可以加速自动布局的进程。

"Grid Size（栅格尺寸）"文本框：该文本框用于详细定义元件布局时格点的大小（通常采用 mil 为单位）。格点间距设置过大可能导致元件被挤出 PCB 板的边框，因此通常保持默认设置。

在完成各项设置后，单击"OK（确定）"按钮，即可开始"Statistical Placer（统计布局）"自动布局方式。自动布局需要经过大量的计算，因此需要耗费一定的时间。

在完成自动布局后将弹出如图 4.71 所示的"Information（信息）"对话框，提示自动布局结束结果。单击"OK（确定）"按钮，即可完成自动布局。如图 4.72 所示为最终的自动布局结果。

从图 4.72 中可以看出，元件在自动布局后不再是按照种类排列在一起。各种元件将按照自动布局的类型选择，初步地分成若干组分布在 PCB 板中，同一组的元件之间用导线建立连接将更加容易。

自动布局结果并不是完美的，还存在很多不合理的地方，因此还需要对自动布局进行调整。

图 4.71 "Information（信息）"对话框

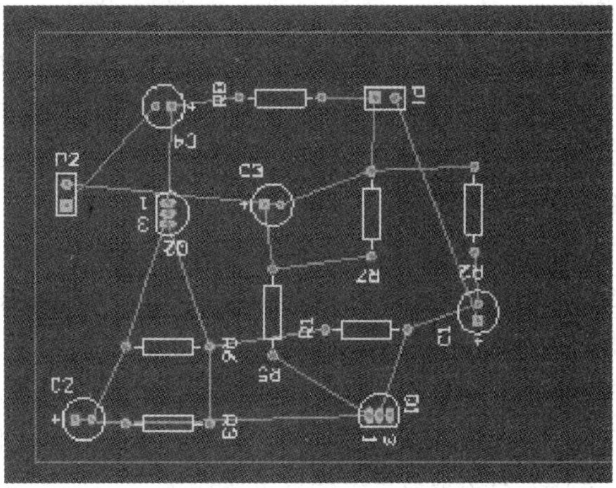

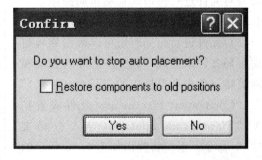

图 4.72 自动布局结果

4.3.2.4 终止自动布局

终止自动布局的操作主要是针对分组布局方式。在大规模的电路设计中，自动布局涉及到大量计算，执行起来往往花费很长时间，用户可以在分组布局进程的任意时刻执行终止布局过程命令。单击菜单栏中的"Tool（工具）"\"Component Placement（元件放置）"\"Stop（停止）"命令，系统将弹出如图 4.73 所示的"Confirm（确认）"

图 4.73 "Confirm（确认）"对话框

对话框，询问用户是否想要终止自动布局的进程。

勾选"Restore components to old postions（将元件恢复到初始位置）"复选框后，单击"Yes（是）"按钮，则可恢复到自动布局前的PCB显示效果。

取消"Restore components to old postions（将元件恢复到初始位置）"复选框后，单击"Yes（是）"按钮，则工作窗口显示的是结束前最后一步的布局状态。

单击"No（否）"按钮，则继续未完成的自动布局进程。

4.3.2.5 推挤式自动布局

推挤式自动布局不是全局式的元件自动布局，它的概念和推挤式自动布线类似。在某些设计中定义了元件间距规则，即元件之间有最小间距限制。在对某个元件执行了移动操作后，可能违反了先前定义的元件间距规则。执行推挤式的自动布局后，系统将根据设置的元件间距规则，自动地平行移动违反了间距规则的元件及其连线等对象，增加元件间距到符合元件间距规则为止。

推挤式自动布局的操作步骤如下：

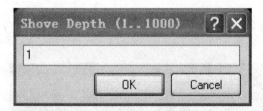

图4.74 "Shove Depth（推挤深度）"对话框

（1）在进行推挤式布局前，应先设定推挤式布局的深度参数。单击菜单栏中的"Tool（工具）"\ "Component Placement（元件放置）"\ "Set Shove Depth...（设置推挤深度）"命令，系统将弹出如图4.74所示的"Shove Depth（推挤深度）"对话框。设置完成后单击"OK（确定）"按钮，关闭对话框。

（2）单击菜单栏中的"Tool（工具）"\ "Component Placement（元件放置）"\ "Shove（推挤）"命令，即可开始推挤式布局操作。此时光标变成十字形状，选择基准元件，移动光标到所选的元件上，单击，系统将以用户设置的"Shove Depth（推挤深度）"推挤基准元件周围的元件，使之处于安全间距之外。

（3）此时光标仍处于激活状态，单击其他元件可继续进行推挤式布局操作。

（4）右击或按Esc键退出该操作。

对于元件数目较小的PCB，一般不需要对元件进行推挤式自动布局操作。

4.3.2.6 导入自动布局文件进行布局

对元件进行布局时还可以采用导入自动布局文件来完成，其实质是导入自动布局策略。单击菜单栏中的"Tool（工具）"\ "Component Placement（元件放置）"\ "Place From File...（导入布局文件）"命令，系统将弹出如图4.75所示的"Load File Name（导入布局文件）"对话框。从中选择自动布局文件（后缀为

图4.75 "Load File Name"对话框

".PIK"),单击"打开"按钮即可导入此文件进行自动布局。

通过导入自动布局文件的方法在常规设计中比较少见,这里导入的并不是每一个元件自动布局的位置,而是一种自动布局的策略。

4.3.2.7 元件的手动调整布局

元件的手动布局是指手动确定元件的位置。在前面介绍的元件自动布局的结果中,虽然设置了自动不见得参数,但是自动布局只是对元件进行了初步的放置,自动布局中元件的摆放并不整齐,走线的长度也不是最短,PCB 布线效果也不够完美,因此需要对元件的布局做进一步调整。

在 PCB 板上,可以通过对元件的移动来完成收到布局的操作,但是单纯的手动移动不够精细,不能非常整齐地摆放好元件。为此 PCB 编辑器提供了专门的手动布局操作,可以通过"Edit(编辑)""Align(对齐)"命令的子菜单来完成,如图 4.76 所示。

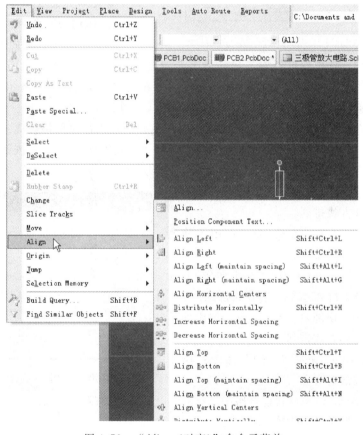

图 4.76 "Align(对齐)"命令子菜单

4.3.2.8 元件说明文字的调整

对元件说明文字进行调整,除了可以手动拖动外,还可以通过菜单命令实现。单击菜单栏中的"Edit(布局)"\"Align(对齐)"\"Position Component Text(设置元件文字位置)"命令,系统将弹出如图 4.77 所示的"Component Text Position(元件文字位置)"对话框。在该对话框中,用户可以对元件说明文字(标号和说明内存)的位置进行设置，该命令是对所有元件说明文字的全局编辑，每一项都有 9 种不同的摆放位置。选择合适的摆放位置后，单击"OK（确定）"按钮，即可完成元件说明文字的调整。

4.3.2.9 元件的对齐操作

元件的对齐操作可以使 PCB 布局更好地满足"整齐、对称"的要求。这样不仅使 PCB 看起来美观，而且也有利于进行布线操作。对元件来对齐的 PCB 进行布线时会有很多转折，走线的长度较长，占厢的空间也较大，这样会降低布通率，同时也会使 PCB 信号的完整性较差。可以利用"Align（对齐）"子菜单中的有关命令来实现，其中常用对齐命令功能介绍如下：

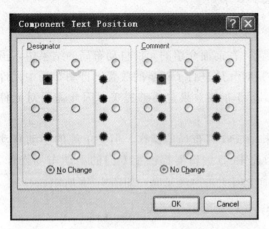

图 4.77 "Component Text Position"对话框

"Align（对齐）"命令：用于使所选元件同时进行水平和垂直方向上的对齐排列。

具体的操作步骤：选中要进行对齐操作的多个对象，单击菜单栏中的"Edit（布局）"\"Align（对齐）"\"Align...（对齐）"命令，系统将弹出如图 4.78 所示的"Align Objects（对齐对象）"对话框。其中"Space equally（均匀分布）"单选钮用于在水平或垂直方向上平均分布各元件，如果所选择的元件出现重叠的现象，对象将被移开当前的格点直到不重叠为止。水平和垂直两个方向设置完毕后，单击"OK（确定）"按钮，即可完成对所选元件的对齐排列。其他命令同理。

"Align Left（左对齐）"命令：用于使所选的元件按左对齐方式排列。

"Align Right（右对齐）"命令：用于使所选元件按右对齐方式排列。

"Align Horizontal Center（水平居中）"命令：用于使所选元件按水平居中方式排列。

"Align Top（顶部对齐）"命令：用于使所选元件按顶部对齐方式排列。

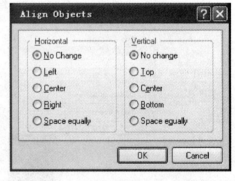

图 4.78 "Align Objects"对话框

"Align Bottom（底部对齐）"命令：用于使所选元件按底部对齐方式排列。

"Align Vertical Center（垂直居中）"命令：用于使所选元件按垂直居中方式排列。

"Align To Grid（栅格对齐）"命令：用于使所选元件以格点为基准进行排列。

4.3.2.10 元件间距的调整

元件间距的调整主要包括水平和垂直两个方向上间距的调整。

"Distribute Horizontally（水平分布）"命令：单击该命令，系统将以最左侧和最右侧的元件为基准，元件的 Y 坐标不变，X 坐标上的同距相等。当元件的间距小于安全间距时，系统将以最左侧的元件为基准对元件进行调整，直到各个元件间的距离满足最小安全间距的要求为止。

"Increase Horizontal Spacing（增大水平间距）"命令：用于将增大选中元件水平方向上的间距。增大量为"Board Options（电路板选项）"对话框中"Component Grid（元件栅格）"的 X 参数。

"Decrease Horizontal Spacing（减小水平间距）"命令：用于将减小选中元件水平方向上的间距，减小量为"Board Options（电路板选项）"对话框中"Component Grid（元件栅格）"的 X 参数。

"Distribute Vertically（垂直分布）"命令：单击该命令，系统将以最顶端和最底端的元件为基准，使元件的 X 坐标不变，Y 坐标上的间距相等。当元件的间距小于安全间距时，系统将以最底端的元件为基准对元件进行调整，直到各个元件间的距离满足最小安全间距的要求为止。

"Increase Vertical Spacing（增大垂直间距）"命令：用于将增大选中元件垂直方向上的间距。增大量为"Board Options（电路板选项）"对话框中"Component Grid（元件栅格）"的 Y 参数。

"Decrease Vertical Spacing（减小垂直间距）"命令：用于将减小选中元件垂直方向上的间距，减小量为"Board Options（电路板选项）"对话框中"Component Grid（元件栅格）"的 Y 参数。

4.3.2.11 移动元件到格点处

格点的存在能使各种对象的摆放更加方便，更容易满足对 PCB 布局的"整齐、对称"的要求。手动布局过程中移动的元件往往并不是正好处在格点处，这时就需要使用"Move All Components Origin To Grid（移动所有元件的原点与栅格对齐）"命令。单击该命令时，元件的原点将被移到与其最靠近的格点处。

在执行手动布局的过程中，如果所选中的对象被锁定，那么系统将弹出一个对话框询问是否继续。如果用户选择继续的话，则可以同时移动被锁定的对象。

4.3.2.12 元件手动布局的具体步骤

下面就利用元件自动布局的结果，继续进行手动布局调整，自动布局结果如图 4.79 所示。

元件手动布局的操作步骤如下：

（1）选中电容器，将其按原理图的走线重新排列，在拖动过程中按 Space 键，使其以合适的方向放置，如图 4.80 所示。

（2）调整电阻位置，使其按标号并行排列。由于电阻分布在 PCB 扳上的各个区域内，一次调整会报费劲，因此，我们使用查找相似对象命令。

（3）单击菜单栏中的"Edit（布局）"\"Find Similar Objects（查找相似对象）"命令，此时光标变成十字形状，在 PCB 区域内单击选取一个电阻，弹出"Find Similar Objects（查找相似对象）"对话框，如图 4.81 所示。在"Objects Specitic"选项组的"Footprint（轨迹）"下拉列表中选择"Same（相同）"选项，单击"Apply（应用）"按钮，再单击"OK（确定）"按钮，退出该对话框。此时所有电阻均处于选中状态。

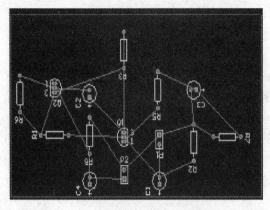

图 4.79 自动布局结果

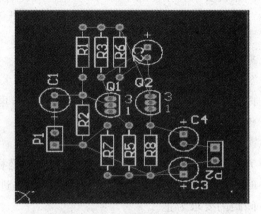

图 4.80 放置电容器

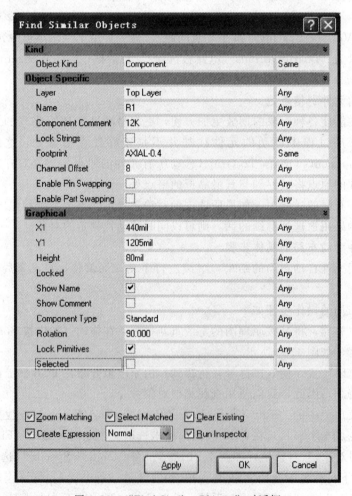

图 4.81 "Find Similar Objects" 对话框

(4) 单击菜单栏中的"Tools（工具）"\"Component Placement（元件放置）"\"Arrange Outside Board（板外排列）"命令，则所有电阻元件自动排列到 PCB 板外部。

(5) 单击菜单栏中的"Tools（工具）"\"Component Placement（元件放置）"\"Arrange Within Rectangle（区域内排列）"命令，用十字光标在 PCB 板外部面出一个合适的矩形，此时所有电阻自动排列到该矩形区域内，如图 4.82 所示。

(6) 由于标号重叠，为了清晰美观，单击"Distribute Horizontally（水平分布）"和"Increase Horizontal Spacing（增大水平间距）"命令，调整电阻元件之间的距离，结果如图 4.83 所示。

图 4.82　在矩形区内排列电阻

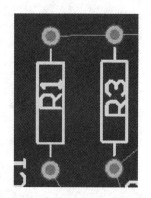
图 4.83　调整电阻元件间距

(7) 将排列好的电阻元件拖动到电路板中合适的位置。按照同样的方法，对其他元件进行排列。

(8) 单击菜单栏中的"Edit（编辑）"\"Align（对齐）"\"Distribute Horizontally（水平分布）"命令，将各组器件排列整齐。

手动调整后的 PCB 板布局如图 4.84 所示。布局完成会发现，原来定义的 PCB 形状偏大，需要重新定义 PCB 板形状。这些内容前面已有介绍，这里不再赘述。

4.3.3　PCB 电路板的布线

在 PCB 板上走线的首要任务就是要在 PCB 扳上走通所有的导线，建立起所有需要的电气连接，这在高密度的 PCB 设计中很具有挑战性。在能够完成所有走线的前提下，布线的要求如下：

(1) 走线长度尽量短和直，在这样的走线上电信号完整性较好。

(2) 走线中尽量少地使用过孔。

(3) 走线的宽度要尽量宽。

(4) 输入输出端的边线应避免相邻平行，一面产生反射干扰，必要时应该加地线隔离。

(5) 两相邻层间的布线要互相垂直，平行则容易产生耦合。

自动布线是一个优秀的电路设计辅助软件所必需的功能之一。对于散热、电磁干扰及高频等要求较低的大型电路设计来说，采用自动布线操作可以大大地降低布线的工作量，同时，还能减少布线时的漏洞。如果自动布线不能够满足实际工程设计的要求，可以通过

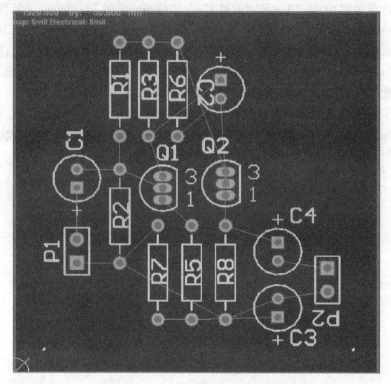

图 4.84 手动调整好的 PCB 板布局

手动布线进行调整。

4.3.3.1 设置 PCB 自动布线的规则

Altium Designer Summer 09 在 PCB 电路板编辑器中为用户提供了 10 大类 49 种设计规则,覆盖了元件的电气特性、走线宽度、走线拓扑结构、表面安装焊盘、阻焊层、电源层、测试点、电路板制作、元件布局、信号完整性等设计过程中的方方面面。在进行自动布线之前,用户首先应对自动布线规则进行详细的设置。单击菜单栏中的"Design(设计)"\"Rules(规则)"命令,系统将弹出如图 4.85 所示的"PCB Rules and Constraints Editor(PCB 设计规则和约束编辑器)"对话框。

1. "Electrical(电气规则)"类设置

该类规则主要针对具有电气特性的对象,用于系统的 DRC(电气规则检查)功能。当布线过程中违反电气特性规则(共有 4 种设计规则)时,DRC 检查器将自动报警提示用户。单击"Electrical(电气规则)"选项,对话框右侧将只显示该类的设计规则,如图 4.86 所示。

(1)"Clearance(安全间距规则)":单击该选项,对话框右侧将列出该规则的详细信息,如图 4.87 所示。

该规则用于设置具有电气特性的对象之间的间距。在 PCB 板上具有电气特性的对象包括导线、焊盘、过孔和铜箔填充区等,在间距设置中可以设置导线与导线之间、导线与焊盘之间、焊盘与焊盘之间的间距规则,在设置规则时可以选择适用该规则的对象和具体的间距值。

任务 4.3 三极管放大电路印制电路板（PCB）设计

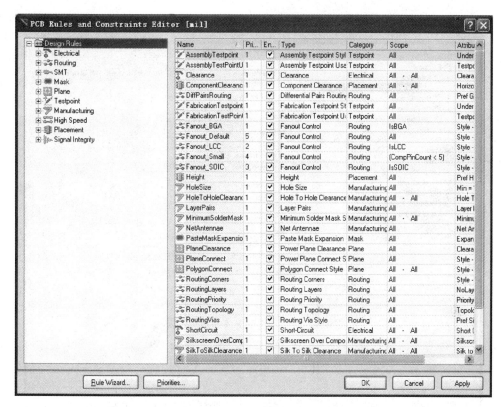

图 4.85 "PCB Rules and Constraints Editor" 对话框

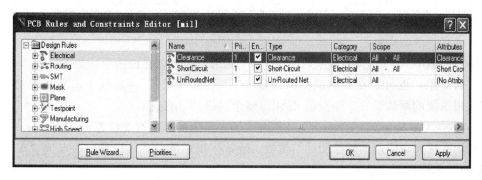

图 4.86 "Electrical" 选项设置界面

通常情况下安全间距越大越好，但是太大的安全间距会造成电路不够紧凑，同时也将造成制板成本的提高。因此安全间距通常设置为 10～20mil。根据不同的电路结构可以设置不同的安全间距。用户可以对整个 PCB 板的所有网络设置相同的布线安全间距，也可以对某一个或多个网络进行单独的布线安全间距设置。

其中各选项组的功能如下：

"Where the First objects matches（优先匹配的对象所处位置）"选项组：用于设置该规则优先应用的对象所处的位置。应用的对象范围为 All（整个网络）、Net（某一个网络）、Net Class（某一网络类）、Layer（某个工作层）、Net and Layer（指定工作层的某

143

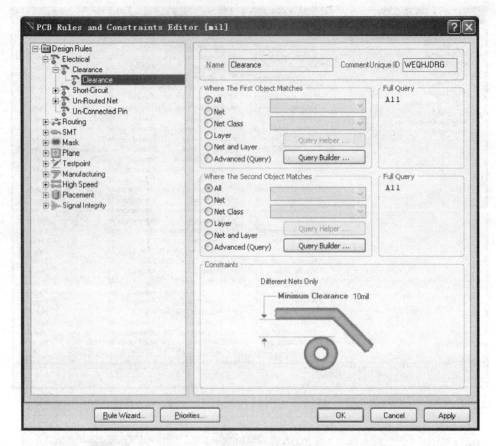

图 4.87 安全间距规则设置界面

一网络）和 Advanced（高级设置）。选中某一范围后，可以在该选项后的下拉列表框中选择相应的对象，也可以在右侧的"Full Query（全部询问）"列表框中填写相应的对象。通常采用系统的默认设置，即点选"All（整个网络）"单选钮。

"Where the Second objects matches（次优先匹配的对象所处位置）"选项组：用于设置该规则次优先级应用的对象所处的位置。通常采用系统的默认设置，即点选"All（整个网络）"单选钮。

"Constraints（约束规则）"选项组：用于设置进行布线的最小间距，这里采用系统的默认设置。

（2）"Short-Circuit（短路规则）"：用于设置在 PCB 板上是否可以出现短路，如图 4.88 所示为该项设置示意图，通常情况下是不允许的。设置该规则后，拥有不同网络标号的对象相交时如果违反该规则，系统将报警并拒绝执行该布线操作。

（3）"UnRouted Net（取消布线网络规则）"：用于设置在 PCB 板上是否可以出现未连接的网络，如图 4.89 所示为该项设置示意图。

（4）"Unconnected Pin（未连接引脚规则）"：电路板中存在未布线的引脚时将违反该规则。系统在默认状态下无此规则。

2. "Routing（布线规则）"类设置

该类规则主要用于设置自动布线过程中的布线规则，如相线宽度、布线优先级、布线拓扑结构等，其中包括以下 8 种设计规则，如图 4.90 所示。

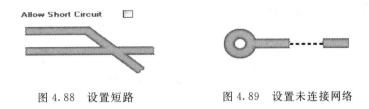

图 4.88　设置短路　　　　图 4.89　设置未连接网络

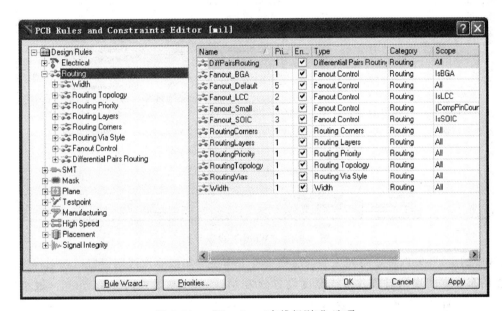

图 4.90　"Routing（布线规则）"选项

（1）"Width（走线宽度规则）"：用于设置走线宽度，如图 4.91 所示为该规则的设置界面，走线宽度娃指 PCB 铜膜走线（即我们俗称的导线）的实际宽度值，包括最大允许值、最小允许值和首选值 3 个选项。与安全间距一样，走线宽度过大也会造成电路不够紧凑，将造成制板成本的提高，因此，走线宽度通常设置为 10～20mil，应该根据不同的电路结构设置不同的走线宽度。用户可以对整个 PCB 板的所有走线设置相同的走线宽度，也可以对某一个或多个网络单独进行走线宽皮的设置。

"Where the First objects matches（优先匹配的对象所处位置）"选项组：用于设置布线宽度优先应用对象所处的位置，包括"All（整个网络）""Net（某一个网络）""Net Class（某一网络类）""Layer（某一个工作层）""Net and Layer（指定工作层的某一网络）"和"Advanced（高级设置）"6 个单选钮。点选某一单选钮后，可以在该选项后的下拉列表框中选择相应的对象，也可以在右侧的"Full Query（全部询问）"列表框中填写相应的对象。通常采用系统的默认设置，即点选"All（整个网络）"单选钮。

"Constraints（约束规则）"选项纽：用于限制走线宽度。勾选"Layers in layerstack

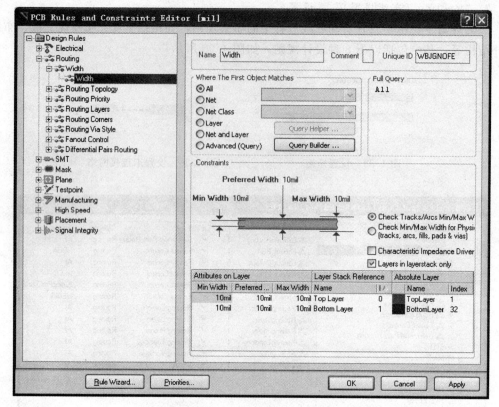

图 4.91 "Width"设置界面

(层栈中的层)"复选框,将列出当前层栈中各工作层的布线宽度规则设置;否则将显示所有层的布线宽度规则设置。布线宽度设置分为 Maximum(最大)、Minimum(最小)和 Preferred(首选)3 种,其主要目的是方便在线修改布线宽度。勾选 "Characteristic Impedance Driven Width(典型驱动阻抗宽度)"复选框时,将显示其驱动阻抗属性,这是高频高速布线过程中很重要的一个布线属性设置。驱动阻抗属性分为 Maximum Impedance(最大阻抗)、Minimum Impedance(最小阻抗)和 Preferred Imped4nce(首选阻抗)3 种。

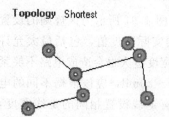

图 4.92 设置走线拓扑结构

(2)"Routing Topology(走线拓扑结构规则)":用于选择走线的拓扑结构,如图 4.92 所示为该项设置的示意图。各种拓扑结构如图 4.93 所示。

(3)"Routing Priority(布线优先级规则)":用于设置布线优先级,如图 4.94 所示为该规则的设置界面,在该对话框中可以对每一个网络设置布线优先级。PCB 板上的空间有限,可能有若干根导线需要在同一块区域内走线才能得到最佳的走线效果,通过设置走线的优先级可以决定导线占用空间的先后。设置规则时可以针对单个网络设置优先级。系统提供了 0~100 共 101 种优先级选择,0 表示优先级最低。100 表示优先级最高,默认的布线优先级规则为所有网络布线的优先级为 0。

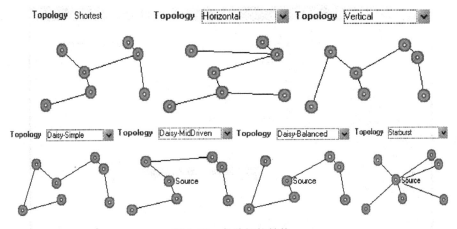

图 4.93 各种拓扑结构

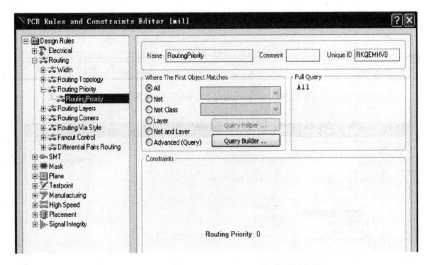

图 4.94 "Routing Priority"设置界面

(4) "Routing Layers（布线工作层规划）"：用于设置布线规则可以约束的工作层，如图 4.95 所示为该规则的设置界面。

(5) "Routing Corners（导线拐角规则）"：用于设置导线拐角形式，如图 4.96 所示为该规则的设置界面。PCB 上的导线有 3 种拐角方式，如图 4.97 所示，通常情况下采用 45°拐角形式。设置规则时可以针对每个连接、每个网络直至整个 PCB 设置导线拐角形式。

(6) "Routing Via Style（布线过孔样式规则）"：用于设置走线时所用过孔的样式，如图 4.98 所示为该规则的设置界面，在该对话框中可以设置过孔的各种尺寸参数。过孔直径和钻孔孔径都包括 Maximum（最大）、Minimum（最小）和 Preferred（首选）3 种定义方式。默认的过孔直往为 50mil，过孔孔径为 28mil。在 PCB 的编辑过程中，可以根据不同的元件设置不同的过孔大小，钻孔尺寸应该参考实际元件引脚的粗细进行设置。

(7) "Fanout Control（扇出控制布线规则）"：用于设置走线时的扇出形式，如图

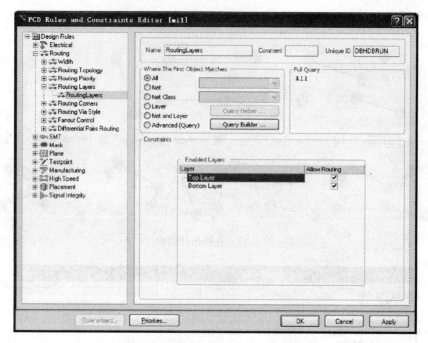

图 4.95 "Routing Layers" 设置界面

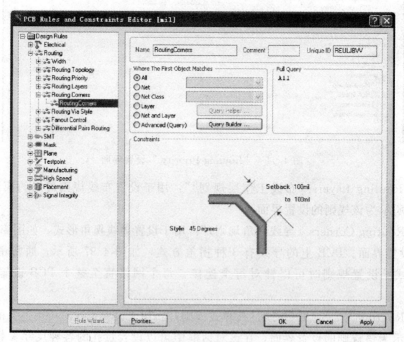

图 4.96 "Routing Corners" 设置界面

4.99 所示为该规则的设置界面,可以针对每一个引脚、每一个元件甚至整个 PCB 板设置扇出形式。

(8)"Differential Pairs Routing(差分对布线规则)":用于设置走线对形式,如图

任务4.3 三极管放大电路印制电路板（PCB）设计

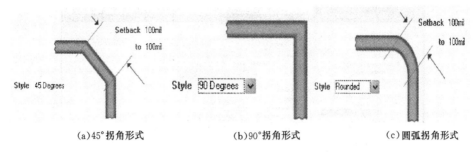

(a) 45°拐角形式　　(b) 90°拐角形式　　(c) 圆弧拐角形式

图4.97　PCB上导线的3种拐角方式

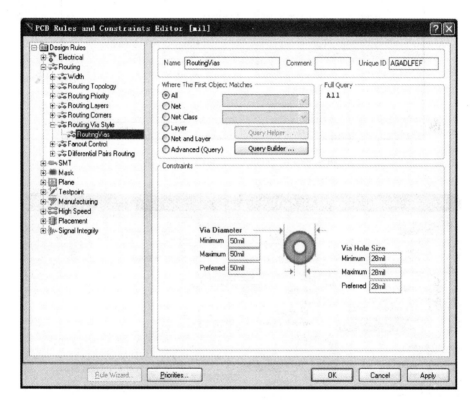

图4.98　"Routing Via Style"设置界面

4.100所示为该规则的设置界面。

3. "SMT（表贴封装规则）"类设置

该类规则主要用于设置表面安装型元件的走线规则，其中包括以下3种设计规则。

（1）"SMD To Corner（表面安装元件的焊盘与导线拐角处最小间距规则）"：用于设置面安装元件的焊盘出现走线拐角时，拐角和焊盘之间的距离，如图4.101（a）所示。通常，走线时引入拐角会导致电信号的反射，引起信号之间的串扰，因此需要限制从焊盘引出的信号传输线争拐角的距离，以减小信号串扰。可以针对每一个焊盘、每一个网络直至整个PCB设置拐角和焊盘之间的距离，默认间距为0mil。

（2）"SMD To Plane（表面安装元件的焊盘与中间层间距规则）"：用于设置表面安装

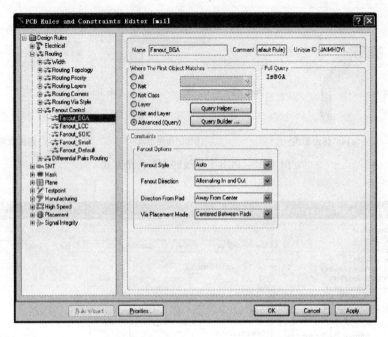

图 4.99 "Fanout Control"设置界面

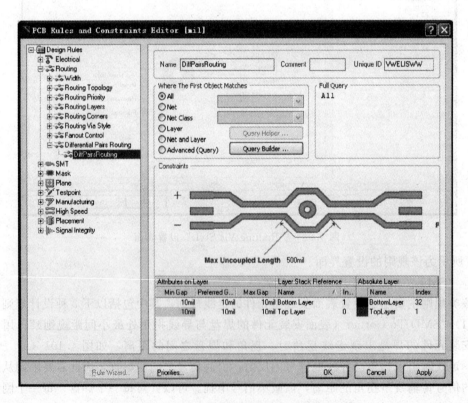

图 4.100 "Differential Pairs Routing"设置界面

元件的焊盘连接到中间层的走线距离。该项设置通常出现在电源层向芯片的电源引脚供电的场合。可以针对每一个焊盘、每一个网络直至整个PCB板设置焊盘和中间层之间的距离，默认间距为0mil。

(3)"SMD Neck Down（表面安装元件的焊盘颈缩率规则）"：用于设置表面安装元件的焊盘连线的导线宽度，如图4.101（b）所示。在该规则中可以设置导线线宽上限占据焊盘宽度的百分比，通常走线总是比焊盘要小。可以根据实际需要对每一个焊盘、每一个网络甚至整个PCB板设置焊盘上的走线宽度与焊盘宽度之间的最大比率，默认值为50％。

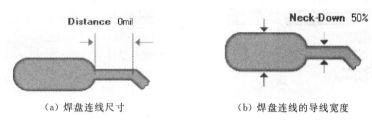

(a) 焊盘连线尺寸　　　　　　(b) 焊盘连线的导线宽度

图4.101　"SMT（表贴封装规则）"的设置

4."Mask（阻焊规则）"类设置

该类规划主要用于设置阻焊剂铺设的尺寸，主要用在Output Generation（输出阶段）进程中。系统提供了Top Paster（顶层锡膏防护层）、Bottom Paster（底层锡膏防护层）、Top Solder（顶层阻焊层）和Bottom Solder（底层阻焊层）4个阻焊层，其中包括以下两种设计规则。

(1)"Solder Mask Expansion（阻焊层和焊盘之间的间距规则）"：通常，为了焊接的方便，阻焊剂铺设范围与焊盘之间需要预留一定的空间，如图4.102所示为该规则的设置界面。可以根据实际需要对每一个焊盘、每一个网络甚至整个PCB板设置该间距，默认距离为4mil。

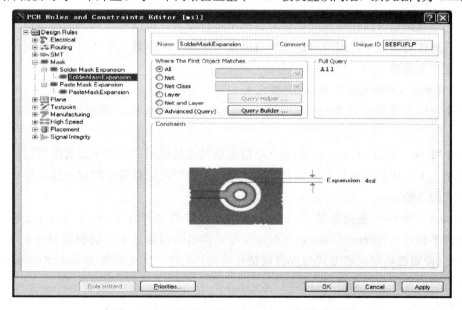

图4.102　"Solder Mask Expansion"设置界面

(2)"Pasta Mask Expansion(锡膏防护层与焊盘之间的间距规则)":如图 4.103 所示为该规则的设置界面。可以根据实际需要对每一个焊盘、每一个网络甚至整个 PCB 设置该间距,默认距离为 0mil。

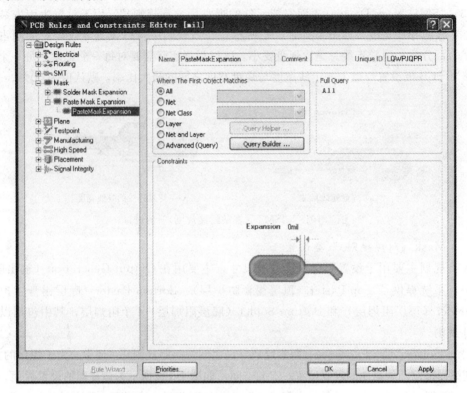

图 4.103 "Pasta Mask Expansion"设置界面

阻焊层规则也可以在焊盘的属性对话框中进行设置,可以针对不同的焊盘进行单独的设置。在属性对话框中,用户可以选择遵循设计规则中的设置,也可以忽略规则中的设置而采用自定义设置。

5."Plane(中间层布线规则)"类设置

该类规则主要用于设置中间电源层布线相关的走线规则,其中包括以下 3 种设计规则:

(1)"Power Plane Connect Style(电源层连接类型规则)":用于设置电源层的连接形式,如图 4.104 所示为该规则的设置界面,在该界面中可以设置中间层的连接形式和各种连接形式的参数。

"Connect Style(连接类型)"下拉列表框:连接类型可分为 No Connect(电源层与元件引脚不相连)、Direct Connect(电源层与元件的引脚通过实心的铜箔相连)和 Relief Connect(使用散热焊盘的方式与焊盘或钻孔连接)3 种。默认设置为 Relief Connect(使用散热焊盘的方式与焊盘或钻孔连接)。

"Conductors(导体)"选项:散热焊盘组成导体的数目,默认值为 4。

"Conductor Width(导体宽度)"诧项:散热焊盘组成导体的宽度,默认值为 10mil。

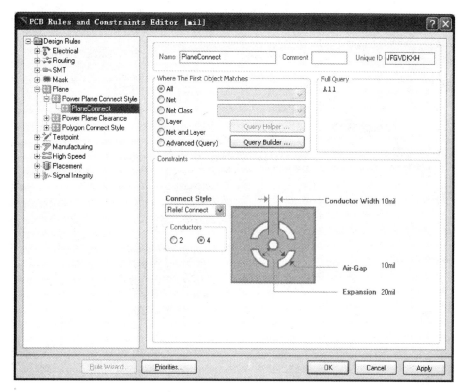

图 4.104 "Power Plane Connect Style"设置界面

"Air‐Gap（空气隙）"选项：散热焊盘钻孔与导体之间的空气间隙宽度，默认值为 10mil。

"Expansion（扩张）"选项：钻孔的边缘与散热导体之间的距离，默认值为 20mil。

（2）"Power Plane Clearance（电源层安全间距规则）"：用于设置通孔通过电源层时的间距，如图 4.105 所示为该规则的设置示意图，在该示意图中可以设置中间层的连接形式和各种连接形式的参数。通常，电源层将占据整个中间层，因此在有通孔（通孔焊盘或者过孔）通过电源层时需要一定的间距。考虑到电源层的电流比较大，这里的间距设置也比较大。

（3）"Polygan Connect Style（焊盘与多边形覆铜区域的连接类型规则）"：用于描述元件引脚焊盘与多边形覆铜之间的连接类型，如图 4.106 所示为该规则的设置界面。

"Connect Style（连接类型）"下拉列表框：连接类型可分为 No Connect（覆铜与焊盘不相连）、Direct Connect（覆铜与焊盘通过实心的铜箔相连）和 Relief Connect（使用散热焊盘的方式与焊盘或孔连接）3 种，默认设置为 Relief Connect（使用散热焊盘的方式与焊盘或钻孔连接）。

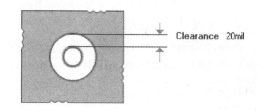

图 4.105 设置电源层安全间距规则

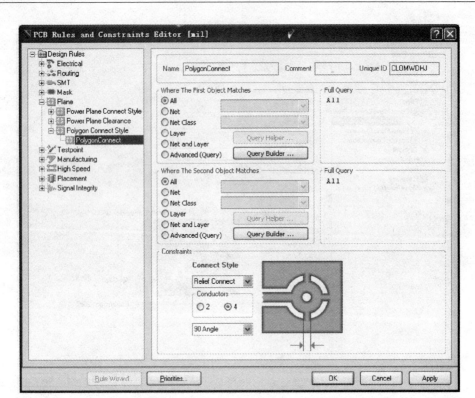

图 4.106 "Polygan Connect Style"设置界面

"Conductors（导体）"选项：散热焊盘组成导体的数目，默认值为 4。

"Conductor Width（导体宽度）"选项：散热焊盘组成导体的宽度，默认值为 10mil。

"Angle（角度）"选项：散热焊盘组成导体的角度，默认值为 90°。

6. "Testpoint"（测试点规则）类设置

该类规则主要用于设置测试点布线规则，其中包括以下两种设计规则：

（1）"Tastpoint Style（测试点样式规则）"：用于设置测试点的形式，如图 4.107 所示为该规则的设置界面，在该界面中可以设置测试点的形式和各种参数。为了方便电路板的调试，在 PCB 板上引入了测试点。测试点连接在某个网络上，形式和过孔类似，在调试过程中可以通过测试点引出电路板上的信号，可以设置测试点的尺寸以及是否允许在元件底部生成测试点等各项选项。

该项规则主要用在自动布线器、在线 DRC 和批处理 DRC、Output Generation（输出阶段）等系统功能模块中，其中在线 DRC 和批处理 DRC 检测该规则中除了首选尺寸和首选钻孔尺寸外的所有属性。自动布线器使用首选尺寸和首选钻孔尺寸属性来定义测试点焊盘的大小。

（2）"Testpoint Usage（测试点使用规则）"：用于设置测试点的使用参数，如图 4.108 所示为该规则的设置界面，在界面中可以设置是否允许使用测试点和同一网络上是否允许使用多个测试点。

"Required（必需的）"单选钮：每一个目标网络都使用一个测试点。该项为默认

任务 4.3 三极管放大电路印制电路板（PCB）设计

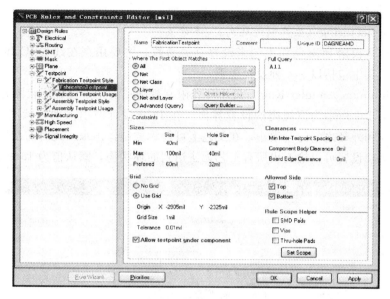

图 4.107 "Tastpoint Style（测试点样式规则）"设置界面

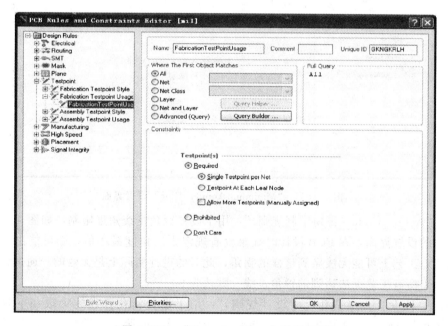

图 4.108 "Testpoint Usage"设置界面

设置。

"Invalid（无效的）"单选钮：所有网络都不使用测试点。

"Don't Care（不用在意）"单选钮：每一个网络可以使用测试点，也可以不使用测试点。

"Allow multiple testpoints on same net（在同一个网络中允许有多个点）"复选框：勾选该复选框后，系统将允许在一个网络上使用多个测试点。默认设置为取消对该复选框

155

的勾选。

7. "Manufacturing（生产制造规则）"类设置

该类规则是根据 PCB 制作工艺来设置有关参数。主要用在在线 DRC 和批处理 DRC 执行过程中，其中包括以下 4 种设计规则。

(1)"Minimum Annular Ring（最小环孔限制规则）"：用于设置环状图元内外径间距下限，如图 4.109 所示为该规则的设置界面。在 PCB 设计时引入的环状图元（如过孔）中，如果内径和外径之间的差很小，在工艺上可能无法制作出来，此时的设计实际上是无效的。通过该项设置可以检查出所有工艺无法达到的环状物，默认值为 10mil。

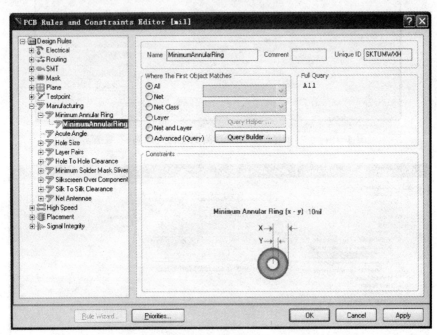

图 4.109　"Minimum Annular Ring"设置界面

(2)"Acute Angle（锐角限制规则）"：用于设置锐角走线角度限制，如图 4.110 所示为该规则的设置界面，在 PCB 设计时如果没有规定走线角度最小值，则可能出现拐角很小的走线，工艺上可能无法做到这样的拐角，此时的设计实际上是无效的。通过该项设置可以检查出所有工艺无法达到的锐角走线。默认为 90°。

(3)"Hole Size（钻孔尺寸设计规则）"：用于设置钻孔孔径的上限和下限，如图 4.111 所示为该规则的设置界面。与设置环状图元内外径间距下限类似，过小的钻孔孔径可能在工艺上无法制作，从而导致设计无效。通过设置钻孔孔径的范围，可以防止 PCB 设计出现类似错误。

"Measurement Method（度量方法）"选项：度量孔径尺寸的方法有 Absolute（绝对值）和 Percent（百分数）两种，默认设置为 Absolute（绝对值）。

"Minimum（最小值）"选项：设置孔径最小值。Absolute（绝对值）方式的默认值为 1mil，Percent（百分数）方式的默认值为 20%。

"Maximum（最大位）"选项：设置孔径最大值。Absolute（绝对值）方式的默认值

任务 4.3　三极管放大电路印制电路板（PCB）设计

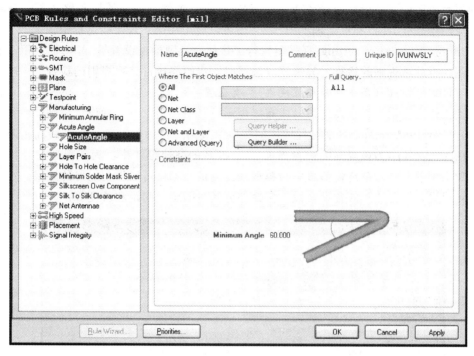

图 4.110　"Acute Angle"设置界面

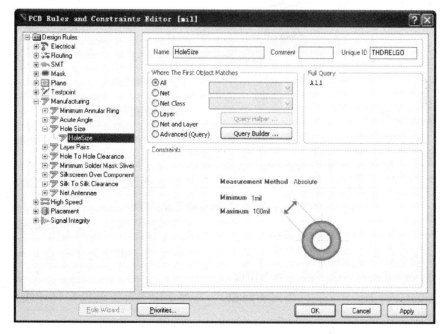

图 4.111　"Hole Size"设置界面

为 100mil。Percent（百分数）方式的默认值为 80%。

（4）"Layer Pairs（工作层对设计规则）"：用于检查使用的 Layer-pairs（工作层对）是否与当前的 Drill-pairs（钻孔对）匹配，使用的 Layer-pairs（工作层对）是由板上的过孔和焊盘决定的，Layer-pairs（工作层对）是指一个网络的起始层和终止层。该项规则除了应用于在线 DRC 和批处理 DRC 外，还可以应用在交互式布线过程中。

"Enforce layer pairs settings（强制执行工作层对规则检查设置）"复选框：用于确定是否强制执行此项规则的检查。勾选该复选框时，将始终执行该项规则的检查。

8. "High Speed（高速信号相关规则）"类设置

该类工作主要用于设置高速信号线布线规则，其中包括以下 6 种设计规则。

（1）"Parallel Segment（平行导线段间距限制规则）"：用于设置平行走线间距限制规则，如图 4.112 所示为该规则的设置界面。在 PCB 的高速设计中，为了保证信号传输正确，需要采用差分线对来传输信号，与单根线传输信号相比可以得到更好的效果。在该对话框中可以设置差分线对的各项参数，包括差分线对的层、间距和长度等。

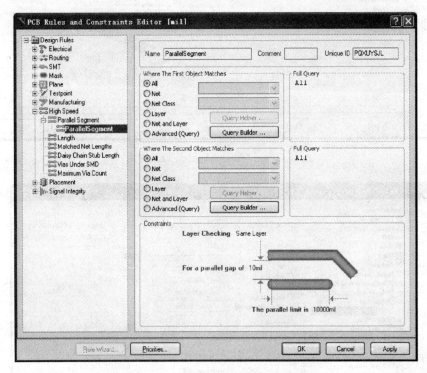

图 4.112 "Parallel Segment"设置界面

"Layer Checking（层检查）"选项：用于设置两段平行导线所在的工作层面属性，有 Same Layer（位于同一个工作层）和 Adjacent Layers（位于相邻的工作层）两种选择。默认设置为 Same Layer（位于同一个工作层）。

"For a parallel gap of（平行线间的间隙）"选项：用于设置两段平行导线之间的距离。默认设置为 10mil。

"The parallel limit is（平行线的限制）"选项：用于设置平行导线的最大允许长度（在使用平行走线间距规则时）。默认设置为 10000mil。

（2）"Length（网络长度限制规则）"：用于设置传输高速信号导线的长度，如图 4.113 所示为该规则的设置界面，在高速 PCB 设计中，为了保证阻抗匹配和信号质量，对走线长度也有一定的要求。在该对话框中可以设置走线的下限和上限。

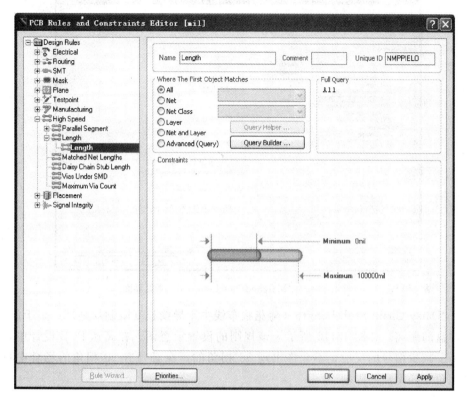

图 4.113 "Length"设置界面

"Minimum（最小值）"项：用于设置网络最小允许长度值。默认设置为 0mil。

"Maximum（最大值）"项：用于设置网络最大允许长度值，默认设置为 100000mil。

（3）"Matched Net Lengths（匹配网络传输导线的长度规则）"：用于设置匹配网络传输导线的长度，如图 4.114 所示为该规则的设置界面。在高速 PCB 设计中通常需要对部分网络的导线进行匹配布线，在该界面中可以设置匹配走线的各项参数。

"Tolerance（公差）"选项：在高频电路设计中要考虑到传输线的长度问题，传输线太短将产生串扰等传输线效应，该项规则定义了一个传输线长度值，将设计中的走线与此长度进行比较，当出现小于此长度的走线时，单击菜单栏中的"Tools（工具）"\"Equalize Net Lengths（延长网络走线长度）"命令，系统将自动延长走线的长度以满足此处的设置需求．默认设置为 1000mil。

"Style（类型）"选项：单击菜单栏中的"Tools（工具）"\"Equalize Net Lengths（延长网络走线长度）"命令，添加延长导线长度时的走线类型，可选择的类型有 90 Degrees（90°，为默认设置）、45 Degrees（45°）和 Rounded（圆形）3 种。其中，90 Degrees（90°）类型可添加的走线容量最大，45 Degrees（45°）类型可添加的走线容量最小。

"Gap（间隙）"选项：如图 4.113 所示。默认值为 20mil。

"Amplitude（振幅）"选项：用于定义添加走线的摆动幅度值。默认位为 200mil。

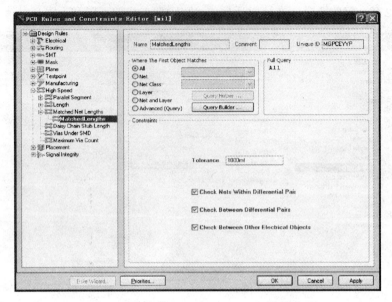

图 4.114 "Matched Net Lengths"设置界面

(4) "Daisy Chain Stub Length（菊花状布线主干导线长度限制规则）"：用于设置 90°拐角和焊盘的距离，如图 4.115 所示为该规则的设置示意图。在高速 PCB 设计中，通常情况下为了减少信号的反射是不允许出现 90°拐角的，在必须有 90°拐角的场合中将引入焊盘和拐角之间距离的限制。

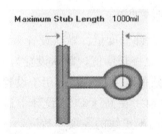

图 4.115 设置菊花状布线主干导线
长度限制规则

图 4.116 设置 SMD 焊盘下
过孔限制规则

(5) "Vias Under SHD（SMD 焊盘下过孔限制规则）"：用于设置表面安装元件焊盘下是否允许出现过孔，如图 4.116 所示为该规则的设置示意图。在 PCB 中需要尽量减少表面安装元件焊盘中引入过孔，但是在特殊情况下（如中间电源层通过过孔向电源引脚供电）可以引入过孔。

(6) "Maximum Via Count（最大过孔数量限制规则）"：用于设置布线时过孔数量的上限。默认设置为 1000。

9． "Placement（元件放置规则）" 类设置

该类规则用于设置元件布局的规则。在布线时可以引入元件的布局规则，这些规则一般只在对元件布局有严格要求的场合中使用。前面章节已经有详细介绍，这里不再赘述。

10. "Signal Integrity（信号完接性规则）"类设置

该类规则用于设置信号完整性所涉及的各项要求，如对信号上升沿、下降沿等的要求，这里的设置会影响到电路的信号完整性仿真，对其进行简单介绍。

"Signal Stimulus（激励信号规则）"：如图 4.117 所示为该规则的设置示意图。激励信号的类型有 Constant Leyel（直流）、Single Pulse（单脉冲信号）和 Periodic Pulse（周期性脉冲信号）3 种。还可以设置激励信号初始电平（低电平或高电平）、开始时间、终止时间和周期等。

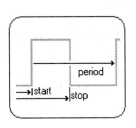

图 4.117 激励信号规则

"Overshoot – Falling Edge（信号下降沿的过冲约束规则）"：如图 4.118 所示为该项设置示意图。

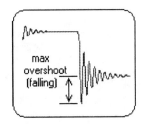 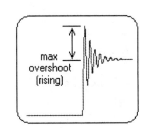

图 4.118 信号下降沿的过冲约束规则　　图 4.119 信号上升沿的过冲约束规则

"Overshoot – Rising Edge（信号上升沿的过冲约束规则）"：如图 4.119 所示为该项设置示意图。

"Undershoot – Falling Ed8e（信号下降沿的反冲约束规则）"：如图 4.120 所示为该项设置示意图。

"Undershoot – Rising Edge（信号上升沿的反冲约束规划）"：如图 4.121 所示为该项设置示意图。

"Impedance（阻抗约束规则）"：如图 4.122 所示为该规则的设置示意图。

"Signal Top Value（信号高电平约束规则）"：用于设置高电平最小值，如图 4.123 所示为该项设置示意图。

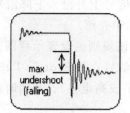 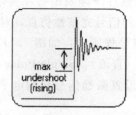

图 4.120　信号下降沿的　　图 4.121　信号上升沿的　　图 4.122　阻抗约束规则
　　　反冲约束规则　　　　　　反冲约束规划

"Signal Base Value（信号基准约束规则）"：用于设置低电平最大值。如图 4.124 所示为该项设置示意图。

"Flight Time - Rising Edge（上升沿的上升时间约束规则）"：如图 4.125 所示为该规则设置示意图。

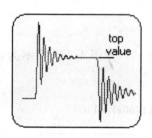 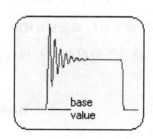 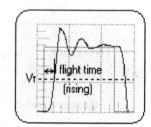

图 4.123　信号高电　　　　图 4.124　信号基准　　　图 4.125　上升沿的上升
　　　平约束规则　　　　　　　约束规则　　　　　　　时间约束规则

"Flight Time - Falling Edge（下降沿的下降时间约束规则）"：如图 4.126 所示为该规则设置示意图。

"Slope - Rising Edge（上升沿斜率约束规则）"：如图 4.127 所示为该规则的设置示意图。

"Slope - Falling Edge（下降沿斜率约束规则）"：如图 4.128 所示为该规则的设置示意图。

"Supply Nets"：用于提供网络约束规则。

从以上对 PCB 布线规则的说明可知，Altium Designer Summer 09 对 PCB 布线作了全面规定。这些规定只有一部分运用在元件的自动布线中，而所有规则将运用在 PCB 的 DRC 检测中。在对 PCB 手动布线时可能会违反设定的 DRC 规则，在对 PCB 板进行 DRC 检测时将检测出所有违反这些规则的地方。

4.3.3.2　设置 PCB 自动布线的策略

（1）单击菜单栏中的"Auto Route（自动布线）"\"Setup（设置）"命令，系统将弹出如图 4.129 所示的"Situs Routing Strategies（布线位置策略）"对话框。在该对话框

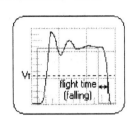
图4.126 降沿的下降
时间约束规则

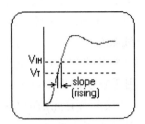
图4.127 上升沿斜率
约束规则

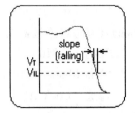
图4.128 下降沿斜率
约束规则

中可以设置自动布线策略。布线策略是指印制电路板自动布线时所采取的策略,如探索式布线、迷宫式布线、推挤式拓扑布线等。其中,自动布线的布通率依赖于良好的布局。

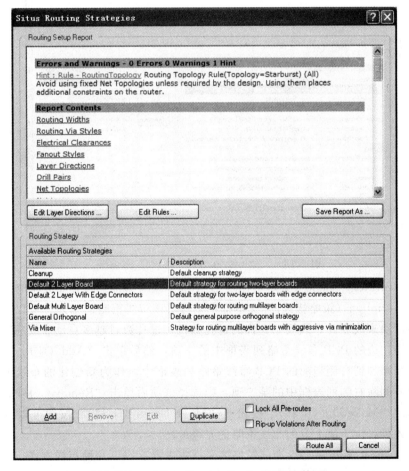
图4.129 "Situs Routing Strategies"对话框

在"Situs Routing Strategies(布线位置策略)"对话框中列出了默认的5种自动布线策略,功能分别如下。对默认的布线策略不允许进行编辑和删除操作。

"Cleanup（清除）"：用于清除策略。

"Default 2 Layer Board（默认双面板）"：用于默认的双面板布线策略。

"Default 2 Layer With Edge Connectors（默认具有边缘连接器的双面板）"：用于默认的具有边缘连接器的双面板布线策略。

"Default Multi Layer Board（默认多层板）"：用于默认的多层板布线策略。

"Via Miser（少用过孔）"：用于在多层扳中尽量减少使用过孔策略。

勾选"Lock All Pre–routes（锁定所有先前的布线）"复选框后，所有先前的布线将被锁定，重新自动布线时将不改变这部分的布线。

单击"Add（添加）"按钮，系统将弹出如图4.130所示的"Situs Strategies Editor（位置策略编辑器）"对话框。在该对话框中可以添加新的布线策略。

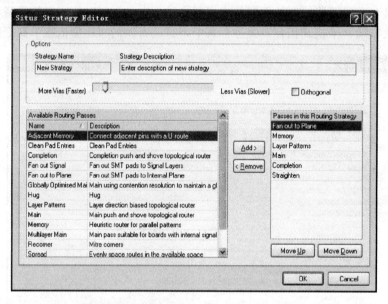

图 4.130 "Situs Strategies Editor"对话框

（2）在"Strategy Name（策略名称）"文本框中填写添加的新建布线策略的名称，在"Strategy Description（策略描述）"文本框中填写对该布线策略的描述。可以通过拖动文本框下面的滑块来改变此布线策略允许的过孔数目，过孔数目越多自动布线越快。

（3）选择左边的PCB布线策略列表框中的一项，然后单击"Add（应用）"按钮，此布线策略将被添加到右侧当前的PCB布线策略列表框中，作为新创建的布线策略中的一项，如果想要删除右侧列表框中的某一项，则选择该项后单击"Remove（移除）"按钮即可删除。单击"Move Up（上移）"按钮或"Move Down（下移）"按钮可以改变各个布线策略的优先级，位于最上方的布线策略优先级最高。

Altim Designer Summer 09 布线策略列采框中主要有以下几种布线方式。

"Adjacent Memory（相邻的存储器）"布线方式：U型走线的布线方式。采用这种布线方式时，自动布线器对同一网络中相邻的元件引脚采用U型走线方式。

"Clean Pad Entries（清除焊盘走线）"布线方式：清除焊盘冗余走线。采用这种布线方式可以优化 PCB 的自动布线，清除焊盘上多余的走线。

"Completion（完成）"布线方式：竞争的推挤式拓扑布线。采用这种布线方式时，布线器对布线进行推挤操作，以避开不在同一网络中的过孔和焊盘。

"Fan Out Signal（扇出信号）"布线方式：表面安装元件的焊盘采用扇出形式连接到信号层。当表面安装元件的焊盘布线跨越不同的工作层时，采用这种布线方式可以先从该焊盘引出一段导线，然后通过过孔与其他的工作层连接。

"Fan Out to Plane（扇出平面）"布线方式：表面安装元件的焊盘采用扇出形式连接到电源层和接地网络中。

"Globally optimized Main（全局主要的最优化）"布线方式：全局最优化拓扑布线方式。

"Hug（环绕）"布线方式：采用这种布线方式时，自动布线器将采取环绕的布线方式。

"Layer Patterns（层样式）"布线方式：采用这种布线方式将决定同一工作层中的布线是否采用布线拓扑结构进行自动布线。

"Main（主要的）"布线方式：主推挤式拓扑驱动布线。采用这种布线方式时，自动布线器对布线进行推挤操作，以避开不在同一网络中的过孔和焊盘。

"Memory（存储器）"布线方式：启发式并行模式布线。采用这种布线方式将对存储器元件上的走线方式进行最佳的评估。对地址线和数据线一般采用有规律的并行走线方式。

"Multilayer Main（主要的多层）"布线方式：多层扳拓扑驱动布线方式。

"Spread（伸展）"布线方式：采用这种布线方式时，自动布线器自动使位于两个焊盘之间的走线处于正中间的位置。

"Straighten（伸直）"布线方式：采用这种布线方式时，自动布线器在布线时将尽量走直线。

（4）单击"Situs Routing Strategies"对话框中的"Edit Rules（编辑规则）"按钮，对布线规则进行设置。

（5）布线策略设置完毕单击"OK（确定）"按钮。

4.3.3.3 启动自动布线服务器进行自动布线

布线规则和布线策略设置完毕后，即可进行自动布线操作。自动布线操作主要是通过"Auto Route（自动布线）"菜单进行的。用户不仅可以进行整体布局，也可以对指定的区域、网络及元件进行单独的布线。执行自动布线的方法非常多，如图 4.131 所示。

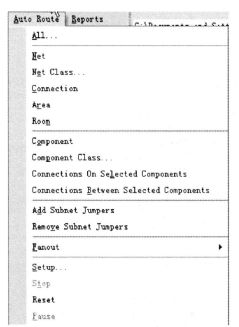

图 4.131 自动布线的方法

1. All（所有）

"All"（所有）命令用于为全局自动布线，其操作步骤如下：

（1）单击菜单栏中的"Auto Route（自动布线）"\ "All...（所有）"命令，系统将弹出"Situs Routing Strategies（布线位置策略）"对话框。在该对话框中可以设置自动布线策略。

（2）选择一项布线策略，单击"Route All（布线所有）"按钮即可进入自动布线状态。这里选择系统默认的"Default 2 Layer Board（默认双面板）"策略。布线过程中将自动弹出"Messages（信息）"面板，提供自动布线的状态信息，如图4.132所示。由最后一条提示信息可知，此次自动布线全都布通。

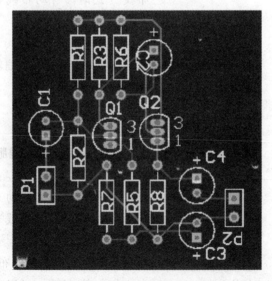

图4.132 "Messages（信息）"面板

（3）全局布线后的PCB图如图4.133所示。

图4.133 为全局布线好的PCB图

当器件排列比较密集或者布线规则设置过于严格时，自动布线可能不会完全布通。即使完全布通的 PCB 电路板仍会有部分网络走线不合理，如绕线过多、走线过长等，此时就需要进行手动调整了。

2. Net（网络）

"Net（网络）"命令用于为指定的网络自动布线，其操作步骤如下：

（1）在规则设置中对该网络布线的线宽进行合理的设置。

（2）单击菜单栏中的"Auto Route（自动布线）" \ "Net（网络）"命令，此时光标将变成十字形状。移动光标到该网络上的任何一个电气连接点（飞线或焊盘处），这里选 C1 引脚 1 的焊盘处。单击，此时系统将自动对该网络进行布线。

（3）光标仍处于布线状态，可以继续对其他的网络进行布线。

（4）右击或者按 Esc 键即可退出该操作。

3. Net Class（网络类）

"Net Class（网络类）"命令用于为指定的网络类自动布线，其操作步骤如下：

（1）"Net Class（网络类）"是多个网络的集合，可以在"Objects Class Explorer（对象类管理器）"对话框中对其进行编辑管理。单击菜单栏中的"Design（设计）" \ "Classes（类）"命令，系统将弹出如图 4.134 所示的"Objects Class Explorer（对象类管理器）"对话框。

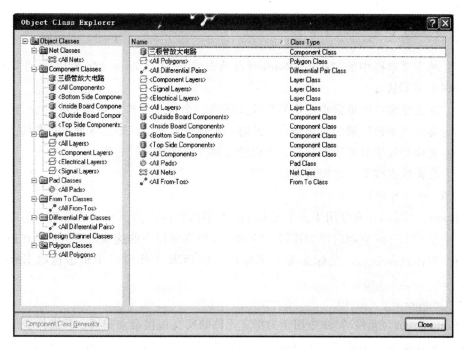

图 4.134　"Objects Class Explorer"对话框

（2）系统默认存在的网络类为"All Nets（所有网络）"，不能进行编辑修改。用户可以自行定义新的网络类，将不同的相关网络加入到某一个定义好的网络类中。

（3）单击菜单栏中的"Auto Route（自动布线）" \ "Class（类）"命令后，如果当前文件中没有自定义的网络类，系统会弹出挺示框提示来找到网络类，否则系统会弹出"Choose Objects Class（选择对象类）"对话框，列出当前文件中具有的网络类。在列表中选择要布线的网络类，系统即将该网络类内的所有网络自动布线。

（4）在自动布线过程中，所有布线器的信息和布线状态、结果会在"Messages（信息）"面板中显示出来。

（5）右击或者按 Esc 键即可退出该操作。

4．Connection（连接）

"Connection（连接）"命令用于为两个存在电气连接的焊盘进行自动布线，其操作步骤如下：

（1）如果对该段布线有特殊的线宽要求，则应该先在布线规则中对该段线宽进行设置。

（2）单击菜单栏中的"Auto Route（自动布线）"\"Connection（连接）"命令，此时光标将变成十字形状。移动光标到工作窗口，单击某两点之间的飞线或单击其中的一个焊盘。然后选择两点之间的连接，此时系统将自动在该两点之间布线。

（3）光标仍处于布线状态，可以继续对其他的连接进行布线。

（4）右击或者按 Esc 键即可退出该操作。

5．Area（区域）

"Area（区域）"命令用于为完整包含在选定区域内的连接自动布线，其操作步骤如下：

（1）单击菜单栏中的"Auto Route（自动布线）"\"Area（区域）"命令，此时光标将变成十字形状。

（2）在工作窗口中单击确定矩形布线区域的一个顶点，然后移动光标到合适的位置，再次单击确定该矩形区域的对角顶点。此时，系统将自动对该矩形区域进行布线。

（3）光标仍处于放置矩形状态，可以继续对其他区域进行布线。

（4）右击或者按 Esc 键即可退出该操作。

6．Room（空间）

"Room（空间）"命令用于为指定 Room 类型的空间内的连接自动布线，该命令只适用于完全位于 Room 空间内部的连接，即 Room 边界线以内的连接，不包括压在边界线上的部分。单击该命令后，光标变为十字形状，在 PCB 工作窗口中单击选取 Room 空间即可。

7．Component（元件）

"Component（元件）"命令用于为指定元件的所有连接自动布线，其操作步骤如下：

（1）单击菜单栏中的"Auto Route（自动布线）"\"Component（元件）"命令，此时光标将变成十字形状。移动光标到工作窗口，单击某一个元件的焊盘，所有从选定元件的焊盘引出的连接都被自动布线。

（2）光标仍处于布线状态，可以继续对其他元件进行布线。

（3）右击或者按 Esc 键即可退出该操作。

8. Component Class（元件类）

"Component Class（元件类）"命令用于为指定元件类内所有元件的连接自动布线，其操作步骤如下：

（1）Componont Class（元件类）是多个元件的集合，可以在"Objects Class Explorer（对象类管理器）"对话框中对其进行编辑管理。单击菜单栏中的"Design（设计）"\\"Classes（类）"命令，系统将弹出该对话。

（2）系统默认存在的元件类为 All Components（所有元件），不能进行编辑修改。用户可以使用元件类生成器自行建立元件类。另外，在放置 Room 空间时，包含在其中的元件也自动生成一个元件类。

（3）单击菜单栏中的"Auto Route（自动布线）"\\"Component Class（元件类）"命令后，系统将弹出"Select Objects Class（选择对象类）"对话框。在该对话框中包含当前文件中的元件类别列表。在列表中选择要布线的元件类，系统即将该元件类内所有元件的连接自动布线。

（4）右击或者按 Esc 键即可退出该操作。

9. Connections on Selected Components（连接选择元件）

"Connections on Selected Components（连接选择元件）"命令用于为所选元件的所有连接自动布线。单击该命令之前，要先选中欲布线的元件。

10. Connections between Selected Components（在所选元件之间连接）

"Connections between Selected Components（在所选元件之间连接）"命令用于为所选元件之间的连接自动布线。单击该命令之前，要先选中欲布线元件。

11. Fanout（扇出）

"Fanout（扇出）"命令。在 PCB 编辑器中，单击菜单栏中的"Auto Route（自动布线）"\\"Fanout（扇出）"命令，弹出的子菜单如图 4.135 所示。采用扇出布线方式可将掷盘连接到其他的网络中。其中各命令的功能分别介绍如下：

"All...（所有）"：用于对当前 PCB 设计内所有连接到中间电源层或信号层网络的表面安装元件执行扇出操作。

"Power Plane Nets...（电源层网络）"：用于对当前 PCB 设计内所有连接到电源层网络的表面安装元件执行扇出操作。

"Signal Nets...（信号网络）"：用于对当前 PCB 设计内所有连接到信号层网络的表面安装元件执行扇出操作。

"Net（网络）"：用于为指定网络内的所有表面安装元件的焊盘执行扇出操作。单击该命令后，用十字光标点取指定网络内的焊盘，或者在空白处单击，在弹出的"Net Name（网络名称）"对话框中输入网络标号，系统即可自动为选定网络内的所有表面安装元件的焊盘执行扇出操作。

"Connection（连接）"：用于为指定连接内的两个表面安装元件的焊盘执行扇出操作，单击该命令后，用十字光标点取指定连接内的焊盘或者飞线，系统即可自动为选定连接内的表贴焊盘执行扇出操作。

"Component（元件）"：用于为选定的表面安装元件执行扇出操作。单击该命令后，

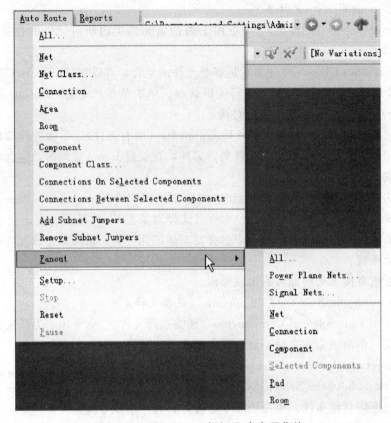

图 4.135 "Fanout（扇出）"命令子菜单

用十字光标点取特定的表贴元件，系统即可自动为选定元件的焊盘执行扇出操作。

"Selected Components（选择元件）"：单击该命令前，先选中要执行扇出操作的元件。单击该命令后，系统自动为选定的元件执行扇出操作。

"Pad（焊盘）"：用于为指定的焊盘执行扇出操作。

"Room（空间）"：用于为指定的 Room 类型空间内的所有表面安装元件执行扇出操作。单击该命令后，用十字光标点取指定的 Room 空间，系统即可自动为空间内的所有表面安装元件执行扇出操作。

4.3.3.4 电路板的手动布线

自动布线会出现一些不合理的布线情况，例如有较多的绕线、走线不美观等。此时，可以通过手工布线进行一定的修正，对于元件网络较少的 PCB 板也可以完全采用手工布线。下面介绍手工布线的一些技巧。

手工布线，要靠用户自己规划元件布局和走线路径，而网格是用户在空间和尺寸上的重要依据。因此，合理地设置网格，会更加方便设计者规划布局和放置导线。用户在设计的不同阶段可根据需要随时调整网格的大小，例如，在元件布局阶段，可将捕捉网格设置的大一点，如 20mil。在布线阶段捕捉网格要设置的小一点，如 5mil 甚至更小，尤其是在走线密集的区域，视图网格和捕捉网格都应该设置得小一些，以方便观察和走线。

手工布线的规则设置与自动布线前的规则设置基本相同，请用户参考前面章节的介绍即可，这里不再赘述。

1. 拆除布线

在工作窗口中单击选中导线后，按 Delete 键即可删除导线，完成拆除布线的操作。但是这样的操作只能逐段地拆除布线，工作量比较大，在"Tools"菜单中有如图 4.136 所示的"Un-Route"菜单，通过该菜单可以更加快速地拆除布线。

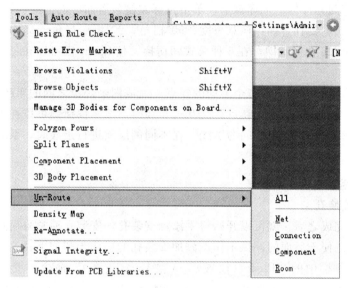

图 4.136 "Un-Route"菜单

"All"菜单项：拆除 PCB 板上的所有导线。

执行"Tools" \ "Un-Route" \ "All"命令，即可拆除 PCB 板上的所有导线。

"Net"菜单项：拆除某一个网络上的所有导线。

(1) 执行"Tools" \ "Un-Route" \ "Net"命令，鼠标将变成十字形状。

(2) 移动鼠标到某根导线上，单击鼠标左键，该导线所在网络的所有导线将被删除，即可完成对该网络的拆除布线操作。

(3) 鼠标仍处于拆除布线状态，可以继续拆除其他网络上的布线。

(4) 单击鼠标右键或者按下 Esc 键即可退出拆除布线操作。

"Connection"菜单项：拆除某个连接上的导线。

(1) 执行"Tools" \ "Un-Route" \ "Connection"命令，鼠标将变成十字形状。

(2) 移动鼠标到某根导线上，单击鼠标左键，该导线建立的连接将被删除，即可完成对该连接的拆除布线操作。

(3) 鼠标仍处于拆除布线状态，可以继续拆除其他连接上的布线。

(4) 单击鼠标右键或者按下 Esc 键即可退出拆除布线操作。

"Component"菜单项：拆除某个元件上的导线。

(1) 执行"Tools" \ "Un-Route" \ "Component"命令，鼠标将变成十字形状。

(2) 移动鼠标到某个元件上，单击鼠标左键，该元件所有管脚所在网络的所有导线将被删除，即可完成对该元件上的拆除布线操作。

(3) 鼠标仍处于拆除布线状态，可以继续拆除其他元件上的布线。

(4) 单击鼠标右键或者按下 Esc 键即可退出拆除布线操作。

2．手动布线

(1) 手动布线也将遵循自动布线时设置的规则。具体的手动和线步骤如下：

1) 执行"Place"\"Interactive Routing"命令，鼠标将变成十字形状。

2) 移动鼠标到元件的一个焊盘上，单击鼠标左键放置布线的起点。

手工布线模式主要有 5 种：任意角度、90°拐角、90°弧形拐角、45°拐角和 45°弧形拐角。按 Shift＋Space 快捷键即可在 5 种模式间切换，按 Space 键可以在每一种的开始和结束两种模式间切换。

3) 多次单击鼠标左键确定多个不同的控点，完成两个焊盘之间的布线。

(2) 手动布线中层的切换。在进行交互式布线时，按＊快捷键可以在不同的信号层之间切换，这样可以完成不同层之问的走线。在不同的层间进行走线时，系统将自动地为其添加一个过孔。

4.3.4　PCB 电路板常用工具操作

4.3.4.1　添加安装孔

电路板布线完成之后，就可以开始将手添加安装孔，安装孔通常采用过孔形式，并和接地网络连接，以便于后面的调试工作。添加安装孔的操作步骤如下：

(1) 单击菜单栏中的"Place（放置）"\"Via（过孔）"命令，或者单击"Wiring（连线）"工具栏中的 （放置过孔）按钮，或按快捷键 P＋V，此时光标将变成十字形状，并带有一个过孔图形。

(2) 按 Tab 键，系统将弹出如图 4.137 所示的"Via（过孔）"对话框。

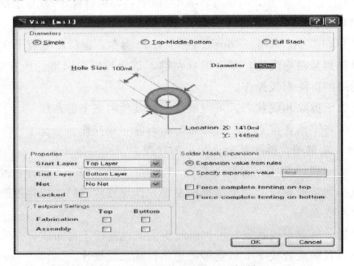

图 4.137　"Via（过孔）"对话框

"Hole Size（钻孔内径）"选项：这里将过孔作为安装孔使用，因此过孔内径比较大，设置为 100mil。

"Diameter（过孔外径）"选项：这里的过孔外径设置为150mil。

"Location（过孔的位置）"选项：这里的过孔作为安装孔使用，过孔的位置将根据需要确定。通常，安装孔放置在电路板的4个角上。

"Properties（过孔的属性设置）"选项：包括设置过孔起始层、网络标号、测试点等。

（3）设置完毕单击"OK（确定）"按钮，即可放置了一个过孔。

（4）光标仍处于放置过孔状态，可以继续放置其他的过孔。

（5）右击或者按Esc键即可退出该操作。如图4.138所示为放置完安装孔的电路板。

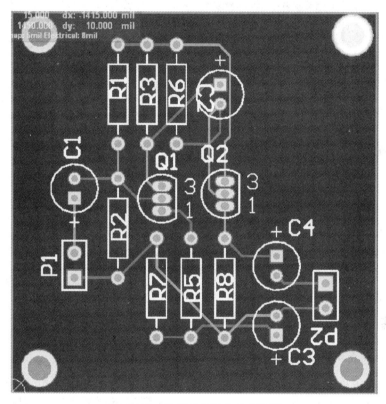

图4.138　放置完安装孔的电路板

4.3.4.2　PCB覆铜和补泪滴设计

覆铜由一系列的导线组成，可以完成电路板内不规则区域的填充。在绘制PCB图时，覆铜主要是指把空余没有走线的部分用导线全部铺满。用铜箔铺满部分区域和电路的一个网络相连，多数情况是和GND网络相连。单面电路板覆铜可以提高电路的抗干扰能力，经过覆铜处理后制作的印制板会显得十分美观，同时，通过大电流的导电通路也可以采用覆铜的方法米加大过电流的能力。通常覆铜的安全间距应该在一般导线安全间距的两倍以上。

1. 执行覆铜命令

单击菜单栏中的"Place（放置）"\"Polygon Pour（多边形覆铜）"命令，或者单击"Wiring（连线）"工具栏中的 （放置多边形覆铜）按钮，或用快捷键P+G，即可执行放置覆铜命令。系统弹出的"Polygon Pour（多边形覆铜）"对话框如图 4.139 所示。

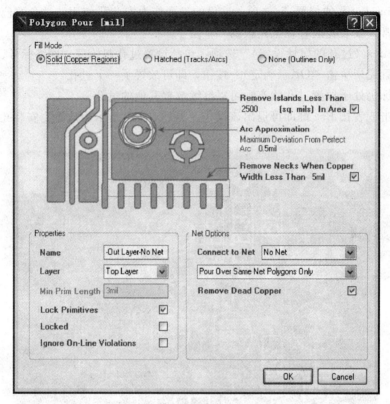

图 4.139 "Polygon Pour" 对话框

2. 设置覆铜属性

执行覆铜命令之后，或者双击已放值的覆铜，系统将弹出"Polygon Pour"（多边形覆铜）对话框。其中各选项组的功能分别介绍如下：

（1）Fill Mode（填充模式）选项组。

该选项组用于选择覆铜的填充模式，包括 3 个单选钮，Solid（Capper Regions），即覆铜区域内为全铜敷设；Hatched（tracks/Arcs），即向覆铜区域内填入网络状的覆铜；None（Outlines Only），即只保留覆铜边界，内部无填充。

在对话框的中间区域内可以设置覆铜的具体参数，针对不同的填充模式，有不同的设置参数选项。

"Solid（Copper Regions）（实体）"单选钮：用于设置删除孤立区域覆铜的面积限制值，以及删除凹槽的宽度限制值。需要注意的是，当用该方式覆铜后，在 Prote199SE 软件中不能显示，但可以用 Hatched（tracks/Arcs）（网络状）方式覆铜。

"Hatched（tracks/Arcs）（网络状）"单选钮：用于设置网格线的宽度、网络的大小、围绕焊盘的形状及网格的类型。

"None（Outlines Only）（无）"单选钮：用于设置边界导线宽度及围绕焊盘的形状等。

（2）Properties（属性）选项组。

"Layer（层）"下拉列表框：用于设定覆铜所属的工作层。

"Min Prim Length（最小图元长度）"文本框：用于设置最小图元的长度。

"Lack Primitives（锁定原始的）"复选框：用于选择是否锁定覆铜。

（3）Net Options（网络选项）选项组。

"Connect to Not（连接到网络）"下拉列表框：用于选择覆铜连接到的网络。通常连接到 GND 网络。

"Don't Pour Over Same Net Objects（填充不超过相同的网络对象）"选项：用于设置覆铜的内部填充不与同网络的图元及覆铜边界相连。

"Pour Over Same Net Polygons Only（填充只超过相同的网络多边形）"选项：用于设置覆铜的内部填充只与覆铜边界线及同网络的焊盘相连。

"Pour Over All Same Net Objects（填充超过所有相同的网络对象）"选项：用于设置覆铜的内部填充与覆铜边界线，并与同网络的任何图元相连，如焊盘、过孔、导线等。

"Remove Dead Copper（删除孤立的覆铜）"复选框：用于设置是否删除孤立区域的覆铜，孤立区域的覆铜是指没有连接到指定网络元件上的封闭区域内的覆铜，若勾选该复选框，则可以将这些区域的覆铜去除。

3．放置覆铜

下面以"PCB1.PcbDoc"为例简单介绍设置覆铜的操作步骤。

（1）单击菜单栏中的"Place（放置）"\"Polygon Pour（多边形覆铜）"命令，或者单击"Wiring（连线）"工具栏中的 （放置多边形覆铜）按钮，或用快捷键 P+G，即可执行放置覆铜命令。系统将弹出"Polygon Pour（多边形覆铜）"对话框。

（2）在"Polygon Pour（多边形覆铜）"对话框中进行设置，点选"Hatched（tracks/Arcs）（网络状）"单选钮，填充模式设置为 45°，连接到网络 GND，层面设置为 Top Layer（顶层），勾选"Remove Dead Copper（删除孤立的覆铜）"复选框，如图 4.140 所示。

（3）单击"OK（确定）"按钮，关闭该对话框。此时光标变成十字形状，准备开始覆铜操作。

（4）用光标沿着 PCB 的 Keep-Out 边界线面一个闭合的矩形框。单击确定起点，移动至拐点处单击，直至确定矩形框的 4 个顶点，右击退出。用户不必手动将矩形框线闭合，系统会自动将起点和终点连接起来构成闭合框线。

（5）系统在框线内部自动生成了 TOP Layer（顶层）的覆铜。

（6）执行覆铜命令，选择层面为 Bottom Layer（底层），其他设置相同，为底层覆铜。PCB 覆铜效果如图 4.141 所示。

4．补泪滴

在导线和焊盘或者过孔的连接处，通常需要补泪滴，以去除连接处的直角，加大连接面。这样做有两个好处，一是在 PCB 的制作过程中，避免因钻孔定位偏差导致焊盘与导线断裂；二是在安装和使用中，可以避免因用力集中导致连接处断裂。

单击菜单栏中的"Tools（工具）"\"Teardrops（补泪滴）"命令，或用快捷键 T+E，即可执行补泪滴命令，系统弹出的"Teardrop Options（补泪滴选项）"对话框

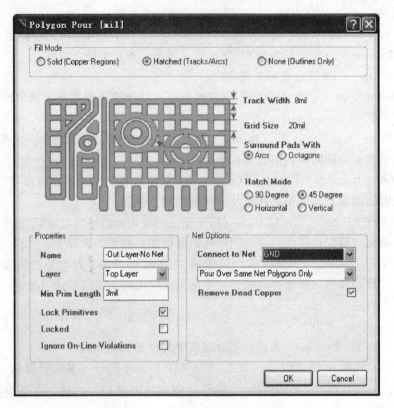

图 4.140 "Polygon Pour"对话框

如图 4.142 所示。

(1) "General (常规)"选项组。

"All Pads (所有焊盘)"复选框:勾选该复选框将对所有的焊盘添加泪滴。

"All Vias (所有过孔)"复选框:勾选该复选框将对所有的过孔添加泪滴。

"Selected Objects Only (仅对所选对象)"复选框:勾选该复选框将对选中的对象添加泪滴。

"Force Teardrops (强制补泪滴)"复选框:勾选该复选框将强制对所有焊盘或过孔添加泪滴,这样可能导致在 DRC 检测时出现错误信息,取消对此复选框的勾选,则对安全间距太小的焊盘不添加泪滴。

"Create Report (生成报表)"复选框:勾选该复选框进行添加泪滴的操作后将自动生成一个有关添加泪滴操作的报表文件,同时该报表也将在工作窗口显示出来。

(2) "Action (作用)"选项组。

"Add (添加)"单选钮:用于添加泪滴。

"Remove (删除)"单选钮:用于删除泪滴。

(3) "Teardrop Style (补泪滴类型)"选项组。

"Arc (弧形)"单选钮:用弧线添加泪滴。

"Track (导线)"单选钮:用线导添加泪滴。

设置完毕单击"OK (确定)"按钮,完成对象的泪滴添加操作。补泪滴前后焊盘与导

任务 4.3 三极管放大电路印制电路板（PCB）设计

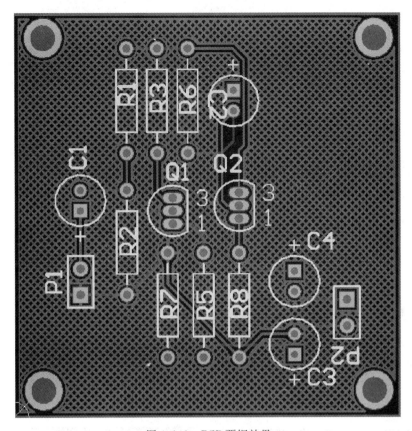

图 4.141 PCB 覆铜效果

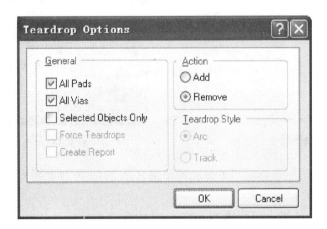

图 4.142 "Teardrop Options" 对话框

线连接的变化如图 4.143 所示。

4.3.4.3 3D 显示效果图

如果设计者能够在设计过程中使用设计工具直观地看到自己设计板子的实际情况，将能够有效的帮助他们的工作。Altium Designer Summer 09 软件提供了这方面的功能，下面研究一下它的 3D 模式。在 3D 模式下可以让设计者从任何角度观察自己设计的板。

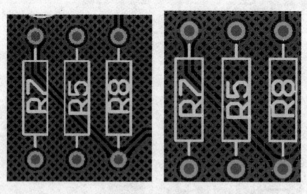

图 4.143 补泪滴前后焊盘与导线连接的变化

Altium Designer Summer 09 软件的 3D 环境的要求支持 DirectX9.0C 及相关技术,并使用一块独立的显卡。对于如何测试系统,以及让 Altium Designer Summer 09 可以使用 DirectX,单击菜单"Tools"\"Preferences",打开"Preferences"对话框中如图 4.144 所示,选择 PCB Editor 的 Display 选项,按"Test DirectX"按钮,测试显卡是否支持 DirectX,以下按提示做,如果显卡支持 DirectX,就可进行如下操作。

注意:DirectX9.0C 软件可以从网上下载,然后进行安装。

1. 设计时的 3D 显示状态

要在 PCB 编辑器中切换到 3D,只需单击"View"\Switch To 3D 命令;或用快捷键 3,或从列表中 PCB 标准工具栏中选择一个 3D 视图配置,如图 4.145 所示。

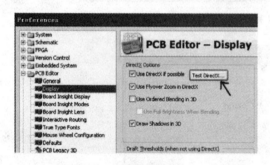

图 4.144 参数设置对话框

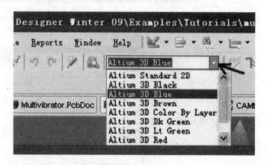

图 4.145 选择 3D 显示

进入 3D 模式时,一定要使用下面的操作来显示 3D,否则就要出错,提示:"Action not available in 3d view"。

(1) 缩放:按 Ctrl 键+鼠标右拖,或者按 Ctrl 键+鼠标滚轮,或者按 Page Up 键、Page Down 键。

(2) 平移:按鼠标滚轮:向上/向下移动,按 Shift 键+鼠标滚轮:向左、右移动,向右拖动鼠标来向任何方向移动。

(3) 旋转:按住 Shift 键不放,再按鼠标右键,进入 3D 旋转模式。光标处以一个定向圆盘的方式来表示如图 4.145 所示。该模型的旋转运动是基于圆心的,使用以下方式控制。

1）鼠标右键拖拽圆盘中心点（Center Dot），任意方向旋转视图。
2）用鼠标右键拖拽圆盘水平方向箭头（Horizontal Arrow），关于 Y 轴旋转视图。
3）鼠标右键拖拽圆盘垂直方向箭头（Vertical Arrow），关于 X 轴旋转视图。

2. 3D 显示设置

使用上述的操作命令，设计者可以非常方便地在 3D 显示状态实时查看正在设计板子的每一个细节。使用板层和颜色设置对话框可以修改这些设置，通过菜单"Design"\"Board Layers & Colors"或者快捷键 L 来访问此对话框如图 4.146 所示。用该对话框，设计者根据板子的实际情况设置相应的板层颜色，或者调用已经存储的板层颜色设置。这样，3D 显示的效果会更加逼真。

3. 3D 模型介绍

如果需要把板子紧密的放在特殊形状的壳体中，通常要把板子的文件转换到 M - CAD 系统的格式。

您也可以在 PCB 元件库的封装中导入 STEP 模型，从而产生了一个完整的从 E - CAD 到 M - CAD 的 3D 解决方案。

元件形状的建模可以使用 Altium Designer Summer 09 的 3D body 对象（后面章节进行介绍）或通过导入 STEP 格式的元件模型来实现，这两种模式都可以输出到板子的 STEP 文件。

4. 为元器件封装导入 3D 实体

Altium Designer Summer 09 软件的 3D 环境提供了一个逼真的检查 PCB 组装的环境。

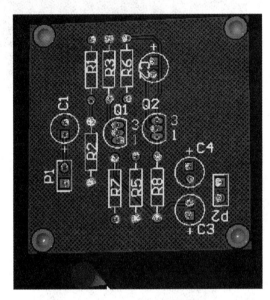

图 4.146 PCB 板的 3D 显示

元器件封装本身存储有 3D 模型，用于在 3D 环境下渲染该元件。这里设计的板已经包含了器件的 3D 模型，板和元器件的 3D 模型可以在 Altium Designer Summer 09 软件安装中的 Examples \ Tutorials \ multivibrator_step 文件夹中找到。方法：单击菜单"File"\"Open"\"Examples"\"Tutorials"\"multivibrator_step"\"multivibrator_step.PcbDoc"文件，导入 3D 实体的 PCB 如图 4.147 所示。

（1）按快捷键 3，显示如图 4.148 的 3D 实体 PCB 图。

（2）按 Shift 键不放，再按鼠标右键，进入 3D 旋转模式，用鼠标右键拖拽圆盘中心点，任意方向旋转视图（图 4.149）。

（3）设计者可以将 3DSTEP 格式模型导入到元器件的封装和 PCB 设计中并创建自己的 3D 物体，也可以以 STEP 和 DWG/DXF 格式来输出 PCB 文件，以便用于其他程序中。The legacy 3D viewer（方法："Tools" \ "Legacy Tools" \ "Legacy 3D View"）可以导入 VRML1.0/IGES/STEP 格式的 3D 物体（图 4.150），也可以导出 IGES 和 STEP 格式的 3D 物体。

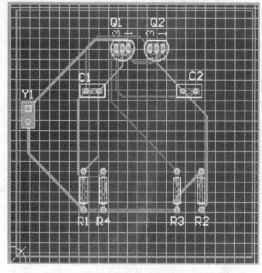

图 4.147　导入 3D 实体 PCB 图

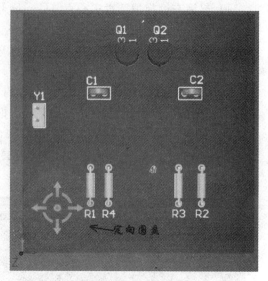

图 4.148　PCB 板 3D 实体图

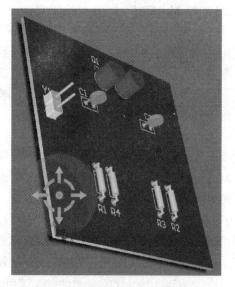

图 4.149　任意旋转的 PCB 板 3D 实体图

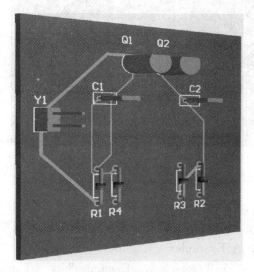

图 4.150　STEP 格式的 3D 物体

在 PCB 编辑器内，单击菜单栏中的"Tool（工具）"\"Legacy Tools"（传统工具）\"Legacy 3D View（传统 3D 显示）"命令，则系统生成该 PCB 板的 3D 效果图，加入到该项目生成的"PCB 3D Views"文件夹中并自动打开。"PCB1.PcbDoc"PCB 板生成的 3D 效果图如图 4.151 所示。在 PCB 编辑器内，单击右下角的 PCB 3D 面板按钮，打开 PCB 3D 面板，如图 4.152 所示。

（1）Browse Nets 区域。

该区域列出了单前 PCB 文件内的所有网络。选择其中一个网络以后，单击 HighLight 按钮，则此网络呈高亮状态；单击 Clear 按钮，可以取消高亮状态。

任务 4.3 三极管放大电路印制电路板（PCB）设计

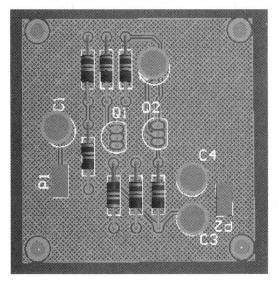

图 4.151 PCB 板生成的 3D 效果图

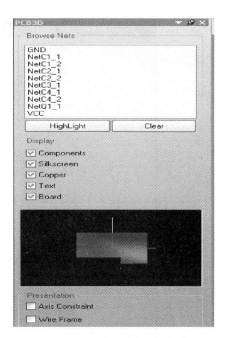

图 4.152 PCB 3D 面板

（2）Display 区域。

该区域用于控制 3D 效果图中的显示方式，分别可以对元器件、丝印层、铜、文本以及电路板进行控制。

（3）预览框区域。

将光标移到该区域中以后，单击左键并按住不放，拖动光标，3D 图将跟着旋转，展示不同方向上的效果。

（4）Presentation 区域。

该区域用于设置约束轴和连线框。

4.3.4.4 放置尺寸标注

1. 直线尺寸标注

对直线距离尺寸进行标注，可进行以下操作。

（1）单击"Utilities（实用）"工具栏中的尺寸工具按钮" 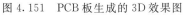 "，在弹出的工具栏中选择直线尺寸工具按钮"　　"，或者选择"Place（设置）"\ "Dimension（尺寸）"\ "Linear（直线）"命令。

（2）单击 Tab 键，打开如图 4.153 所示的"Linear Dimension"对话框。

如图 4.153 所示的"Linear Dimension（直线尺寸）"对话框用于设置直线标注的属性，其中的选项功能如下：

"Pick Gap"编辑框：用来设置尺寸线与标注对象间的距离。

"Extension Width"编辑框：用来设置尺寸延长线的线宽。

"Arrow Length"编辑框：用来设置箭头线长度。

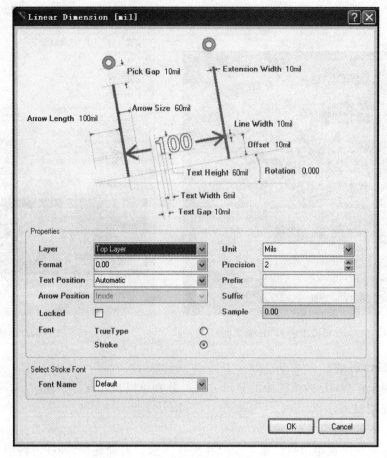

图4.153 "Linear Dimension"对话框

"Arrow Size"编辑框：用来设置箭头长度（斜线）。
"Line Width"编辑框：用来设置箭头线宽。
"Offset"编辑框：用来设置箭头与尺寸延长线端点的偏移量。
"Height"编辑框：用来设置尺寸字体高度。
"Rotation"编辑框：用来设置尺寸标注线拉出的旋转角度。
"Text Width"编辑框：用来设置尺寸字体线宽。
"Text Gap"编辑框：用来设置尺寸字体与尺寸线左右的间距。
"Properties"区域：用来设置直线标注的性质，其中的选项功能如下：
"Layer"下拉列表：用来设置当前尺寸文本所放置的PCB板层。
"Format"下拉列表：用来设置当前尺寸文本的放置风格；在下拉列表中选择尺寸放置的风格共有4个选项："None"选项表示不显示尺寸文本；"0.00"选项表示只显示尺寸，不显示单位；"0.00mil"选项表示同时显示尺寸和单位；"0.00（mil）"选项表示显示尺寸和单位，并将单位用括号括起来。
"Text Position"下拉列表：用来设置当前尺寸文本的放置位置。
"Unit"下拉列表：用来设置当前尺寸采用的单位。可以在下拉列表中选择放置尺寸的单位,系统提供了"mils""millimeters""Inches""Centimeters"和"Automatic"共5个选项,其中"Automatic"项表示使用系统定义的单位。

2. 标准标注

标准标注用于任意倾斜角度的直线距离标注,可进行以下操作设置标准标注。

单击"Utilities"工具栏中的尺寸工具按钮,在弹出的工具栏中选择标准直线尺寸工具按钮,或者选择"Place" \ "Dimension" \ "Dimension"命令。

3. 坐标标注

坐标标注用于显示工作区里指定点的坐标。坐标标记可以放置在任意层,坐标标注包括一个"十"字标记和位置的(X, Y)坐标,可进行如下操作布置坐标标注。

单击"Utilities"工具栏中的绘图工具按钮,在弹出的工具栏中选择坐标标注工具按钮,或者在主菜单中选择"Place" \ "Coordinate"命令。

4. 设置坐标原点

在 PCB 编辑器中,系统提供了一套坐标系,其坐标原点称为绝对原点,位于图纸的最左下角。但在编辑 PCB 板时,往往根据需要在方便的地方设计 PCB 板,所以 PCB 板的左下角往往不是绝对坐标原点。

Altium Designer Summer 09 提供了设置原点的工具,用户可以利用它设定自己的坐标系,方法如下:

(1) 单击"Utilities"工具栏中的绘图工具按钮,在弹出的工具栏中选择坐标原点标注工具按钮,或者在主菜单中选择"Edit" \ "Origin" \ "Set"命令。

(2) 此时鼠标箭头变为十字光标,在图纸中移动十字光标到适当的位置,单击鼠标左键,即可将该点设置为用户坐标系的原点(图 4.154),此时再移动鼠标就可以从状态栏中了解到新的坐标值。

(3) 如果需要恢复原来的坐标系,只要选择"Edit" \ "Origin" \ "Reset"命令即可。

4.3.4.5 网络密度分析

网络密度分析是利用 Altium Designer Summer 09 系统提供的密度分析工具,对当前 PCB 文件的元件放置及其连接情况进行分析。密度分析会生成一个临时的密度指示图(Density Map),覆盖在原 PCB 图上面。在图中,绿色的部分表示网络密度较低,元件越密集、连线越多的区域颜色就会呈现一定的变化趋势,红色表示网络密度较高的区域。密度指示图显示了 PCB 板布局的密度特征,可以作为各区域内布线难度和布通率的指示信息。用户根据密度指示图进行相应的布局调整,有利于提高自动布线的布通率,降低布线难度。

下面以布局好的电脑麦克风电路原理图的 PCB 文件为例,进行网络密度分析。

(1) 在 PCB 编辑器中,单击菜单栏中的"Tools(工其)" \ "Density Map(密度指示图)"命令,系统自动执行对当前 PCB 文件的密度分析,如图 4.155 所示。

(2) 按 End 键刷新视图,或者通过单击文件标签切换到其他编辑器视图中,即可恢复到普通 PCB 文件视图中。

从密度分析生成的密度指示图可以看出,该 PCB 布局密度较低。

项目 4　三极管放大电路印制电路板设计

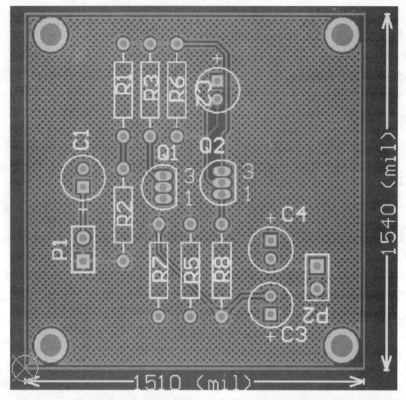

图 4.154　标注的尺寸、坐标，重置坐标原点及铺铜的 PCB 板

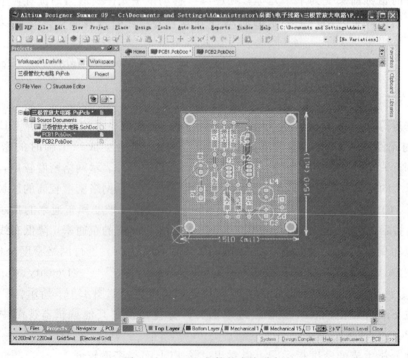

图 4.155　PCB 文件的密度分析

通过3D视图和网络密度分析,我们可以进一步对PCB元件布局进行调整。完成上述工作后,就可以进行布线操作了。

【任务小结】

(1) 掌握PCB设计的方法。
(2) 对PCB元件的布局、布线方法要有一定的掌握。
(3) 掌握软件PCB设计常用工具的操作。

【操作实例】

4.3.5 设计振荡器与积分器电路的PCB板

4.3.5.1 目的

(1) 掌握原理图绘制的一般方法步骤。
(2) 掌握PCB电路板图设计的方法步骤。

4.3.5.2 内容

设计振荡器与积分器电路的PCB板。电路图如图4.156、图4.157所示。

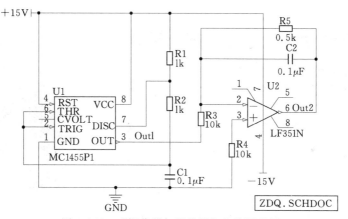

图4.156 "振荡器与积分器"电路原理图

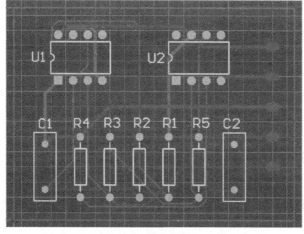

图4.157 "振荡器与积分器"电路PCB图

4.3.5.3 操作步骤

1. 新建 PCB 项目文件

新建 PCB 项目文件,命名为"振荡器与积分器",并保存文件。

2. 新建原理图文件

执行命令"File"/"New"/"Schematic",创建原理图文件,命名为"振荡器与积分器原理图",并保存文件。

绘制振荡器与积分器电路原理图,如图 4.155 所示。

MC1455P1 与 LF351N 的封装名称为"626-05",电阻 R1~R5 的封装名称为"AXIAL-0.4",电容 C1、C2 的封装名称为"RAD-0.3"。

执行命令"Design"/"Netlist For Project"/"Protel"生成项目网络表文件。

3. 新建 PCB 文件

在 Files 面板中,在"New from template"栏中选择"PCB Board Wizard"选项,如图 4.158 所示,打开 PCB 创建向导,如图 4.159 所示,利用向导创建一个尺寸为 2000mil×1500mil 禁止布线边界为 50mil 的电路板,重命名为"振荡器与积分器 PCB"并保存文件。

图 4.158 启动 PCB 向导

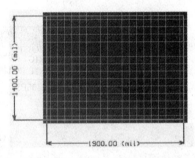

图 4.159 用向导创建的 PCB

4. 导入元件封装与网络

在 PCB 环境中执行命令"Design"\"Import Changes From 振荡器与积分器.Prjpcb",这时将弹出"Engineering Chang Order(工程改变顺序)"对话框,如图 4.160 所示。

在弹出的"Engineering Change Order"对话框中,依次单击"Validate""Execute Changes"按钮,导入元件封装与网络,如图 4.161 所示。

注意事项:执行命令"Design"\"Import Changes From ****.Prjpcb"之前必须满足三条件,缺一不可。

条件一:绘制好原理图,并生成网络表文件。

条件二:项目中使用的元器件所属元件库必须已加载。

条件三:创建 PCB 电路板文件,并保存到项目中。

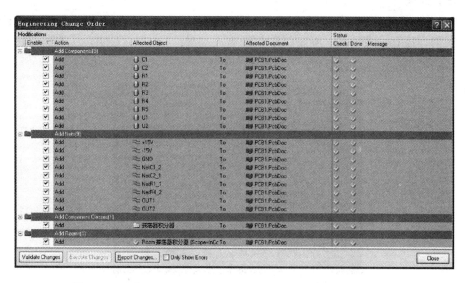

图 4.160 "Engineering Chang Order（工程改变顺序）"对话框

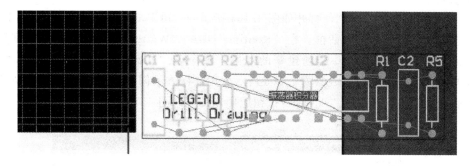

图 4.161 导入元件封装与网络后的效果

5. 手动布局

在 PCB 电路板的 Top Layer 层手动布局元器件封装，如图 4.162 所示。

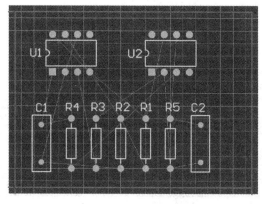

图 4.162 手动布局效果

6. 放置焊盘

在 PCB 中手动放置 0~5 个焊盘，修改焊盘属性 X-Size 为 100mil，Y-Size 为 60mil，圆形，Bottom Layer，所属网络分别为+15V、-15V、GND、OUT2 和 OUT1，如图 4.163 所示。

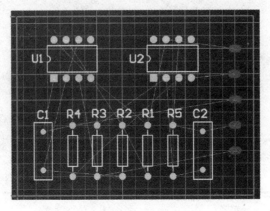

图 4.163　手动放置焊盘

7. 自动布线

执行命令 Design\Rules，打开如图 4.164 所示的"PCB Rules and constraints Editor（PCB 规则和约束编辑）"对话框。在"Routing"项中"Width"子项设置布线宽度规则，鼠标右键选择"New Rule…"创建新的规则，重命名"Name"为 GND，选择"Net"为 GND，设置线宽为 20mil，如图 4.165 所示。用同样方法创建并设置+15V、-15V 网络的布线宽度规则，并单击"Apply"按钮应用规则，如图 4.166 所示。

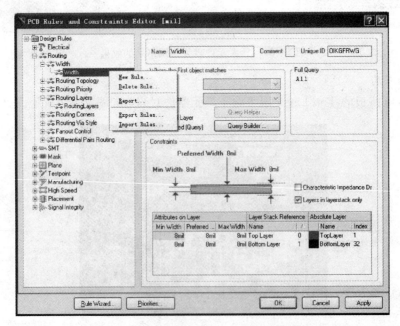

图 4.164　"PCB Rules and constraints Editor（PCB 规则和约束编辑）"对话框

任务 4.3　三极管放大电路印制电路板（PCB）设计

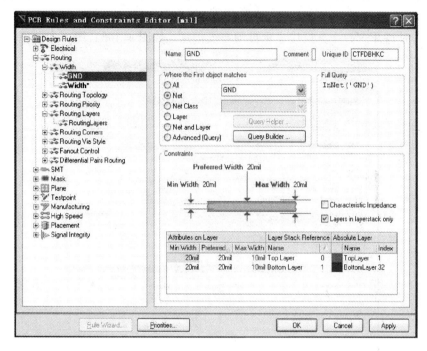

图 4.165　GND 网络布线规则设置

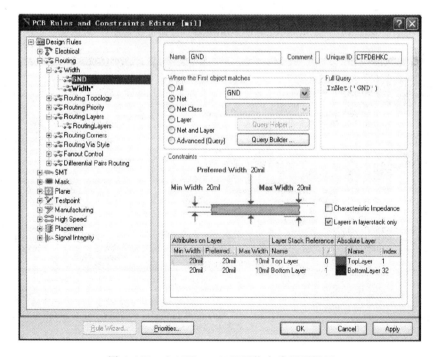

图 4.166　+15V、-15V 网络布线规则设置

执行命令"Auto Route"\"All",打开如图 4.167 所示的"Situs Routing Strategies(自动布线设置)"对话框。单击"Routing All"按钮,程序就开始对电路板进行自动布线,同时打开 Message 窗口显示自动布线信息。如图 4.168、图 4.169 所示。

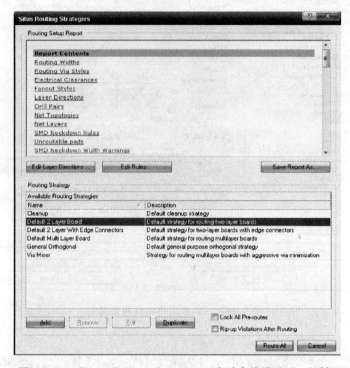

图 4.167 "Situs Routing Strategies(自动布线设置)"对话框

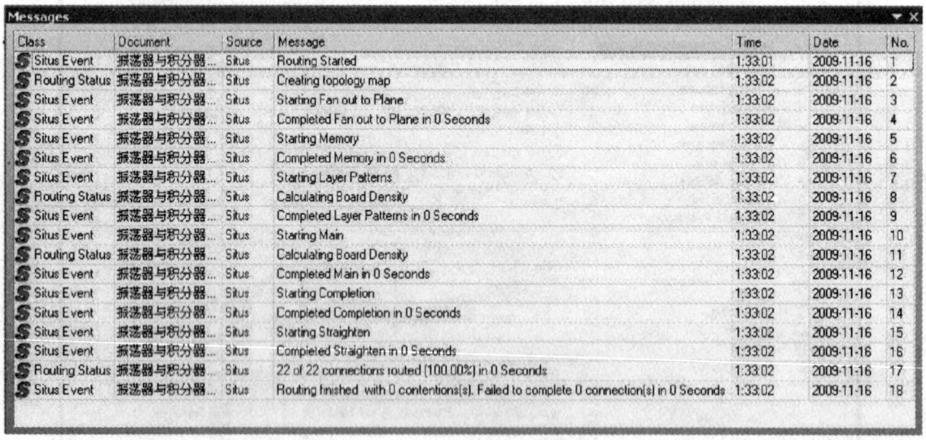

图 4.168 Message 窗口

8. 保存

保存所有设置。

4.3.5.4 思考题

(1) 如何将元件封装和网络导入到 PCB 中?导入过程应注意些什么?

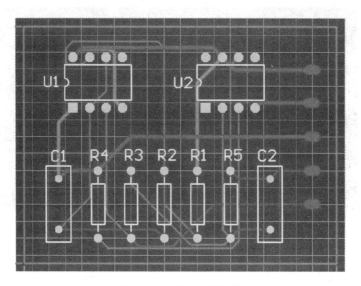

图 4.169 自动布线效果

(2) 元件布局需注意哪些事项？
(3) 与布线有关的设计规则有哪些？
(4) 如何设置布线规则的优先级？

4.3.6 直流稳压电源电路印制电路板（PCB）设计

4.3.6.1 目的

(1) 掌握原理图绘制的一般方法步骤。
(2) 掌握 PCB 电路板图设计的方法步骤。

4.3.6.2 内容

设计稳压电源电路的 PCB 板。电路图如图 4.170、图 4.171 所示。

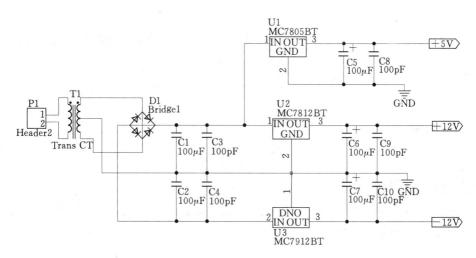

图 4.170 "稳压电源"电路原理图

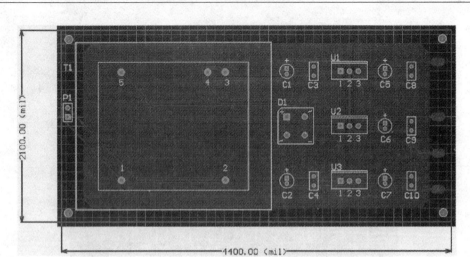

图 4.171 "稳压电源"电路 PCB 图

4.3.6.3 操作步骤

（1）新建 PCB 项目文件。

新建 PCB 项目文件，命名为"稳压电源"，并保存文件。

（2）新建原理图文件。

执行命令"File"/"New"/"Schematic"，创建原理图文件，命名为"稳压电源原理图"，并保存文件。

绘制稳压电源电路原理图，如图 4.171 所示。

图 4.172 "Files"面板

图 4.173 启动 PCB 向导

P1 的封装名称为"HDR1X2"，Trans CT 的封装名称为"TRF_5"，Bridge1 的封装

名称为"D-38",电容 C1、C2、C5、C6、C7 的封装名称为"A",电容 C3、C4、C8、C9、C10 的封装名称为"RAD-0.1",MC7805BT、MC7812BT、MC7912BT 的封装名称为"221A-04"。

执行命令"Design"\"Netlist For Project"\"Protel"生成项目网络表文件。

（3）新建 PCB 文件。

在 Files 面板中,在"New from template"栏中选择"PCB Board Wizard"选项,如图 4.172、图 4.173 所示,打开 PCB 创建向导,利用向导创建一个尺寸为 4500mil×2200mil 禁止布线边界为 50mil 的电路板,重命名为"稳压电源 PCB"并保存文件,如图 4.174 所示。

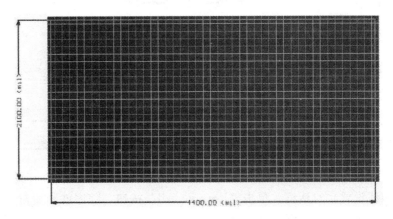

图 4.174　用向导创建的 PCB

（4）导入元件封装与网络。

在 PCB 环境中执行命令"Design"/"Import Changes From 稳压电源.Prjpcb",这时将弹出"Engineering Chang Order（工程改变顺序）"对话框。

在弹出的"Engineering Change Order"对话框中,依次单击"Validate"、"Execute Changes"按钮,导入元件封装与网络。

（5）手动布局。

在 PCB 电路板的 Top Layer 层手动布局元器件封装。

（6）放置焊盘。

在 PCB 中手动放置 0~4 个焊盘,修改焊盘属性 X-Size 为 150mil,Y-Size 为 80mil,圆形,Bottom Layer,所属网络分别为 NetC5_1、NetC6_1、GND 和 NetC7_2。

（7）自动布线。

执行命令 Design/Rules,打开如图 4.175 所示的"PCB Rules and constraints Editor（PCB 规则和约束编辑）"对话框。在"Routing"项中"Width"子项设置布线宽度规则,在 Width 项中设置线宽为 20mil,鼠标右键选择"New Rule..."创建新的规则,重命名"Name"为 GND,选择"Net"为 GND,设置线宽为 30mil。

设置布线规则优先级,单击窗口"Priorities..."按钮,打开优先级设置对话框,将特殊布线规则优先级设为最高。

在"Routing Layers"项中设置布线图层为 Bottom Layer。

执行命令"Auto Route"/"All",打开如图 4.176 所示的"Situs Routing Strate-

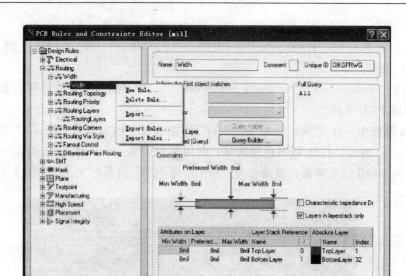

图 4.175 "PCB Rules and constraints Editor（PCB 规则和约束编辑）"对话框

gies"（自动布线设置）对话框。单击"Routing All"按钮，程序就开始对电路板进行自动布线，同时打开 Message 窗口显示自动布线信息。

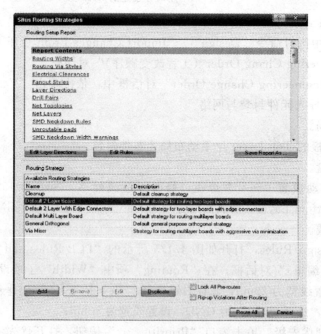

图 4.176 "Situs Routing Strategies"（自动布线设置）对话框

（8）补泪滴。

执行命令"Tools"/"Teardrops..."打开"Teardrop Options"对话框，如图 4.177

所示。对在该对话框中对补泪滴选项进行设置。

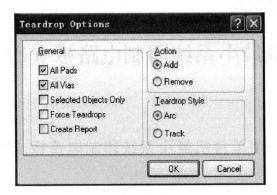

图 4.177 "Teardrop Options"对话框

(9) 放置多边形覆铜。

执行命令"Place"/"Polygon Pour…",鼠标变成十字光标,在需要覆铜区圈出封闭图形。

(10) 放置安装孔。

在电路板四个角放置焊盘设置属性为 X-Size 为 100mil,Y-Size 为 100mil,Hole Size 为 80mil,圆形,Multi-Layer,所属网络分别为无网络。

(11) 保存。

(12) 3D 显示。

执行命令"View"/"Legacy 3D",可生成 PCB 的 3D 显示文件。

4.3.6.4 思考题

(1) 如何设置布线规则?需注意什么?

(2) 如何进行补泪滴操作?

(3) 如何进行多边形覆铜的设置?对电路进行多边形覆铜有何意义?

项目 5

51 单片机最小系统印制电路板（PCB）设计

任务 5.1　51 单片机最小系统印制电路板（PCB）设计

【任务描述】
- 熟练掌握 PCB 元件布局操作。
- 熟练掌握 PCB 板设计技巧。

【任务实施】
根据上一项目所学知识完成项目三所绘制的 51 单片机最小系统原理图的 PCB 图设计，如图 5.1 所示。

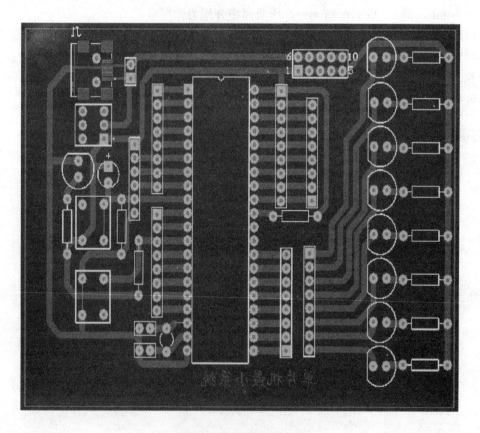

图 5.1　最小系统 PCB 图

任务 5.2　PCB 板 的 后 期 处 理

【本任务内容简介】

（1）电路板的测量。

（2）电路板的 DRC 检测。

（3）PCB 电路板的报表输出与打印设置。

【任务描述】

- 熟练掌握 PCB 板规则设置。
- 掌握 PCB 板后期处理。

【任务实施】

电路板布线完毕，在输出设计文件之前，还要进行一次完整的设计规则检查。设计规则检查（Design Rule Check，DRC）是采用 Altium Designer Summer 09 进行 PCB 设计时的重要检查工具，系统会根据用户设计规则的设置，对 PCB 设计的各个方面进行检查校验，如导线宽度、安全距离、元件间距、过孔类型等。DRC 是 PCB 板设计正确性和完整性的重要保证。灵活运用 DRC，可以保障 PCB 设计的顺利进行和最终生成正确的输出文件。本任务以单片机最小系统的 PCB 图来讲解。

5.2.1　电路板的测量

Altium Designer Summer 09 提供了电路板上的测量工具，方便设计电路时的检查。测量功能在"Report"菜单中，该菜单如图 5.2 所示。

5.2.1.1　测量电路板上两点间的距离

电路板上两点之间的距离是通过"Report"菜单下的"Measure Distance"选项执行的，它测量的是 PCB 板上任意两点的距离。具体操作步骤如下：

（1）单击执行"Report"\"Measure Distance"菜单选项，此时鼠标变成十字形状出现在工作窗口中。

（2）移动鼠标到某个坐标点上，单击鼠标左键确定测量起点。如果鼠标移动到了某个对象上，系统将自动捕捉该对象的中心点。

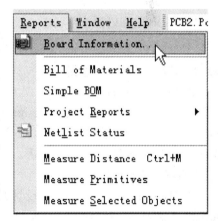

图 5.2　"Report"菜单

（3）此时鼠标仍为十字形状，重复第（2）步确定测量终点。此时将弹出如图 5.3 所示的对话框，在对话框中给出了测量的结果，测量结果包含总距离、X 方向上的距离和 Y 方向上的距离三项。

（4）此时鼠标仍为十字状态，重复第（2）、（3）步可以继续其他测量。

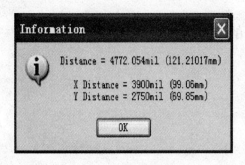

图 5.3 测量结果

（5）完成测量后，单击鼠标右键或按 Esc 键即可退出该操作。

5.2.1.2 测量电路板上对象间的距离

这里的测量是专门针对电路板上的对象进行的，在测量过程中，鼠标将自动捕捉对象的中心位置。具体操作步骤如下：

（1）单击执行"Report"\"Measure Primitives"菜单选项，此时鼠标变成十字形状出现在工作窗口中。

（2）移动鼠标到某个对象（如焊盘、元件、导线、过孔等）上，单击鼠标左键确定测量的起点。

（3）此时鼠标仍为十字形状，重复第（2）步确定测量终点。此时将弹出如图 5.4 所示的对话框，在对话框中给出了对象的层属性、坐标和整个的测量结果。

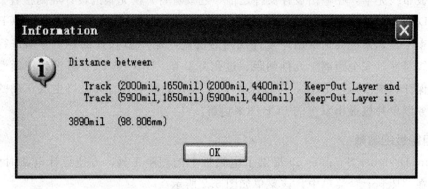

图 5.4 测量结果

（4）此时鼠标仍为十字状态，重复第（2）、（3）步可以继续其他测量。

（5）完成测量后，单击鼠标右键或按 Esc 键可以退出该操作。

5.2.2 电路板的 DRC 检测

单击菜单栏中的"Tools（工具）"\"Design Rule Checker（设计规则检查）"命令，系统将弹出如图 5.5 所示的"Design Rule—Checker（设计规则检查）"对话框；该对话框的左侧是该检查器的内容列表，右侧是其对应的具体内容。对话框由两部分内容构成，即 DRC 报告选项和 DRC 规则列表。

1. DRC 报表选项

在"Design Rule Checker（设计规则检查器）"对话框左侧的列表中单击"Report Options（报表选项）"标签页，即显示 DRC 报表选项的具体内容。这里的选项主要用于对 DRC 报表的内容和方式进行设置，通常保持默认设置即可，其中各选项的功能介绍如下。

"Create Report File（创建报表文件）"复选框：运行批处理 DRC 后会自动生成报表文件（设计名：DRC），包含本次 DRC 运行中使用的规则、违例数量和细节描述。

"Create Violation（创建违例）"复选框：能在违例对象和违例消息之间直接建立链

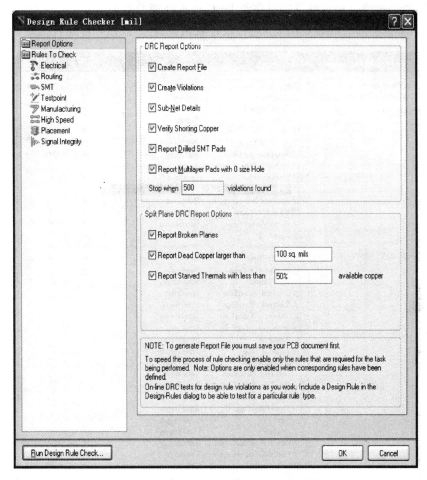

图 5.5 "Design Rule Checker" 对话框

接,使用户可以直接通过 "Message(信息)" 面板中的违例消息进行错误定位,找到违例对象。

"Sub-Net Details(予网络详细描述)"复选框:对网络连接关系进行检查并生成报告。

"Internal Plane Warnings(中间层错误警告)"复选框:对多层板内部中间层的网络连接中存在的错误进行警告。

"Verify Shorting Copper(覆铜短路检测)"复选框:对覆铜或非网络连接造成的短路进行检查。

2. DRC 规则列表

在 "Design Rule Checker(设计规则检查器)" 对话框左侧的列表中单击 "Rules To Check(检查规则)" 标签页,即可显示所有可进行检查的设计规则,其中包括了 PCB 制作中常见的规则,也包括了高速电路板设计规则,如图 5.6 所示。例如,线宽设定。引线间距、过孔大小、网络拓扑结构、元件安全距离、高速电路设计的引线长度、等距引线等,可以根据规则的名称进行具体设置。在规则栏中,通过 "Online(在线)" 和 "Batch

（批处理）"两个选项，用户可以选择在线 DRC 或批处理 DRC。

单击"Run Design Rule Check（运行设计规则检查）"按钮，即运行批处理 DRC。

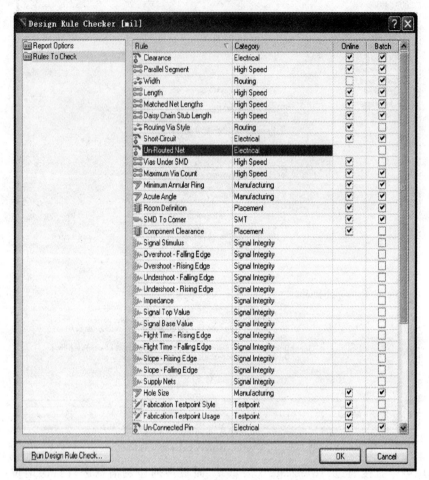

图 5.6　"Run Design Rule Check"标签页

5.2.2.1　在线 DRC 和批处理 DRC

DRC 分为两种类型，即在线 DRC 和批处理 DRC。

在线 DRC 在后台运行，在设计过程中，系统随时进行规则检查，对违反规则的对象提出警示或自动限制违例操作的执行。选择"Preferences（参数）"对话框的"PCB Editor（PCB 编辑器）" \ "General（常规）"标签页中可以设置是否选择在线 DRC，如图 5.7 所示。

通过批处理 DRC，用户可以在设计过程中的任何时候手动一次运行多项规则检查。在如图 6.5 所示的列表中我们可以看到，不同的规则适用于不同的 DRC。有的规则只适用于在线 DRC，有的只适用于批处理 DRC，但大部分的规则都可以在两种检查方式下运行。

需要注意是，在不同阶段运行批处理 DRC，对其规则选项要进行不同的选择。例如，在未布线阶段，如果要运行批处理 DRC，就要将部分布线规则禁止。否则会导致过多的

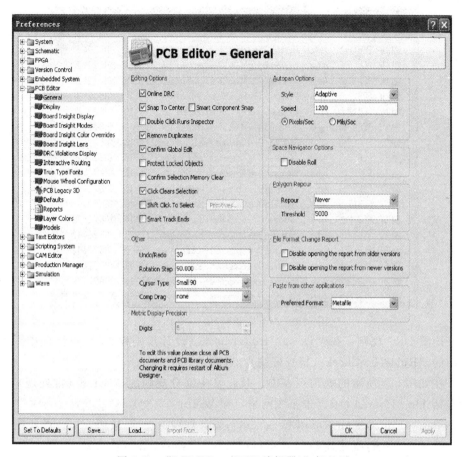

图 5.7 "PCB Editor（PCB 编辑器）"标签页

错误提示而使 DRC 失去意义。在 PCB 设计结束时，也要运行一次批处理 DRC，这时就要选中所有 PCB 相关的设计规则，使规则检查尽量全面。

5.2.2.2 对未布线的 PCB 文件执行批处理 DRC

要求在 PCB 文件"单片机最小系统.PcbDoc"未布线的情况下，运行批处理 DRC。此时要适当配置 DRC 选项，以得到有参考价值的错误列表。具体的操作步骤如下：

（1）单击菜单栏中的"Tools（工具）"\"Design Rule Check（设计规则检查）"命令。

（2）系统弹将出"Design Rule Checker（设计规则检查）"对话框，暂不进行规则启用和禁止的设置，直接使用系统的默认设置，单击"Run Design Rule Check（运行设计规则检查）"按钮，运行批处理 DRC。

（3）系统执行批处理 DRC，运行结果在"Messages（信息）"面板中显示出来，如图 5.8 所示。系统生成了 80 余项 DRC 警告，其中大部分是未布线警告，这是因为我们未在 DRC 运行之前禁止该规则的检查。这种 DRC 警告信息对我们并没有帮助，反而使"Messages（信息）"面板变得杂乱。

（4）单击菜单栏中的"Tools（工具）"\"Design Rule Check（设计规则检查）"命

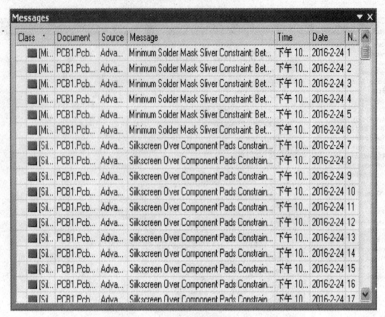

图 5.8 "Messages（信息）"面板 1

令，重新配置 DRC 规则。在"Design Rule Check（设计规则检查）"对话框中，单击左侧列表中的"Rules To Check（检查规则）"选项。

(5) 在如图 5.6 所示的规则列表中，禁止其中部分规则的"Batch（批处理）"选项。禁止项包括 Un-Routed Net（未布线网络）和 Width（宽度）。

(6) 单击"Run Design Rule Check（运行设计规则检查）"按钮，运行批处理 DRC。

(7) 系统再次执行批处理 DRC，运行结果在。"Messages（信息）"面板中显示出来，如图 5.9 所示。可见重新配置检查规则后，批处理 DRC 检查得到了 12 项 DRC 违例信息。检查原理图确定这些引脚连接的正确性。

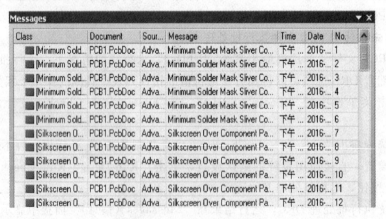

图 5.9 "Messages"面板 2

5.2.2.3 对已布线完毕的 PCB 文件执行批处理 DRC

对布线完毕的 PCB 文件"单片机最小系统.PcbDoc"再次运行 DRC。尽量检查所有涉及到的设计规则。具体的操作步骤如下：

(1) 单击菜单栏中"Tools（工具）"\"Design Rule Check（设计规则检查）"命令。
(2) 系统将弹出"Design Rule Check（设计规则检查）"对话框，如图 5.10 所示。

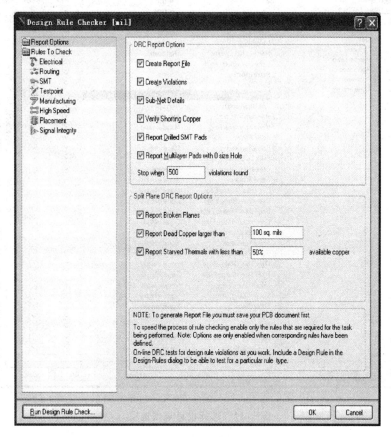

图 5.10　设计规则检查对话框

该对话框中左侧列表栏是设计项，右侧列表为具体的设计内容。

1) Report Options 标签页。用于设置生成的 DRC 报表的具体内容，由"Create Report File（建立报表文件）""Create Violations（建立违规的项）""Sub-Net Details（子网络的细节）""Internal Plane Warmngs（内部平面警告）"以及"Verify Shorting Copper（检验短路铜）"等选项来决定。选项"Stop when violations found"用于限定违反规则的最高选项数。以便停止报表的生成。一般都保持系统的默认选择状态。

2) Rules To Check 标签页。该页中列出了所有的可进行检查的设计规则。这些设计规则都是在 PCB 设计规则和约束对话框里定义过的设计规则，如图 5.11 所示。其中 Online 选项表示该规则是否在 PCB 板设计的同时进行同步检查，即在线 DRC 检查。

(3) 单击"Run Design Rule Check（运行设计规则检查）"按钮，运行批处理 DRC。

(4) 系统执行批处理 DRC，运行结果在"Messages（信息）"面板中显示出来，如图 5.12 所示。对于批处理 DRC 中检查到的违例信息项，可以通过错误定位进行修改，这里不再赘述。

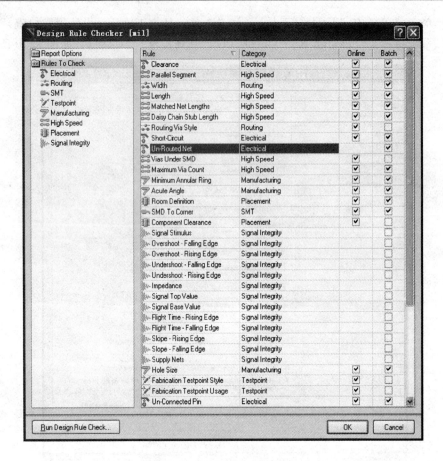

图 5.11 选择设计规则选项

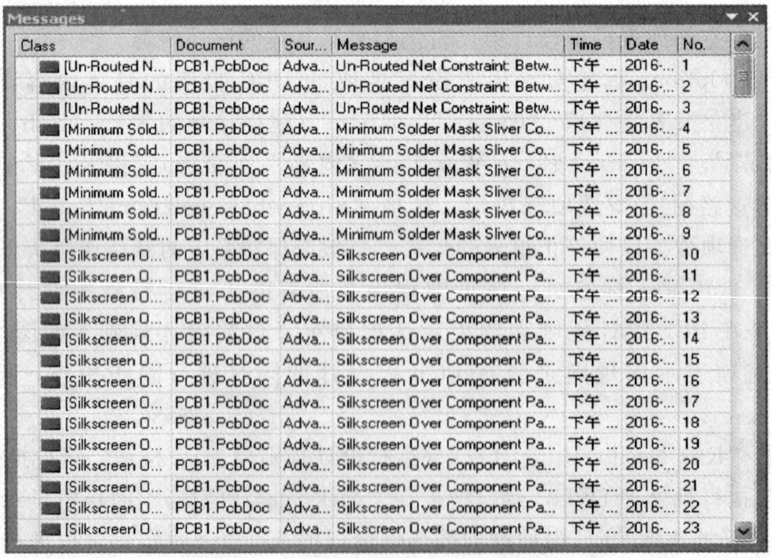

图 5.12 "Messages" 面板 3

5.2.3 PCB 电路板的报表输出与打印设置

PCB 绘制完毕，可以利用 Altium Designer Summer 09 提供丰富的报表功能，生成一系列的报表文件。这些报表文件有着不同的功能和用途，为 PCB 设计的后面制作、元件采购、文件交流等提供了方便。在生成各种报表之前，首先要确。保要生成报表的文件已经被打开并置为当前文件。

5.2.3.1 PCB 图上网网络表文件

前面介绍的 PCB 设计，采用的是从原理图生成网络表的方式，这也是通用的 PCB 设计方法。但是有些时候．设计者直接调入元件封建绘制 PCB 图，没有采用网络表，或者在 PCB 绘制过程中，连接关系有所调整，这时 PCB 的真正网络逻辑和原理图的网络表会有所差异。此时，我们就需要从 PCB 图中生成一份网络表文件。

下面以从 PCB 文件"单片机 PCB 图 .PcbDoc"生成网络表为例，详细介绍 PCB 图网络表文件生成的操作步骤。

(1) 在 PCB 编辑器中，单击菜单栏中的"Design（设计）"\"Netlist（网络表）"\"Export Netlist From PCB（从 PCB 输出阿络表）"命令，系统将弹出如图 5.13 所示的"Confirm（确认）"对话框。

图 5.13 打开输出网络表的"Confirm"（确认）对话框

(2) 单击"Yes(是)"按钮,系统生成 PCB 网络表文件"Exported 单片机 PCB 图.Net",并自动打开。

(3) 该网络表文件作为自由文档加入"Projects(项目)"面板中,如图 5.14 所示。

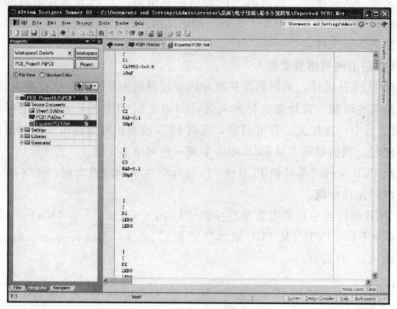

图 5.14 "Projects(项目)"面板

另外,还可以根据 PCB 图中的物理连接关系建立网络表。在 PCB 编辑器中,单击菜单栏中的"Design(设计)"\"Netlist(网络表)"\"Export Netlist From Connected Copper(根据导线连接关系输出网络表)"命令,系统将生成名为"Generated by 单片机 PCB 图.Net"的网络表文件。

网络表可以根据用户需要进行修改,修改后的网络表可再次载入,以验证 PCB 板的正确性。

5.2.3.2　PCB 的信息报表

PCB 信息报表是对 PCB 板的元件网络和完整细节信息进行汇总的报表。单击菜单栏中的"Reports(报表)"\"Board Information(电路板信息)"命令,系统将弹出"PCB Information(PCB 选项)"对话框。在该对话框中包含 3 个选项卡,分别介绍如下:

1. "General(常规)"选项卡

该选项卡汇总了 PCB 上的各类图元,如导线、过孔、焊盘等的数量,报告了电路板的尺寸信息和 DRC 违例数量,如图 5.15 所示。

2. "Components(元件)"选项卡

该选项卡报告了 PCB 上元件的统计信息,包括元件总数、各层放置数目和元件标号列表,如图 5.16 所示。

3. "Nets(网络)"选项卡

该选项卡中列出了电路板的网络统计,包括导入网络总数和网络名称列表,如图 5.17 所示。单击"Pwr/Gnd(电源/接地)"按钮,系统将弹出如图 5.18 所示的"Internal Plane Information（中间层信息）"对话框。对于双面板，该信息框是空白的。

图 5.15　"General"选项卡

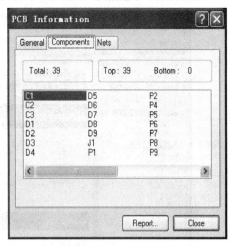

图 5.16　"Components"选项卡

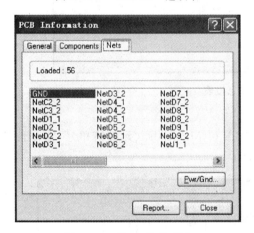

图 5.17　"Nets"选项卡

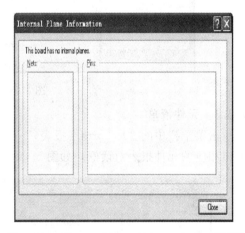

图 5.18　"Internal Plane Information"对话框

在各个选项卡中单击"Report（报表）"按钮，系统将弹出如图 5.19 所示的"Board Report（电路板报表）"对话框，通过该对话框可以生成 PCB 信息的报表文件，在该对话框的列表框中选择要包含在报表文件中的内容。勾选"Selected objects only（只选择对象）"复选框时，报告中只列出当前电路板中已经处于选择状态下的图元信息。

报表列表选项设置完毕后，在"Board Report（电路板报表）"对话框中单击"Report（报表）"按钮，系统将生成"单片机 PCB 图.REP"的报表文件。该报表文件将作为自由文档加入到"Projects（项目）"面板中，并自动在工作区内打开。PCB 信息报表如图

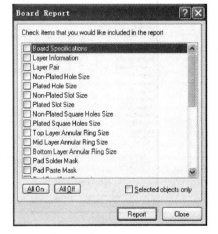

图 5.19　"Board Report"对话框

5.20所示。

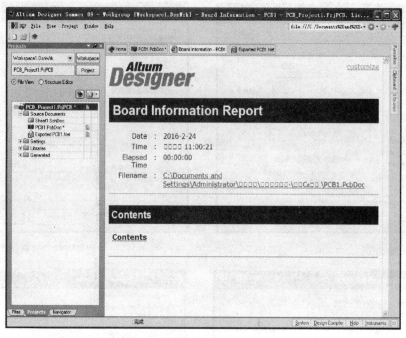

图 5.20 信息报表

5.2.3.3 元件清单

单击菜单栏中的"Reports（报表）"\"Bill of Materials（元件清单）"命令，系统将弹出相应的元件报表对话框，如图 5.21 所示。

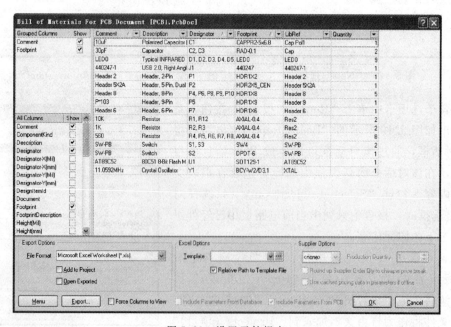

图 5.21 设置元件报表

在该对话框中,可以对要创建的元件清单进行选项设置。左侧有两个列表框,它们的含义分别如下:

"Grouped Columns(聚合纵队)列"表框:用于设置元件的归类标准。可以将"All Columns(所有纵队)"中的某一属性信息拖到该列表框中,则系统将以该属性信息为标准,对元件进行归类,显示在元件清单中。

"All Columns(所有纵队)"列表框:列出了系统提供的所有元件属性信息,如"Description(元件描述信息)""Component Kind(元件类型)"等。对于需要查看的有用信息,勾选右侧与之对应的复选框,即可在元件清单中显示出来。在图 5.21 中,使用了系统的默认设置,即只勾选"Comment(注释)""Description(描述)""Designator(指示)""Footprint(引脚)""LibRef(库编号)"和"Quantity(数量)"6 个复选框。

生成并保存报表文件,单击对话框中的"Export(输出)"按钮,系统将弹出"Export For(输出为)"对话框。选择保存类型和保存路径,保存文件即可。

5.2.3.4 简略元件清单

单击菜单栏中的"Reports(报表)"\"Simple BOM(简略元件报表)"命令,系统将自动生成两份当前 PCB 文件的元件报表,分别为"单片机 PCB 图.BOM"和"单片机 PCB 图.CSV"。这两个文件被加入到"Projects(选项)"面板内该项目的生成文件夹中,并自动打开,如图 5.22、图 5.23 所示。

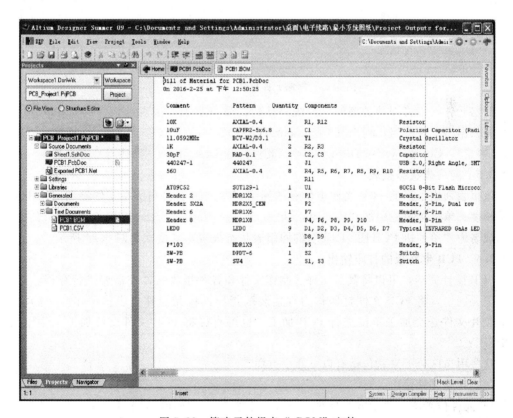

图 5.22 简略元件报表".BOM"文件

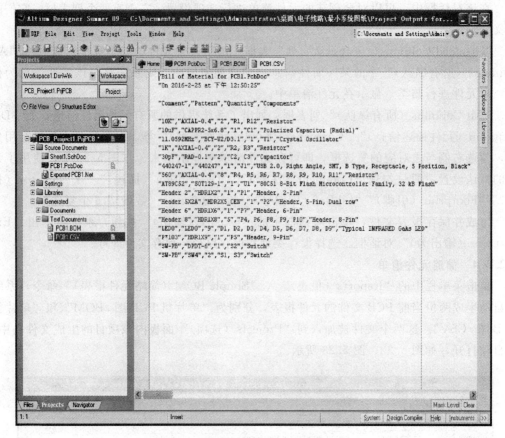

图 5.23 简略元件报表 ".CSV" 文件

简略元件报表将同种类型的元件统一计数，简单明了，报表以元件的 Comment（注释）为依据将元件分组，列出其 Comment（注释）、Pattern (Footprint)（样式）、Quantity（数量）、Components (Designator)（元件）和 Descriptor（描述符）等属性。

5.2.3.5 网络表状态报表

该报表列出了当前 PCB 文件中所有的网络，并说明了它们所在工作层和网络中导线的总长度。单击菜单栏中的 "Reports（报表）\ Netlist Status（网络表状态）" 命令。即生成名为 "单片机 PCB 图.REP" 的网络表状态报表，其格式如图 5.24 所示。

5.2.3.6 PCB 电路板的打印输出

PCB 设计完毕，可以将其源文件、制作文件和各种报表文件按需要进行存档、打印、输出等。例如，将 PCB 文件打印作为焊接装配指导，将元器件报表打印作为采购清单，生成胶片文件送交加工单位进行 PCB 加工，也可直接将 PCB 文件交给加工单位用以加工 PCB。

这些用途区分下来就包括有以下几个方面。

(1) 装配文件输出。

1) 元件位置图：显示电路板每一面上元器件 X、Y 坐标位置和原点信息。

2) 抓取和放置文件：用于元件放置机械手在电路板上摆放元器件。

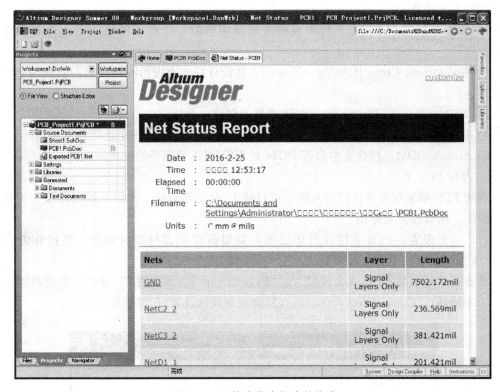

图 5.24 网络表状态报表的格式

3）3D 结构图：将 3D 图给结构工程师，沟通是否有高度，装配，尺寸干涉，等等。

（2）文件输出。

1）文件产出复合图纸：成品板组装，包括元件和线路。

2）PCB 的三维打印：采用三维视图观察电路板。

3）原理图打印：绘制设计的原理图。

（3）制作输出。

1）绘制复合钻孔图：绘制电路板上钻孔位置和尺寸的复合图纸。

2）钻孔绘制/导向：在多张图纸上分别绘制钻孔位置和尺寸。

3）最终的绘制图纸，把所有的制作文件合成单个绘制输出。

4）Gerber 文件：制作 Gerber 格式的制作信息。

5）NC Drill Files：创建能被数控钻孔机使用的制造信息

6）ODB++：创建 ODB++数据库格式的制造信息。

7）Power－Plane Prints：创建内电层和电层分割图纸。

8）Solder/Paste Mask Prints：创建阻焊层和锡膏层图纸。

9）Test Point Report：创建在不同模式下设计的测试点的输出结果。

（4）网表输出。

网表描述在设计上逻辑之间的元器件连接，对于移植到其他电子产品设计中是非常有帮助的，比如与 PADS2007 等其他 CAD 软件连接。

(5) 报告输出。

1) Bill of Materials：为了制作板的需求而创建的一个在不同格式下部件和零件的清单。

2) Component Cross Reference Report：在设计好的原理图的基础上，创建一个组件的列表。

3) RePort Project Hierarchy：在该项目上创建一个原文件的清单。

4) RePort Single Pin Nets：创建一个报告，列出任何只有一个连接的网络。

5) Simple BOM：创建文本和该 BOM 的 CSV（逗号隔开的变量）文件。

1. 打印 PCB 文件

利用 PCB 编辑器的文件打印功能，可以将 PCB 文件不同工作层上的图元按一定比例打印输出，用以校验和存档。

(1) 页面设置。PCB 文件在打印之前，要根据需要进行页面设定，其操作方式与 Word 文档中的页面设置非常相似。

单击菜单栏中的"File（文件）"\"Page Setup（页面设置）"命令，系统将弹出如图 5.25 所示的"Composite Properties（复合页面属性设置）"对话框。

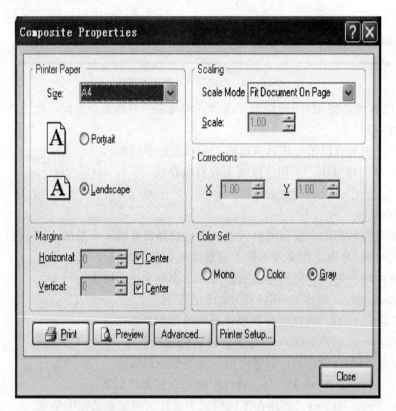

图 5.25　"Composite Properties" 对话框

在该对话框中各选项的功能介绍如下：

"Printer Paper（打印纸）"选项组：用于设置打印纸尺寸和打印方向。

"Scaling（缩放比例）"选项组：用于设定打印内容与打印纸的匹配方法。系统提供了两种缩放匹配模式，即"Fit Document On Page（适合文档页面）"和"Select Print（选择打印）"。前者将打印内容缩放到适合图纸大小，后者由用户设定打印缩放的比例因子。如果选择了"Selects Print（选择打印）"选项，则"Scale（比例）"文本框和"Corrections（修正）"选项组都将变为可用，在"Scale（比例）"文本框中填写比例因子设定图形的缩放比例，填写1.0时，将按实际大小打印PCB图形；"Corrections（修正）"选项组可以在"Scale（比例）"文本框参数的基础上再进行X、Y方向上的比例调整。

"Margins（页边距）"选项组：勾选"Center（中心）"复选框时，打印图形将位于打即纸张中心，上、下边距和左、右边距分别对称。取消对"Center（中心）"复选框的勾选后，在"Horizontal（水平）"和"Vertical（垂直）"文本框中可以进行参数设置，改变页边距，即改变图形在图纸上的相对位置。选用不同的缩放比例因子和页边距参数而产生的打印效果，可以通过打印预览来观察。

"Advanced（高级）"按钮：单击该按钮系统将弹出如图5.26所示的"PCB Printout Properties（PCB图层打印输出属性）"对话框，在该对话框中设置要打印的工作层及其打印方式。

（2）打印输出属性。

1）在如图5.26所示的"PCB Printout Properties（PCB图层打印输出属性）"对话框中，双击"Multilayer Composite Print（多层复合打印）"左侧的页面图标，系统将弹出如图5.27所示的"Printout Properties（打印输出属性）"对话框。在该对话框的"Layers（层）"列表框中列出了将要打印的工作层，系统默认列出所有图元的工作层，通过底都的编辑按钮对打印层面进行添加、删除操作。

2）单击"Printout Properties（打印输出属性）"对话框中的"Add（添加）"按钮或"Edit（编辑）"按钮，系统将弹出如图5.28所示的"Layer Properties（工作层属性）"对话框。在该对话框中进行图层打印属性的设置。在各个图元的选项组中，提供了3种类型的打印方案，即"Full（全部）""Draft（草图）"和"Hide（隐藏）"。"Full（全部）"即打印该类图元全部图形画面，"Draft（草图）"只打印该类图元的外形轮廓，"Hide（隐藏）"则隐藏该类图元，不打印。

3）设置好"Printout Properties（打印输出属性）"对话框和"Layer Properties（工作层描性）"对话框后，单击"OK（确定）"按钮，返回"PCB Printout Properties（PCB打印输出属性）"对话框。单击"Preferences（参数）"按钮，系统将弹出如图5.29所示的"PCB Print Preferences（PCB打即参数）"对话框，在该对话框中用户可以分别设定黑白打印和彩色打印时各个图层的打印灰度和色彩。单击图层列表中各个图层的灰度条或彩色条，即可调整灰度和色彩。

4）设置好"PCB Print Preferences（PCB打印首选参数）"对话框后，PCB打印的页面设置就完成了。单击"OK（确定）"按钮，返回PCB工作区界面。

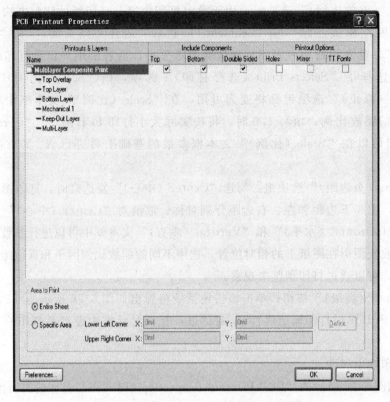

图 5.26 "PCB Printout Properties"对话框中

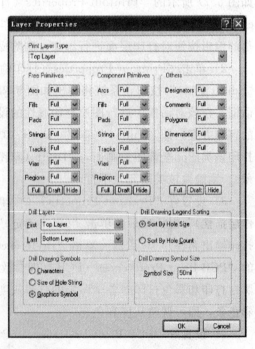

图 5.27 "Printout Properties"对话框　　图 5.28 "Layer Properties"对话框

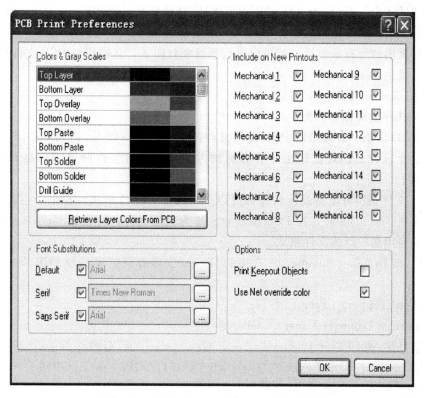

图 5.29 "PCB Printout Properties"对话框

（3）打印。单击"PCB Standard（PCB 标准）"工具栏中的 （打印）按钮，或者单击菜单栏中的"File（文件）" \ "Print（打印）"命令，打印设置好的 PCB 文件。

2．打印报表文件

打印报表文件的操作更加简单一些。打开各个报表文件之后，同样先进行页面设定，而且报表文件的"Advanced（高级）"属性设置也相对简单。"Advanced Text Print Properties（高级文本打印属性）"对话框，如图 5.30 所示。

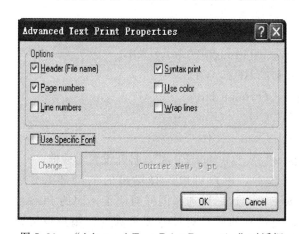

图 5.30 "Advanced Text Print Properties"对话框

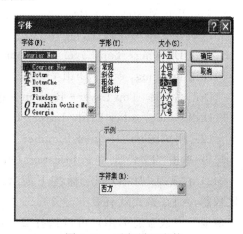

图 5.31 重新设置字体

勾选"Use Specific Font（使用特殊字体）"复选框后，即可单击"Change（更改）"按钮重新设置用户想要使用的字体和大小，如图 5.31 所示。

设置好页面的所有参数后，就可以进行预览和打印了，其操作与 PCB 文件打印相同，这里就不再赘述。

3. 生成 Gerber 文件

（1）Gerber 文件简单介绍。

电子 CAD 文档一般指原始 PCB 设计文件，文件后缀一般为 .PcbDoc、.SchDoc，而对用户或企业设计部门，往往出于各方面的考虑，提供给生产制造部门电路板的都是 Gerber 文件。

Gerber 文件是所有电路设计软件都可以产生的一种文件格式，在电子组装行业又称为模版文件（stencil. data），在 PCB 制造业又称为光绘文件。可以说 Gerber 文件是电子组装业中最通用最广泛的文件格式。

由 Altium Designer Summer 09 产生的 Gerber 文件各层扩展名与 PCB 原来各层对应关系表：

顶层 Top（copper）Layer：.GTL

底层 Bottom（copper）Layer：.GBL

中间信号层 Mid Layer 1，2，…，30：.G1，.G2，…，.G30

内电层 Internal Plane Layer 1，2，…，6：.GP1，.GP2，…，.GP16

顶丝印层 Top Overlay：.GTO

底丝印层 Bottom Overlay：.GBO

顶掩膜层 Top Paste Mask：.GTP

底掩膜层 Bottom Paste Mask：.GBP

Top Solder Mask：.GTS

Bottom Solder Mask：.GBS

Keep-Out Layer：.GKO

Mechanical Layer 1，2，…，16：.GM1，.GM2，…，.GM16

Top Pad Master：.GPT

Bottom Pad Master：.GPB

Drill Drawing，Top Layer-Bottom Layer（Through Hole）：.GD1

Drill Drawing，other Drill（Layer）Pairs：.GD2，.GD3，…

Drill Guide，Top Layer-Bottom Layer（Through Hole）：.GG1

Drill Guide，other Drill（Layer）Pairs：.GG2，.GG3，…

（2）用 Altium Designer Summer 09 输出 Gerber 文件

1）单击"File"\"Fabrication Outputs"\"Gerber Files"，打开设置对话框。

2）在普通"General"标签下面（图 5.32），用户可以选择输出的单位是英寸还是米制，而在格式就有 2：3、2：4、2：5 三种，这三种选择同样对应了不同的 PCB 生产精度，一般普通的用户可以选择 2：4，当然有的设计对尺寸要求高些，用户也可以选 2：5。

任务 5.2　PCB 板的后期处理

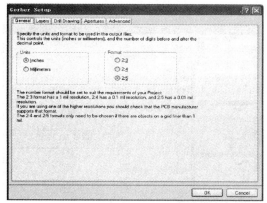

图 5.32　Gerber 普通项设置　　　　图 5.33　Gerber 绘制输出层设置

3) 单击"Layers"标签，用户进行"Gerber"绘制输出层设置，然后单击"Plot Layers"按钮，并选择"Used On"。然后单击"Mirror Layers"按钮，并选择"All Off"。然后在"Mechanical Layer"标签项选择 PCB 绘图所用外形的机械层（图 5.33）。当然在这里用户也可以根据需要或者 PCB 板的要求来决定一些特殊层是否需要输出，比如单面板和双面板，多层板等等。

4) 在"Drill Drawing"标签项目钩上"Plot all used layer pairs"（图 5.34）。

5) 而对于其他选择项目用户采取默认值，不用去设置了，直接单击"OK"按钮退出设置对话框，Altium Designer Summer 09 则开始自动生成 Gerber 文件，并且同时进入 CAM 编辑环境（图 5.35），显示出用户刚才所生成的 Gerber 文件。

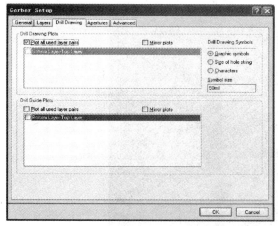
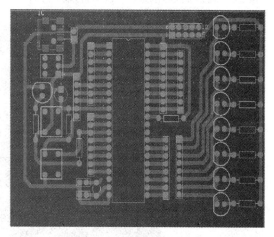

图 5.34　Gerber 钻孔输出层设置图　　　　图 5.35　CAM 编辑环境

6) 此时，用户可以进行检查，如果没有问题就可以导出 Gerber 文件了，先单击"File"下面的"Export"选项，选择"Gerber"，然后在弹出的对话框里面钩上格式为 RS-274-X，单击"OK"按钮就导出 Gerber 文件了，如图 5.36 所示。

7) 此时用户可以查看刚才生成的 Gerber 文件，用我的电脑"在 PCB 同位置的文件夹可以看见新生成的 Gerber 文件（图 5.37）。

217

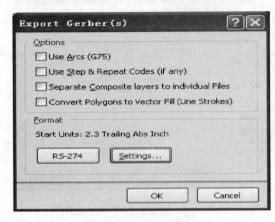
图 5.36　Gerber 导出图

图 5.37　Gerber 输出文件清单

8）现在我们还需要导出钻孔文件，用户重新回到 PCB 编辑界面，"File" \ "Fabrication Outputs" \ " NC Drill Files"。

9）弹出"NC Drill Setup"对话框，用户可以选择输出的单位是英寸还是公制，而在格式就有 2∶3、2∶4、2∶5 三种，这三种选择同样对应了不同的 PCB 生产精度，一般普通的用户可以选择 2∶4，当然有的设计对尺寸要求高些，用户也可以选 2∶5。但是还有一个很关键的就是：对于此处的单位和格式的选择必须和在产生 Gerber 的选择一致，否则厂家生产的时候叠层会出问题。而其他默认设置点 OK，然后在弹出的对话框单击 OK 按钮，确认后就出现了 CAM 的输出界面，如图 5.38 所示。

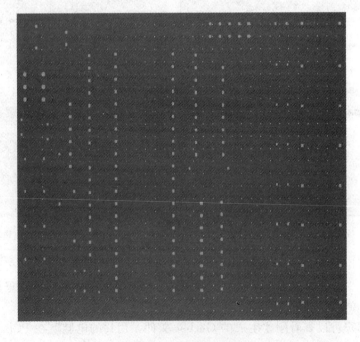
图 5.38　CAM 输出界面

4. PDF 文件的输出

对于大部分的输出文件是用做配置的,在需要的时候设置输出就可以。在完成更多的设计后,用户会发现他经常为每个设计采用相同或相似的输出文件,这样一来就做了许多重复性的工作,严重影响工作效率,针对这种情况,Altium Designer Summer 09 提供了一个解决办法。Altium Designer Summer 09 现在提供一个叫做 Output Job Files 的方式,该方式使用一种接口,为 Output Job Editor,可用于将各种需要输出文件捆绑在一起,将它们发送给各种输出方式(可以直接打印,生成 PDF 和生成文件)。

下面用户简单介绍一下 Altium Designer Summer 09 的 Output Job Files 相关的操作和内容。

首先,打开上一任务设计好的单片机最小系统电路的原理图、PCB 图等,启动"Output Job Files",用户可以单击"File"菜单下的"Smart PDF..."选项,然后将出现如图 5.39 所示的对话框,在这个对话框里面,仅仅是提示一下启动智能 PDF 向导,直接单击"Next"进入下一步骤。

弹出的对话框,如图 5.40 所示。主要是选择需要输出的目标文件范围,如果是仅仅要输出当前显示的文档,就选择"Current Document",如果是要输出整个项目的所有相关文件,就如图 5.40 所示选择"Current Project"。

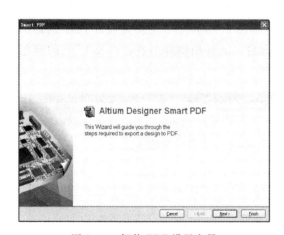

图 5.39 智能 PDF 设置向导

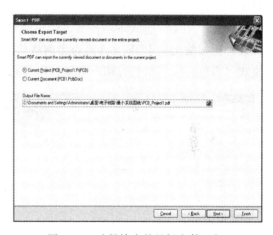

图 5.40 选择输出的目标文件(包)

单击"Next"进入下一步骤,弹出的对话框如图 5.41 所示,是详细的文件输出表,用户可以通过 Ctrl+单击和 Shift+单击来进行组合选择需要输出的文件。而对于非项目输出,则无此步骤。

单击 Next 进入下一步骤,弹出的对话框如图 5.42 所示,选择输出 BOM 的类型以及选择 BOM 模板,Altium Designer Summer 09 提供了很多的各种各样的模板,比如其中的 BOM Purchase.XLT 一般是用于物料采购使用较多,其中的 BOM Manufacturer.XLT 一般是用于生产使用较多,当然它还有默认的通用 BOM 格式:BOM Default Template.XLT 等等,用户可以根据自己的需要选择相应的模板。当然也可以自己做一个适合自己的模板,在后续章节的 BOM 输出里面看到相关的内容。

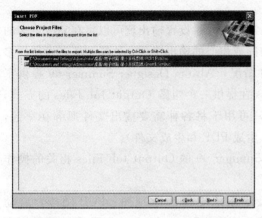
图 5.41 选择详细的文件输出表

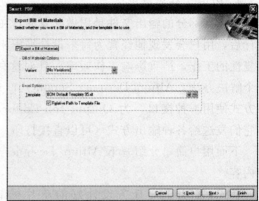
图 5.42 选择输出 BOM 的类型

单击"Next"进入下一步骤,弹出的对话框如图 5.43 所示。主要是选择 PCB 打印的层和区域打印,在上面的打印层设置,可以设置元件的打印面,是否镜像(常常是对于底层视图的时候需要勾选此选项,更贴近人类的视觉习惯),是否显示孔等等,下半部主要是设置打印的图纸范围,是选择整张输出呢?还是仅仅输出一个特地的 X、Y 区域,比如对于模块化,和局部放大就很有用处的。

单击"Next"进入下一步骤,弹出的对话框如图 5.44 所示。主要是设置 PDF 的详细参数,比如输出的 PDF 文件是否带网络信息,元件,元件引脚等书签,以及 PDF 的颜色模式(彩色打印,单色打印,灰度打印等)。

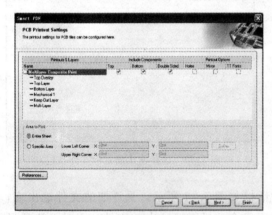
图 5.43 打印输出的层和区域设置

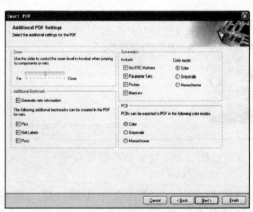
图 5.44 输出 PDF 的详细设置

单击"Next"进入下一步骤,弹出的对话框如图 5.45 所示。就已经完成了 PDF 输出的设置,其附带的选项是提示是否在输出 PDF 后自动查看文件,是否保存此次的设置配置信息,方便后续的 PDF 输出可以继续使用此类的配置。

用户可以根据提示和教材内容完成。

在用户完成上述输出 PDF 设置向导后,单击完成按钮,示例文件所输出的 PDF 文件包如图 5.46 所示。

任务 5.2　PCB 板的后期处理

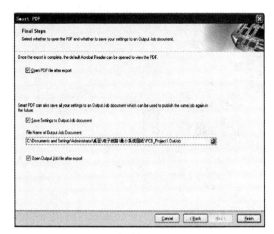

图 5.45　完成 PDF 设置图

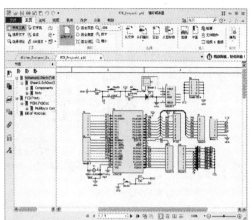

图 5.46　输出的 PDF 的例子

用户可以清晰地看见它包括原理图，PCB 各单层图等相关的所有的信息。

虽然上述输出的文件也比较全面，但是还是不完整，在许多的特定特殊的场合需要的文件好多都没有，在 PCB 设计完成的最后阶段，为了更好地满足设计验证，生产效率，生产要求和质量控制，下面就主要介绍如何产生各种 PCB 厂家生产以及工厂工艺生产，以及质量控制的等等所需的相关文件。

【任务小结】

（1）掌握 PCB 板规则设置。

（2）掌握 PCB 后期处理的报表输出及打印设置。

【操作实例】

5.2.4　PCB 报表输出及打印设置

5.2.4.1　生成元件清单

（1）自己绘制酒精传感器模块电路原理并完成 PCB 设计，如图 5.47 所示。

1）执行命令"Reports"\"Bill of Materials"，或者执行命令"Reports"\"Project Reports"\"Bill of Materials"，系统直接弹出如图 5.48 所示的对话框。

2）执行命令"Reports"\"Simple BOM"，系统同时生成文件格式为"＊.BOM"和"＊.CSV"的简易元件清单，分别如图 5.49、图 5.50 所示。

（2）生成网络状态表。

网络状态表列出电路板中每一条网络的长度。执行命令"Reports"\"Netlist Status"，系统生成报表文件，如图 5.51 所示。

（3）其他报表。

1）Measure Distance。

Measure Distance 命令用于测量任意两点间的距离。单击命令"Reports"/"Measure Distance"后，光标变成十字形状，将光标移动到合适位置，单击鼠标左键确定一个测量起始端，然后移动光标到另一个测量端点上，在两个端点之间出现一条直线。单击鼠标确定测量距离，系统显示测量结果，如图 5.52 所示。

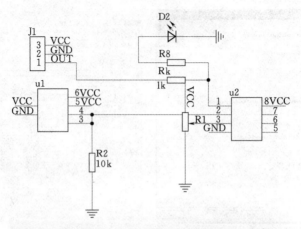

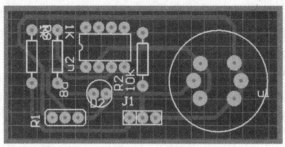

图 5.47　酒精传感器模块电路原理图及 PCB 图

图 5.48　Bill of Materials

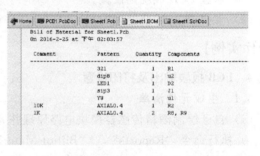

图 5.49　文件格式为"*.BOM"的元件清单

2) Measure Primitives。

执行命令"Reports"/"Measure Primitives","Measure Primitives"命令用于测量电路板上焊盘、连线和导孔间的距离。例如测量焊盘间的距离。

3) Measure Selected Objects。

"Measure Selected Objects"命令用于测量电路板上被选中的焊盘、连线和导孔等任意二者之间的距离。以测量焊盘与导线之间的距离来说明其用法。

(a) 执行命令"Edit"\"Selection"\"Toggle Selection"后，光标变为十字状，移动光标到一个自由焊盘上，将出现一个八角形，单击鼠标左键，选择焊盘。此时鼠标又变成了十字形状光标，按照同样的方法选择一条导线，单击右键结束连续选择组件状态。

(b) 执行命令"Reports"\"Measure Selected Objects"后，系统则显示出被选中的两个组件之间距离，如图 5.53 所示。

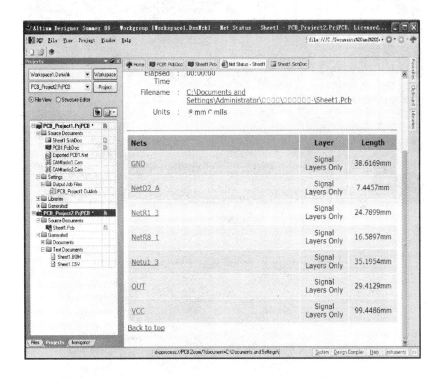

图 5.50 文件格式为"*.CSV"的元件清单

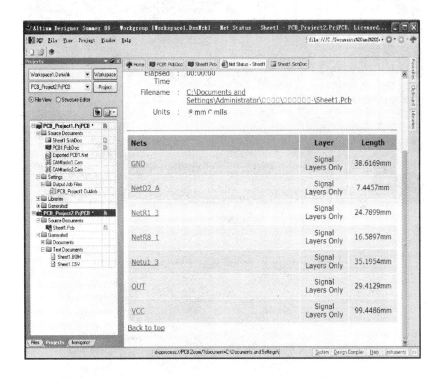

图 5.51 生成网络状态表

5.2.4.2 PCB 电路板打印设置

1. 常规 PCB 打印

Altium Designer Summer 09 打印顶层的设置以样图 5.54 为例子。

1）选择打印预览，如图 5.55 所示。

2）鼠标右键选择配置，如图 5.56 所示。

3）在打印属性页面，右键可以删除选中或插入新层，如图 5.57 所示。

4）勾选孔、顶层通常需要勾选镜像；要是底层就不用勾选镜像。如图 5.58 所示。

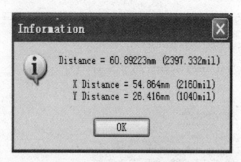

图 5.52 两点距离测量结果

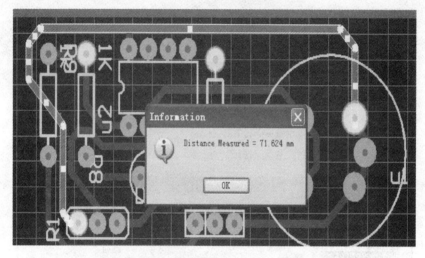

图 5.53 被选中的两个组件之间距

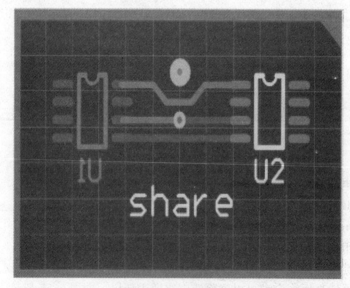

图 5.54 样图六

任务 5.2　PCB 板的后期处理

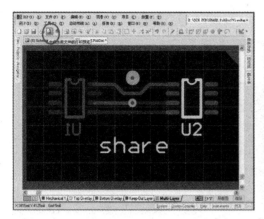

图 5.55　选择打印预览按钮　　　　　　　图 5.56　打印预览界面右击菜单

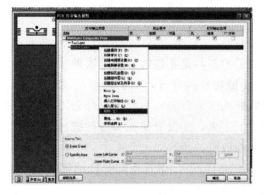

图 5.57　右键删除或输入图层　　　　　　图 5.58　勾选镜像

5）然后右键选择页面设置，设置 PCB 大小比例，如图 5.59 所示。

6）在缩放比例处选择 "Scaled Print"，如图 5.60 所示。

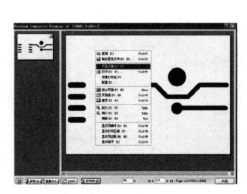

图 5.59　打开页面设置　　　　　　　　　图 5.60　设置打印比例选项

7）刻度处填 1；颜色设置处勾选单一色或灰度，如图 5.61 所示。

8）PCB 在所配置的 A4 纸中以实际大小比例显示，单击打印就可以打印了，如图

5.62所示。

图5.61 颜色设置

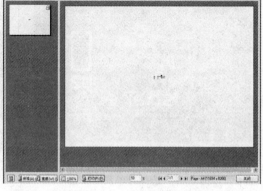

图5.62 设置好的打印图

2. PCB感光负片打印设置

通常我们使用的感光板是正性的，比如金电子的基本是正性的，使用这种感光板时在Altium Designer Summer 09的打印预览中不需要做特别的设置，只需按照上文的设置即可。但是还有一种负性感光板，它的感光膜受紫外线（或日光）照射的部分会固化，将感光后的板子放入显影液后，受光部分的膜就保留了下来，而没有受光部分则被显影掉露出黄色敷铜面（这部分可以被三氯化铁液或专用腐蚀液腐蚀掉）。

因此，我们需要将PCB的走线部分打印成透光的白色，而其他部分反而需要打印成黑色。下面就介绍在Altium Designer Summer 09中的设置方法。

由于纸张不能设置成黑色，因此我们必须添加一层全黑的层，将走线放在上面设置为白色后就可以获得所需的反白效果。

（1）在Mechanical1机械层选择"放置"\"填充"项（即敷铜），如图5.63所示。

（2）机械层1敷铜后的效果，如图5.64所示。

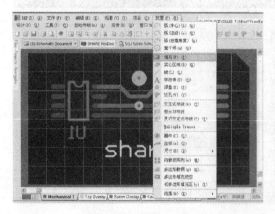

图5.63 填充选项　　　　　　　　　图5.64 铺铜效果

（3）单击打印预览后，右键选择页面设置，如图5.65所示。

（4）该设置是基于灰度颜色，因此需选择灰度，刻度填1，如图5.66所示。

任务 5.2 PCB 板的后期处理

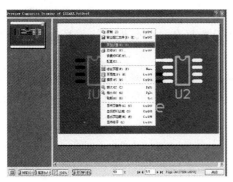
图 5.65 打开页面设置

图 5.66 打印比例设置

（5）然后右键配置，如图 5.67 所示。

（6）右键删除不需要的层，右键 Move UP/DOWN 设置层顺序、勾选"孔"等选项，如图 5.68 所示。

图 5.67 打开配置设置

图 5.68 设置打印属性

（7）选择打印输出属性左下角的"参数选择"项，对打印参数设置，如图 5.69 所示。

将 Mechanical1 机械层以及 Pad Holes、Via Holes 设置成黑色，其他需打印的走线层（Top Layer、Bottom Layer、Multi-Layer）设置为白色。至此就设置好了 Altium Designer Summer 09 打印预览文件，单击打印即可。效果如图 5.70 所示。

图 5.69 打印参数设置

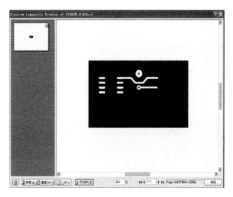
图 5.70 反色设置效果

项目5　51单片机最小系统印制电路板（PCB）设计

如果需要同时打印多个同样的电路，可以复制粘贴摆放好后，对整个需要打印的区域的机械层敷铜，然后做上面的处理即可。虽然设置复杂，但负性感光板具有价格低廉的明显优势。对于英文界面用户也可以参考此设置方法。

如果需要同时打印多个同样的电路，可以复制粘贴摆放好后，对整个需要打印的区域的机械层敷铜，然后做上面的处理即可。虽然设置复杂，但负性感光板具有价格低廉的明显优势。

项目 6

交通灯模块电路印制电路板（PCB）设计

任务 6.1　创建新的原理图元件库

【本任务内容简介】

（1）元件库面板及工具栏介绍。

（2）绘制原理图库元件。

（3）设置新建元件属性。

【任务描述】

- 掌握原理图元件库的管理。
- 掌握原理图元件的创建技巧。

【任务实施】

6.1.1　元件库面板及工具栏介绍

6.1.1.1　元件库面板介绍

在原理图元件库文件编辑器中，单击工作面板中的"SCH Library（SCH 元件库）"标签页，即可显示"SCH Library（SCH 元件库）"面板。该面板是原理图元件库文件编辑环境中的主面板。几乎包含了用户创建的库文件的所有信息，用于对库文件进行编辑管理，如图 6.1 所示。

1. "Components（元件）"列表框

在"Components（元件）"元件列表框中列出了当前所打开的原理图元件库文件中的所有库元件，包括原理图符号名称及相应的描述等。其中各按钮的功能如下：

"Place（放置）"按钮：用于将选定的元件放置到当前原理图中。

"Add（添加）"按钮：用于在该库文件中添加一个元件。

"Delete（删除）"按钮：用于删除选定的元件。

"Edit（编辑）"按钮：用于编辑选定元件的属性。

2. "Aliases（别名）"列表框

在"Aliases（别名）"列表框中可以为同一个库元件的原理图符号设置别名。例如，有些库元件的功能、封装和引脚形式完全相同，但由于产自不同的厂家，其元件型号并不完全一致。对于这样的库元件，没有必要再单独创建一个原理图符号，只需要为已经创建的其中一个库元件的原理图符号添加一个或多个别名就可以了。其中各按钮的功能如下：

"Add（添加）"按钮：为选定元件添加一个别名。

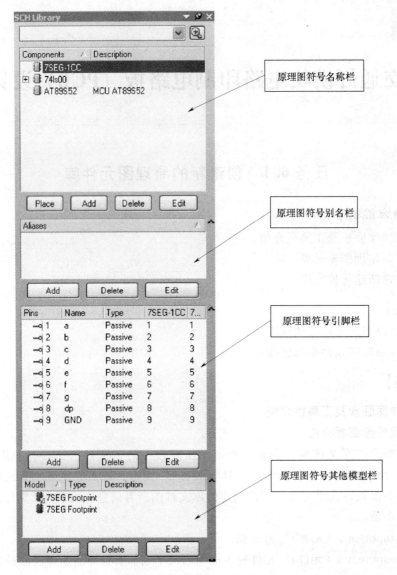

图 6.1 "SCH Library"面板

"Delete（删除）"按钮：删除选定的别名。

"Edit（编辑）"按钮：编辑选定的别名。

3．"Pins（引脚）"列表框

在"Components（元件）"列表框中选定一个元件，在"Pins（引脚）"列表框中会列出该元件的所有引脚信息，包括引脚的编号、名称、类型。其中备按钮的功能如下。

"Add（添加）"按钮：为选定元件添加一个引脚。

"Delete（删除）"按钮：删除选定的引脚。

"Edit（编辑）"按钮：编辑选定的引脚属性。

4．"Model（模型）"列表框

在"Components（元件）"列表框中选定一个元件，在"Model（模型）"列表框中会列出该元件的其他模型信息,包括 PCB 封装、信号完整性分析模型、VHDL 模型等。在这里,由于只需要显示库元件的原理图符号,相应的库文件是原理图文件,所以该列表框一般不需要设置。其中各按钮的功能如下。

"Add(添加)"按钮:为选定元件添加其他模型。

"Delete(删除)"按钮:删除选定的模型。

"Edit(编辑)"按钮:编辑选定的模型属性。

6.1.1.2 工具栏

对于原理图元件库文件编辑环境中的菜单栏及工具栏,由于功能和使用方法与原理图编辑环境中基本一致,在此不再赘述。我们主要对"Utilities(实用)"工具栏中的原理图符号绘制工具、IEEE 符号工具及"Mode(模式)"工具栏进行简要介绍,具体的操作将在后面的章节中进行介绍。

1. 原理图符号绘制工具

单击"Utilities(实用)"工具栏中的 按钮,弹出相应的原理图符号绘制工具,如图 6.2 所示。其中各按钮的功能与"Place(放置)"菜单中的各命令具有对应关系。其中各按钮的功能说明如下:

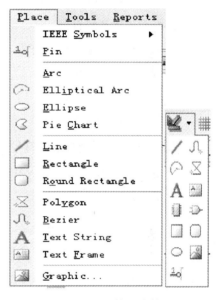

图 6.2 原理图符号绘制工具

／:用于绘制直线。

∫:用于绘制贝塞儿曲线。

⌒:用于绘制椭圆弧线。

✕:用于绘制多边形。

A:用于添加说明文字。

▤:用于放置文本框。

▢:用于绘制矩形。

▥:用于在当前库文件中添加一个元件。

▷:用于在当前元件中添加一个元件子功能单元。

▢:用于绘制圆角矩形。

◯:用于绘制椭圆。

◁:用于绘制扇形。

▨:用于插入图片。

▫:用于放置引脚。

这些按钮与原理图编辑器中的按钮相似,这里不再赘述。

2. IEEE 符号工具

单击"Utilities(实用)"工具栏中的 按钮,弹出相应的 IEEE 符号工具,如图 6.3 所示。这些工具是符合 IEEE 标准的一些图形符号。其中各按钮的功能与"Place(放置)"菜单中"IEEE Symbols (IEEE 符号)"命令的予菜单中的各命令具有对应关系。其中各按钮的功能说明如下:

○:用于放置点状符号。

←:用于放置左向信号流符号。

▷:用于放置时钟符号。

⊣:用于放置低电平输入有效符号。

⌒:用于放置模拟信号输入符号。

*:用于放置无逻辑连接符号。

⌐:用于放置延迟输出符号。

◇:用于放置集电极开路符号。

▽:用于放置高阻符号。

▷:用于放置大电流输出符号。

⊓:用于放置脉冲符号。

⊢⊣:用于放置延迟符号。

]:用于放置分组线符号。

}:用于放置二进制分组线符号。

⊦:用于放置低电平有效输出符号。

π:用于放置托符号。

≥:用于放置大于等于符号。

⇧:用于放置集电极开路正偏符号。

◇:用于放置发射极开路符号。

⊽:用于放置发射极开路正偏符号。

#:用于放置数字信号输入符号。

▷:用于放置反向器符号。

⊅:用于放置或门符号。

◁▷:用于放置输入、输出符号。

▷:用于放置与门符号。

⊅:用于放置异或门符号。

←:用于放置左移符号。

≤:用于放置小于等于符号。

Σ:用于放置求和符号。

⊓:用于放置施密特触发输入特性符号。

→：用于放置右移符号。

◇：用于放置开路输出符号。

▷：用于放置右向信号传输符号。

◁▷：用于放置双向信号传输符号。

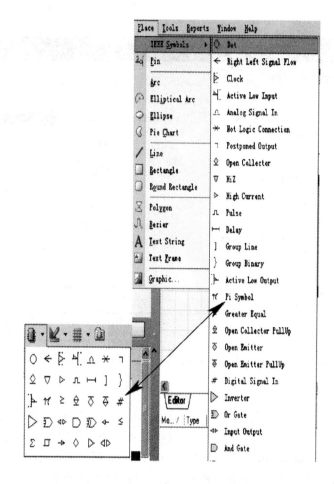

图 6.3 "Utilities" 工具栏

3. "Mode"（模式）工具栏

"Mode（模式）"工具栏用于控制当前元件的显示模式，如图 6.4 所示。

"Mode（模式）"按钮：单击该按钮，可以为当前元件选择一种显示模式，系统默认为"Normal（正常）"。

✚：单击该按钮，可以为当前元件添加一种显示模式。

━：单击该按钮，可以删除元件的当前显示模式。

◀：单击该按钮，可以切换到前一种显示模式。

▶：单击该按钮，可以切换到后一种显示模式。

6.1.2 设置元件库编辑器参数

在原理图元件库文件的编辑环境中，单击菜单栏中的"Tools（工具）"\"Document Options（文档选项）"命令，系统将弹出如图 6.5 所示的"Library Editor Workspace（元件库编辑器工作区）"对话框，在该对话框中可以根据需要设置相应的参数。

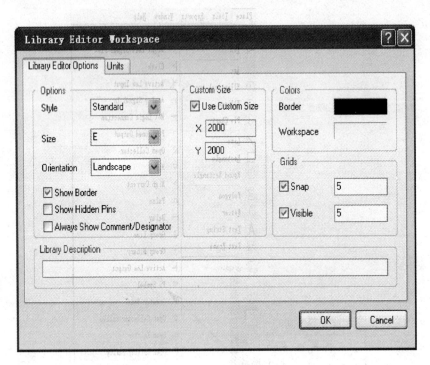

图 6.4 "Library Editor Workspace"对话框

该对话框与原理图编辑环境中的"Document Options（文档选项）"对话框内容相似，所以这里只介绍其中个别选项的含义，对于其他选项，用户可以参考前面章节介绍的关于原理图编辑环境的"Document Options（文档选项）"对话框的设置方法。

"Show Hidden Pins（显示隐藏引脚）"复选框：用于设置是否显示库元件的隐藏引脚。若勾选该复选框，则元件的隐藏引脚将被显示出来，隐藏引脚被显示出来，并没有改变引脚的隐藏属性。要改变其隐藏属性，只能通过引脚属性对话框来完成。

"Custom Size（定义大小）"选项组：用于用户自定义图纸的大小。勾选其中的复选框后，可以在下面的 X、Y 文本框中分别输入自定义图纸的高度和宽度。

"Library Description（元件库描述）"文本框：用于输入原理图元件库文件的说明。用户应该根据自己创建的库文件，在该文本框中输入必要的说明，可以为系统进行元件库查找提供相应的帮助。

另外，单击菜单栏中的"Tools（工具）"\"Schematic Preferences（原理图参数）"命令，系统将弹出如图 6.6 所示的"Preferences（参数）"对话框，在该对话框中可以对其他的一些有关选项进行设置，设置方法与原理图编辑环境中一完全棚同，这里不再赘述。

图 6.5 "Preferences"对话框

6.1.3 绘制原理图元件

6.1.3.1

下面以绘制美国 CygnaL 公司的一放 USB 微控制器芯片 C8051F320 为例，详细介绍原理图符号的绘制过程。

1. 绘制库元件的原理图符号

（1）单菜单栏中的"File（文件）"\"New（新建）"\"Library（元件库）"\"Schematic Library（原理图元件库）"命令，打开原理图元件库文件编辑器，创建一个新的原理图元件库文件，命名为"NewLib.SchLib"，如图 6.6 所示。

（2）单击菜单栏中的"Tools（工具）"\"Document Options（文档选项）"命令，在弹出的库编辑器工作区对话框中进行工作区参数设置。

（3）为新建的库文件原理图符号命名。在创建了一个新的原理图元件库文件的同时，系统自动为该库添加了一个默认原理图符号名为"Component－1"的库元件，在"SCH Library（SCH 元件库）"面板中可以看到。通过以下两种方法，可以为该库元件重新命名。

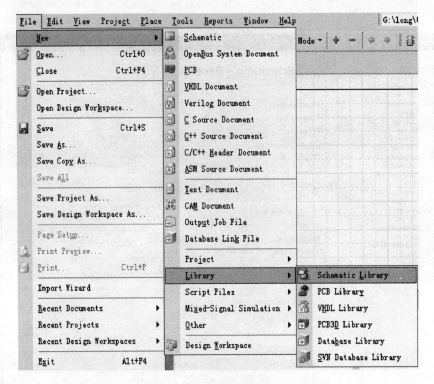

图 6.6 创建原理图元件库文件

1) 单击原理图符号绘制工具中的 (创建新元件) 按钮,系统将弹出原理图符号名称对话框,在该对话框中输入自己要绘制的库元件名称。

2) 在"SCH Library(SCH 元件库)"面板中,直接单击原理圈符号名称栏下面的"Add(添加)"按钮,也会弹出原理图符号名称对话框。在这里,输入"C8051F320",单击"OK(确定)"接钮,关闭该对话框。

(4) 单击原理图符号绘制工具中的 (放置矩形) 按钮,光标变成十字形状,并附有一个矩形符号。单击两次,在编辑窗口的第四象限内绘制一个矩形。

矩形用来作为库元件的原理图符号外形,其大小应根据要绘制的库元件引脚数的多少来决定。由于我们使用的 C805IF320 采用 32 引脚 LQFP 封装形式,所以虚画成正方形,并画得大一些,以便于引脚的放置。引脚放置完毕后,可以再调整成合适的尺寸。

2. 放置引脚

(1) 单击原理图符号绘制工具中的 (放置引脚) 按钮,光标变成十字形状,并附有一个引脚符号。

(2) 移动该引脚到矩形边框处,单击完成放置,如图 6.7 所示。在放置引脚时,一定要保证具有电气连接特性的一端(带有"×"号的一端)朝外,这可以通过在放置引脚时按 Space 键旋转来实现。

（3）在放置引脚时按 Tab 键，或者双击已放置的引脚，系统将弹出如图 6.8 所示的"Pin Properties（引脚属性）"对话框，在该对话框中可以对引脚的各项属性进行设置。"Pin Properties（引脚属性）"对话框中各项属性含义如下。

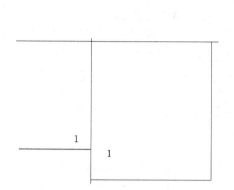

图 6.7 放置元件引脚

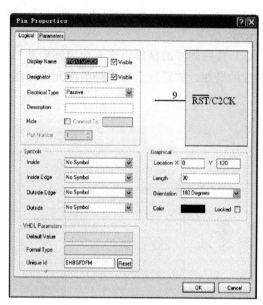

图 6.8 "Pin Properties"对话框

"Display Name（显示名称）"文本框：用于设置库元件引脚的名称。例如，我们把该引脚设定为第 9 引脚。由于 C8051F320 的第 9 引脚是元件的复位引脚，低电平有效，同时也是 C2 调试接口的时钟信号输入引脚。另外，在原理图优先设定"Graphical Editing（图形编辑）"标签页中，我们已经勾选了"Single '\' Negation（简单\否定）"复选框，因此在这里输入名称为"\RST/C2CK"，并勾选右侧的"Visible（可见）"复选框。

"Designator（指定引脚标号）"文本框：用于设置库元件引脚的编号，应该与实际的引脚编号相对应，这里输入 9。

"Electrical Type（电气类型）"下拉列表框：用于设置库元件引脚的电气特性。有 Input（输入）、I/O（输入输出）、Output（输出）、Open Collector（打开集流器）、Passive（中性的）、Hiz（脚）、Emitter（发射器）和 Power（激励）8 个选项。在这里，我们选择"Passive"（中性的）选项，表示不设置电气特性。

"Description（描述）"文本框：用于填写库元件引脚的特性描述。

"Hidden（隐藏引脚）"复选框：用于设置引脚是否为隐藏引脚。若勾选该复选框，则引脚将不会显示出来。此时，应在右侧的"Connect To（连接到）"文本框中输入与该引脚连接的网络名称。

"Symbols（引脚符号）"选项组：根据引脚的功能及电气特性为该引脚设置不同的IEEE 符号。作为读图时的参考这些引脚符号可放置在原理图符号的内部、内部边沿、外部边沿或外部等不同位置，没有任何电气意义。

"VHDL Parameters（VHDL 参数）"选项组：用于设置库元件的 VHDL 参数。

"Graphical（设置图形）"选项组：用于设置该引脚的位置、长度、方向、颜色等基本属性。

（4）设置完毕后，单击"OK（确定）"按钮，关闭该对话框，设置好属性的引脚如图 6.9 所示。

（5）按照同样的操作，或者使用阵列粘贴功能，完成其余 31 个引脚的放置，并设置好相应的属性。放置好全部引脚的库元件如图 6.10 所示。

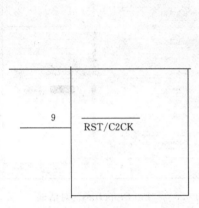

图 6.9 设置好属性的引脚

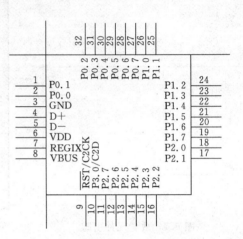

图 6.10 放置好全部引脚的库元件

3. 编辑元件属性

（1）双击"SCH Library（SCH 元件库）"面板原理图符号名称栏中的库元件名称"C8051F320"，系统弹出如图 6.11 所示的"Library Component Properties（库元件属性）"对话框。在该对话框中可以对自己所创建的库元件进行特性描述，并且设置其他属性参数。主要设置内容包括以下几项：

"Default Designator（默认符号）"文本框：默认库元件标号，即把该元件放置到原理图文件中时，系统最初默认显示的元件标号。这里设置为"U?"，并勾选右侧的"Visible（可用）"复选框，则放置该元件时，序号"U?"会显示在原理图上。

"Comment（元件）"下拉列表框：用于说明库元件型号。这里设置为"C8051F320"，并勾选右侧的"Visible（可见）"复选框，则放置该元件时，"C8051F320"会显示在原理图上。

"Description（描述）"文本框：用于描述库元件功能。这里输入"USBMCU"。

"Type（类型）"下拉列表框：库元件符号类型，可以选择设置。这里采用系统默认设置"Standard（标准）"。

"Library Link（元件库线路）"选项组１库元件在系统中的标识符。这里输入"C8051F320"。

"Show All Pins On Sheet（Even if Hidden）（在原理图中显示全部引脚）"复选框：

任务 6.1 创建新的原理图元件库

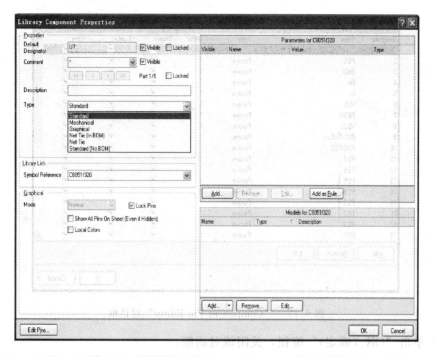

图 6.11 "Library Component Properties" 对话框

勾选该复选框后，在原理图上会显示该元件的全都引脚。

"Lock Pins（锁定引脚）"复选框：勾选该复选框后，所有的引脚将和库元件成为一个整体，不能在原理图上单独移动引脚。建议用户勾选该复选框，这样对电路原理图的绘制和编辑会有很大好处，以减少不必要的麻烦。

在"Parameters for C8051F320"列表框中，单击"Add（添加）"按钮，可以为库元件添加其他的参数，如版本、作者等。

在"Models for C8051F320"列表框中，单击"Add（添加）"按钮，可以为该库元件添加其他的模型，如 PCB 封装模型、信号完整性模型、仿真模型、PCB 3D 模型等。

单击对话框左下角的"Edit Pins（编辑引脚）"按钮，系统将弹出如图 6.12 所示的"Component Pin Editor（元件引脚编辑器）"对话框，在该对话框中可以对该元件所有引脚进行一次性的编辑设置。

（2）设置完毕后。单击"OK（确定）"按钮，关闭该对话框。

（3）单击菜单栏中的"Place（放置）"\"Text String（文本字符串）"命令，或者单击原理图符号绘制工具中的"A（放置文本字符串）"按钮。光标将变成十字形状，并带有一个文本字符串。

（4）移动光标到原理图符号中心位置处，此时按 Tab 键或者双击字符串。系统会弹出如图 6.13 所示的"Annotation（注释）"对话框，在"Text（文本）"文本框中输入"SILICON"。

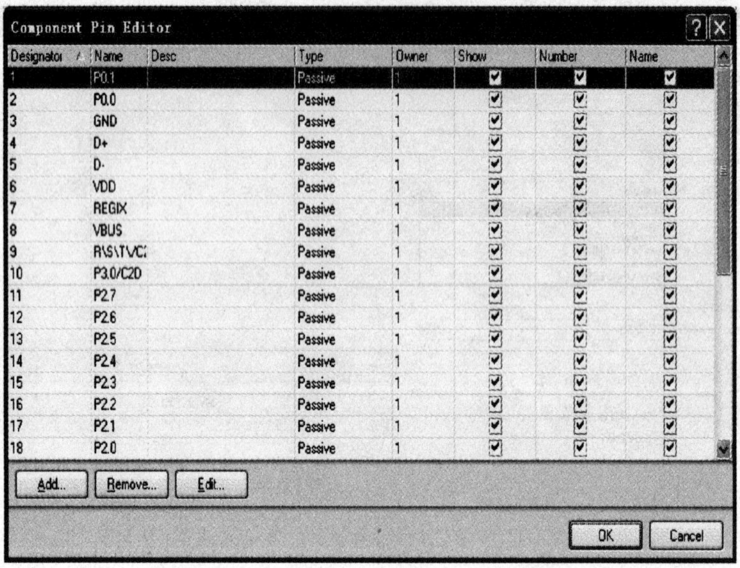

图 6.12 "Component Pin Editor" 对话框

(5) 单击"OK（确定）"按钮，关闭该对话框。

至此，完整地绘制了库元件 C8051F320 的原理图符号，如图 6.14 所示。在绘制电路原理图时，只需要将该元件所在的库文件打开，就可以随时取用该元件了。

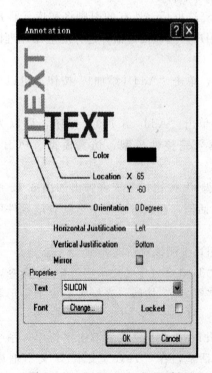

图 6.13 "Annotation" 对话框

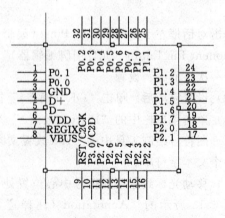

图 6.14 元件 C8051F320 的原理图符号

6.1.3.2 绘制含有子部件的库元件

下面利用相应的库元件管理命令，绘制一个含有子部件的库元件 LF353。

LF353 是美国 TI 公司生产的双电源结型场效应管输入的双运算放大器，在高速积分、采样保持等电路设计中经常用到，采用 8 引脚的 DIP 封装形式。

1. 绘制库元件的第一个子部件

(1) 单击菜单栏中的"File（文件）"\"New（新建）"\"Library（元件库）"\"Schematic Library（原理图元件库）"命令，打开原理图元件库文件编辑器，创建一个新的原理图元件库文件，命名为"NewLib.SchLib"。

(2) 单击菜单栏中的"Tools"（工具）\"Document Options（文档选项）"命令，在弹出的库编辑器工作区对话框中进行工作区参数设置。

(3) 为新建的库文件原理图符号命名。在创建了一个新的原理图元件库文件的同时，系统自动为该库添加了一个默认原理图符号名为"Component-1"的库文件，在"SCH Library（SCH 元件库）"面板中可以看到。通过以下两种方法为该库文件重新命名。

单击原理图符号绘制工具中的 （创建新元件）按钮，系统将弹出如图 6.15 所示的"New Component Name（新元件名称）"对话框，在该对话框中输入自己要绘制的库文件名称。

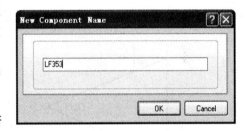

图 6.15 ［新元件名称］对话框

在"SCH Library（SCH 元件库）"面板中，直接单击原理图符号名称栏下面的"Add（添加）"按钮，也会弹出"新元件名称"对话框，输入"LF353"，单击"OK（确定）"按钮，关闭该对话框。

(4) 单击原理图符号绘制工具中的 ⊠（放置多边形）按钮，光标变成十字形状，以编辑窗口的原点为基准，绘制一个三角形的运算放大器符号。

2. 放置引脚

(1) 单击原理图符号绘制工具中的与（放置引脚）按钮，光标变成十字形状，并附有一个引脚符号。

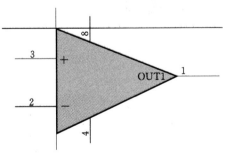

图 6.16 放置所有引脚

(2) 移动该引脚到多边形边框处，单击完成放置。用同样的方法，放置引脚 1、2、3、4、8 在三角形符号上，并设置好每一个引脚的属性，如图 6.16 所示。这样就完成了一个运算放大器原理图符号的绘制。

其中，1 引脚为输出端"OUT1"；2、3 引脚为输入端"IN1（－）""IN1（＋）"；8、4 引脚为公共的电源引脚

"VCC＋""VCC－"。对这两个电源引脚的属性可以设置为"隐藏"。单击菜单栏中的"View（视图）"\"Show Hidden Pins（显示隐藏引脚）"命令，可以切换进行显示查看或隐藏。

3. 创建库元件的第二个子部件

（1）单击菜单栏中的"Edit（编辑）"\"Select（选中）"\"Inside Area（选择区域内对象）"命令，或者单击"SchLib Standard（原理图元件库标准）"工具栏中的 （区域内选择对象）按钮，将图 6.16 中的子部件原理图符号选中。

（2）单击"SchLib Standard（原理图元件库标准）"工具栏中的 ▦（复制）按钮，复制选中的子部件原理图符号。

（3）单击菜单栏中的"Tools（工具）"\"New Part（新建部件）"命令，在"SCH Library（SCH 元件库）"面板上库元件"LF353"的名称前多了一个⊞符号，单击⊞符号，可以看到该元件中有两个子部件，刚才绘制的子部件原理图符号系统已经命名为"Part A"，另一个子部件"Part B"是新创建的。

（4）单击"Sch Lib Standard（原理图元件库标准）"工具栏中的 ▦（粘贴）按钮，将复制的子部件原理图符号粘贴在"Part B"中，并改变引脚序号：7 引脚为输出端"OUT2"；6、5 引脚为输入端"IN2（－）""IN2（＋）"；8、4 引脚仍为公共的电源引脚"VCC＋"、"VCC－"，如图 6.17 所示。

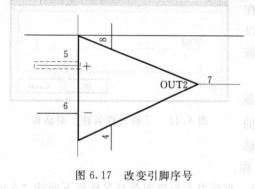

图 6.17 改变引脚序号

至此，一个含有两个子部件的库元件就创建好了。使用同样的方法，可以创建含有多个子部件的库元件。

【任务小结】
（1）掌握 PCB 元件库面板及工具栏的操作。
（2）学会绘制原理图库元件及属性。

任务 6.2 创 建 原 理 图 库

【本任务内容简介】
（1）创建新的原理图元件。
（2）创建多部件原理图元件。
（3）检查元件并生成报表。

【任务描述】
- 掌握创建原理图元件的方法。
- 掌握新建元件的信息的生成。

【任务实施】

原理图库作为重要的部分被包含在存储于"Altium \ Library"文件夹中的集成库内。要在集成库外创建原理图库,打开这个集成库,选择"Yes"释放出源库,接下来就可以进行编辑。要了解更多的集成库信息,参阅集成库指南。也可以从一个打开的项目中的原理图文件创建所有用到的元件的库,使用"Design" \ "Make Project Library"命令。

6.2.1 创建新的原理图库

6.2.1.1 创建新的原理图元件库

在开始创建新的元件前,先生成一个新的原理图库以用来存放元件。通过以下的步骤来完成建立一个新的原理图库。

(1) 选择"File" \ "New" \ "Library" \ "Schematic Library"命令。一个新的被命名为"Schlibl. SchLib"的原理图库被创建,一个空的图纸在设计窗口中被打开,新的元件命名为"Component-1"。可以在"SCH Library"面板中看到,如图 6.18 所示。

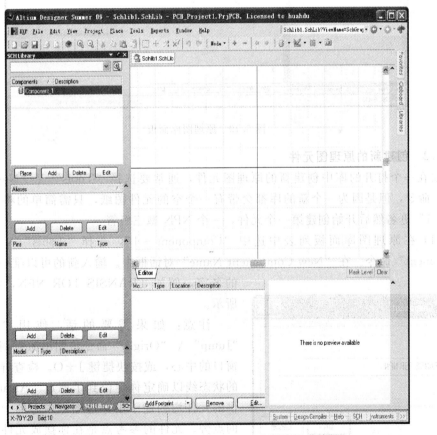

图 6.18 新创建的"Schlibl. SchLib"文件

(2) 选择"File" \ "Save As"命令,将库文件更名为"Schematic Components. SchLib"。

(3) 单击库编辑标签打开原理图库面板，如图 6.19 所示。

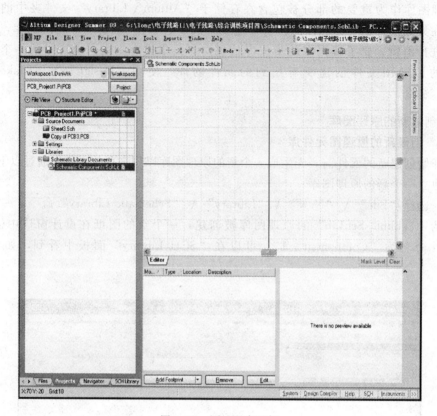

图 6.19　原理图库面板

6.2.1.2　创建新的原理图元件

要在一个打开的库中创建新的原理图元件，通常要选择"Tools"\"New Component"命令，但是因为一个新的库都会带有一个空的元件图纸，只需简单的将"Component-1"更名然后开始创建第一个元件，一个 NPN 型三极管。

(1) 在原理图库面板列表中选中"Component-1"，选择"Tools"\"Rename Component"命令。在"New Component Name"对话框中。输入新的可以唯一确定元件的名字，例如 TRANSIS TOR NPN，如图 6.20 所示。

注意：如果需要的话，使用"Edit"\"Jump"\"Origin"命令将图纸原点调整到设计窗口的中心，或按快捷键 J+O。检查屏幕左下角的状态线以确定你定位到了原点。Altium 公司提供的元件均创建于由穿过图纸中心的十字线标注的点旁。元件的参考点是在你摆放元件时你所抓取的点。对于一个原理图元件来说，参考点是最靠近原点的电气连接点（热点），通常就是最靠近

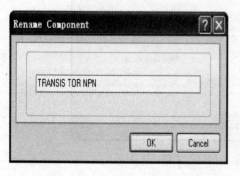

图 6.20　重命名元件名称对话框

的引脚的电气连接末端。

（2）在库编辑器工作对话框中将捕捉栅格设为1，可视栅格设为10，选择"Tools" \ "Document Option"命令来打开这个对话框，如图6.21所示。单击"OK"按钮，接受其他的默认设置。如果看不到栅格，按下Page Up键可以显示栅格。

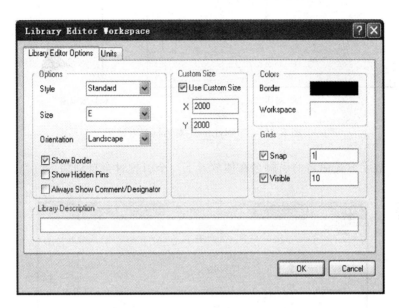

图6.21 库编辑面板

（3）画出例子中的NPN三极管，先要定义它的元件实体。选择"Place" \ "Line"命令，或快捷键P+L，或者单击Place Line工具条按钮。按下Tab键，弹出"PolyLine"对话框，如图6.22（a）所示。在框中设置线属性然后单击"OK"。单击鼠标左键从坐标（0，−1）开始到坐标（0，−19）结束画一条垂直的线。单击鼠标右键完成这条线的摆放。然后画坐标从（0，−7）到（10，0）。以及从（0，−13）到（10，−20）的其他两条线，使用Shift+Space组合键可以将线调整到任意角度。单击右键或者按下Esc按钮退出画线模式，画完后的效果如图6.22（b）所示。如果要设置下端为箭头形状，则可以在画好的线上双击，会弹出"PalyLine"对话框在"End Line Shape"和"Start Line Shape"中设定端点处的形状。

（4）保存元件按快捷键Ctrl+S。

6.2.1.3 给原理图元件添加引脚

元件引脚赋予元件电气属性并且定义元件连接点。引脚同样拥有图形属性。

在原理图编辑器中为元件摆放引脚步骤如下：

（1）选择"Place" \ "Pins"命令，或按快捷键P+P，或者单击"Place Pins"工具条按钮。引脚出现在指针上且随指针移动，与指针相连一端是与元件实体相接的非电气结束端。在放置的时候，按下Space键可以改变引脚排列的方向。

（2）摆放过程中，放置引脚前，按下Tab键编辑引脚属性，引脚属性对话框弹出，如图6.23所示。如果在放置引脚前定义引脚属性，定义的设置将会成为默认值，引脚编

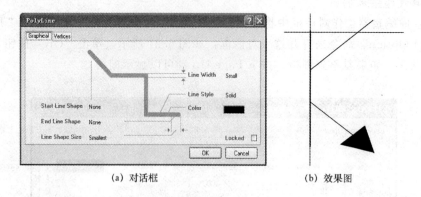

(a) 对话框　　　　　　　(b) 效果图

图 6.22　"PolyLine"对话框及效果图

号以及那些以数字方式命名的引脚名在体放置下一个引脚时会自动加一。

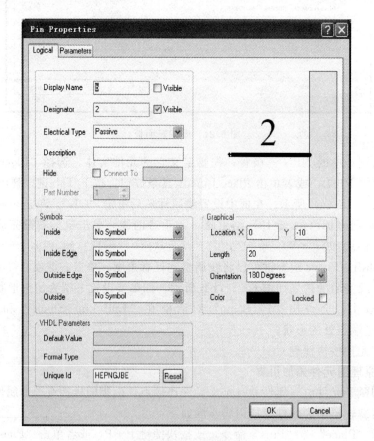

图 6.23　管脚属性对话框

（3）在上述引脚属性对话框中。在显示名字栏输入引脚的名字，在标识符栏输入唯一可以确定的引脚编号。如果希望当在原理图图纸上放置元件时引脚名及编号可见，点开"Visible"复选框。

任务 6.2 创建原理图库

(4) 在电气类型下拉框中选择选项来设置引脚电气连接的电气类型。当编译项目进行电气规则检查时以及分析一个原理图文件检查器电气配线错误时会用到这个引脚电气类型。在这个元件例子中，所有的引脚都是"Passive"电气类型。

(5) 在长度栏中设置引脚的长度，单位是"百分之几英寸"。这个元件中所有的引脚长度均设为20，然后单击"OK"按钮。

(6) 当引脚出现在指针上时，接下空格键可以以90°为增量旋转调整引脚。记住，引脚上只有一端是电气连接点，必须将这一端放置在元件实体外。非电气端有一个引脚名字靠着它。

(7) 继续放置这个元件所需要的其他引脚，并确认引脚名、编号、符号以及电气类型正确。

(8) 现在已经完成了元件的绘制，然后选择"File"\"Sava"命令存储，或按快捷键Ctrl+S。

添加引脚注意事项：

(1) 要在放置引脚后设置引脚属性，只需双击这个引脚或者在原理图面板里的引脚列表中双击引脚。

(2) 在字母后加反斜杠（\）可以定义让引脚中名字的字母上面加线，例如：M\C\L\R\/VPP 会显示为 $\overline{\text{MCLRJ}}$/VPP。

(3) 如果希望隐藏器件中的电源和地引脚，点开"Hide"复选框。当这些引脚被隐蔽时，这些引脚会被自动地连接到图中被定义的电源和地。例如：当元件摆放到图中时，VCC 脚会被连接到 VCC 网络，如图 6.24 所示。

要查看隐藏的引脚，选择"View"\"Show Hidden Pins"命令，或按快捷键V+H。所有被隐藏的引脚会在设计窗口中显示。引脚的显示名字和默认标识符也会显示。

可以在元件引脚编辑对话框中编辑引脚属性，而不用通过每一个引脚相应的引脚属性对话框。单击元件属性对话框中的"Edit Pins"按钮弹出元件引脚编辑对话框，可以通过单击右键，弹出菜中"Tools"\"Component Properties..."选择元件属性对话框，如图 6.25、图 6.26 所示。

对于一个多部分的元件，被选择部件相应的引脚会在元件引脚编辑对话框中以白色为背景高亮显示，其他部件相应的引脚会变灰。但仍然可以编辑这些没有选中的引脚。选择一个引脚然后单击"Edit"按钮弹出这个引脚的属性对话框。

6.2.1.4 设置原理图元件属性

每一个元件都有相对应的属性，例如默认的标识符、PCB 封装或其他的模型以及参数。当从原理图中编辑元件属性时也可以设置不同的部件域和库域。设置元件属性步骤如下：

(1) 从原理图库面板里的元件列表中选择元件然后单击"Edit"按钮。库元件属性对话框就会弹出。

(2) 输入默认的标识符，例如：Q?，以及当元件放置到原理图时显示的注释，例如：NPN。问号使得元件放置时标识符数字以自动增量改变，例如：Q1、Q2。确定可视选项

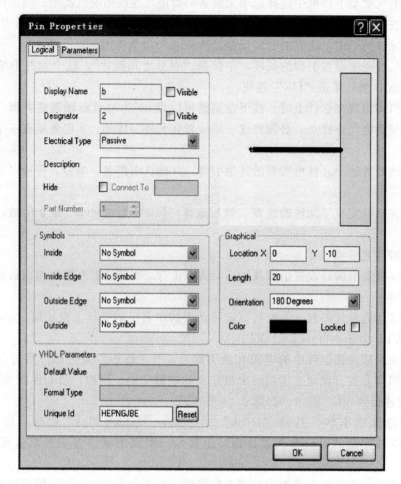

图 6.24 希望隐藏期间中的电源和地引脚

被选中,如图 6.27 所示。

(3) 在添加模型或其他参数时,让其他选项栏保持默认值。

6.2.2 给新建的原理图元件添加模型

可以向原理图元件添加任意数量的 PCB 封装,同样也可以添加用于仿真及信号完整性分析的模型。这样,当在原理图中摆放元件时可以从元件属性对话框中选择合适的模型。

有几种不同的向元件添加模型的方式。可以从网上下载一个厂家的模型文件或者从已经存在的 Altium 库中添加模型。PCB 封装模型存放在"Altium \ Library \ Pcb"路径里的 IPCB 库文件 (.pcblib files) 中。电路仿真用的 SPICE 模型文件 (.ckt and.mdl) 存放在 Altium \ Library 路径里的集成库文件中。

注意:如何查找定位模型文件

在原理图库编辑器中添加模型时,模型与元件的连接信息通过下面的正确方法搜索定位:

任务 6.2 创建原理图库

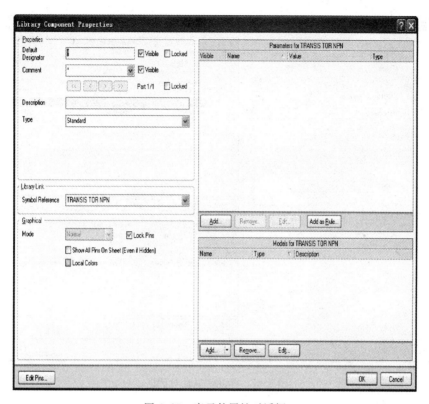

图 6.25 库元件属性对话框

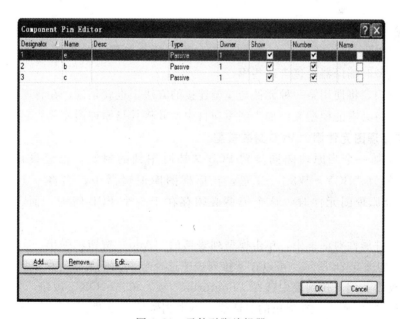

图 6.26 元件引脚编辑器

（1）搜索当前集成库项目中的库。

项目 6 交通灯模块电路印制电路板（PCB）设计

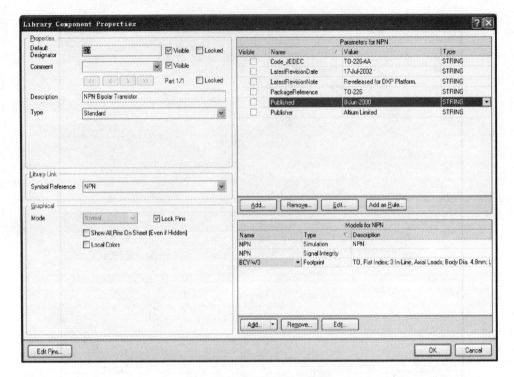

图 6.27 库元件属性对话框

（2）搜索当前已加载的库列表中可视的 PCB 库（而不是集成库）。注意库列表可以定制排列顺序。

（3）任何存在于项目搜索路径下的模型库都会被搜索。这个路径可以在项目选项对话框中定义（"Project"/"Project Options"）。注意这个路径下的库不会被检索以定位模型，当搜索模型时编译器会包含这些库。

在本实例中，将使用第一种元件与模型连接的方法。也就是说，在将库项目编译成一个集成库前，将必需的模型文件加入到库项目中，并将其与原理图库关联起来。

6.2.2.1 向原理图元件添加 PCB 封装模型

开始要添加一个当原理图同步到 PCB 文档时用到的封装。已经设计的元件用到的封装被命名为"BCY-W3"。注意，在原理图库编辑器中，当将一个 PCB 封装模型关联到一个原理图元件时，这个模型必须存在于一个 PCB 库中，而不是一个集成库中。

（1）在元件属性对话框中，单击模型列表项的"Add"按钮，弹出"Add New Model"对话框，如图 6.28 所示。可以在下拉列表中选择与该元件关联何种模型。

（2）在模型类型下拉列表中选择"Footprint"项，单击"OK"按钮，弹出 PCB 模型对话框，如图 6.29 所示。在弹出的对话框中单击浏览按钮以找到已经存在的模型（或者简单地写入模型的名字，稍后将在 PCB 库编辑器中创建这个模型）。

（3）在查阅库对话框中，单击"Find"按钮，弹出搜索库对话框，如图 6.30 所示。

任务6.2 创建原理图库

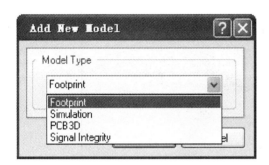

图6.28 添加模型对话框

图6.29 PCB Model对话框

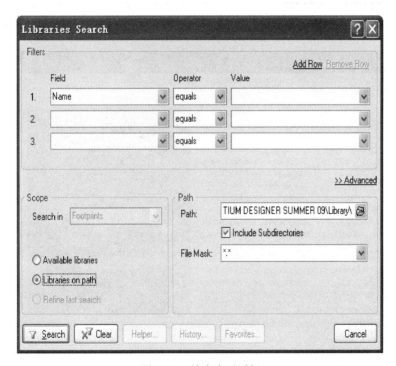

图6.30 搜索库对话框

（4）选择查看"Libraries on Path"，单击路径栏旁的"Browse Folder"按钮定位到\Altium Designer Summer 09 \ Library \ Pcb路径下，然后单击"确定"按钮，如图6.31所示。确定搜索库对话框中的"Include Subdirectories"选项被选中。在名字栏输入

251

"BCY-W3"，然后单击"Search"按钮，如图 6.32 所示。

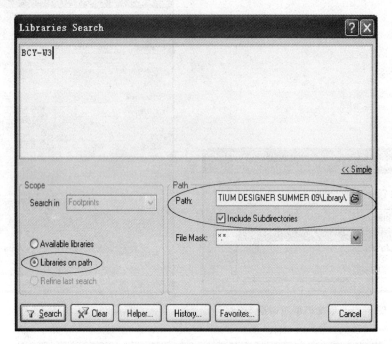

图 6.31 "Libraries Search"对话框

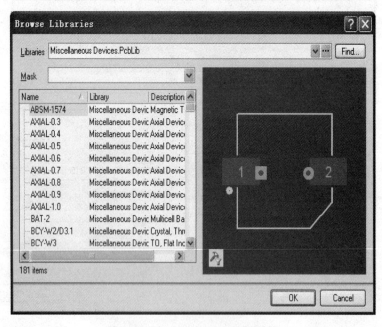

图 6.32 Browse Libraries 对话框

（5）找到对应这个封装所有的类似的库文件"Cylinder with Flat Index.PcbLib"，如图 6.32 所示。如果确定找到了文件，单击"Stop"按钮停止搜索。单击选择找到的封装文件后单击"OK"按钮关闭该对话框。加载这个库在浏览库对话框中，如图 6.33 所示，回到"PCB 模型"对话框。

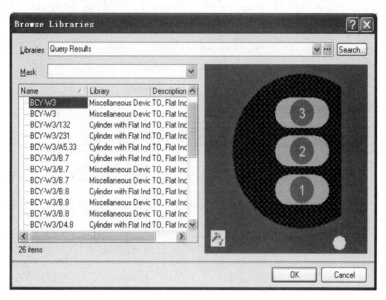

图 6.33 "PCB 模型"对话框

(6) 单击"OK"按钮将元件加入这个模型。模型的名字列在元件属性对话框的模型列表中，如图 6.34 所示。

图 6.34 模型列表

6.2.2.2 添加电路仿真模型

电路仿真用的 SPICE 模型文件（.ckt 和 mdl）存放在 Altium \ Library 路径里的集成库文件中。如果在设计上进行电路仿真分析，就需要加入这些模型。

注意：如果要将这些仿真模型用到你的库元件中，建议打开包含了这些模型的集成库文件（选择"File" \ "Open"命令，然后确认你希望提取出这个源库）。将所需的文件从输出文件夹（output folder 在打开集成库时生成）复制到包含源库的文件夹中。

(1) 类似于上述的添加 Footprint 模型，在元件属性对话框中，单击模型列表项的"Add"按钮，弹出"Add New Model"对话框。在模型类型下拉列表中选择"Simulation"项，单击"OK"按钮，"Sim Model – General/Generic Editor"（弹出仿真模型-通常编辑）对话框，如图 6.35 所示。

(2) 此例中，选择"Model Kind"下拉列表中的"Transistor"选项。将会弹出"Sim Model – Transistor/BJT"对话框，如图 6.36 所示。

(3) 确定 BJT 被选中作为模型的子类型。输入一个合法的模型名字，例如：NPN，然后一个描述，例如：NPN BJT。单击"OK"按钮回到元件属性对话框，可以看到 NPN 模型已经被加到模型列表中。

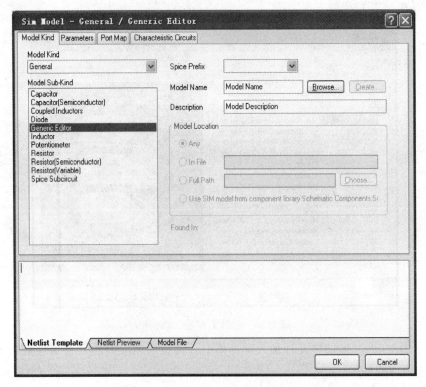

图 6.35 仿真模型—通常编辑对话框

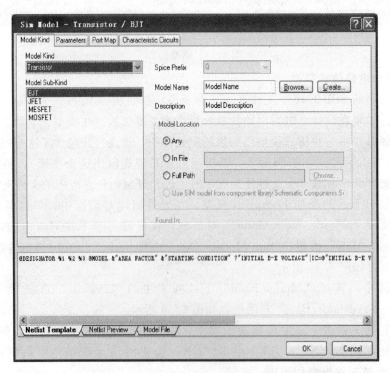

图 6.36 "Sim Model – Transistor/BJT" 对话框

6.2.2.3 加入信号完整性分析模型

信号完整性分析模型中使用引脚模型比元件模型更好。配置一个元件的信号完整性分析，可以设置用于默认引脚模型的类型和技术选项，或者导入一个 IBIS 模型。

（1）要加入一个信号完整性模型，在元件属性对话框中。单击模型列表项的"Add"按钮，弹出"Add New Model"对话框。在模型类型下拉列表中选择"Signal Integrity"项。单击"OK"按钮，弹出信号完整性模型对话框，如图 6.37 所示。

（2）如果需要导入一个 IBIS 文件，单击"Import IBIS"按钮然后定位到所需的 .ibs 文件。单击"OK"按钮返回到元件属性对话框，看到模型已经被添加得到模型列表中，如图 6.38 所示。

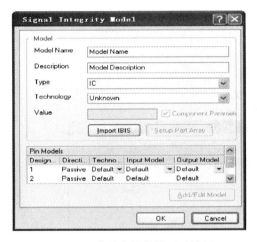

图 6.37 信号完整性模型对话框

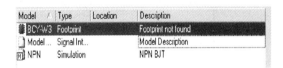

图 6.38 模型列表

6.2.3 给新建的原理图元件添加参数

参数的意义在于定义更多的有关于元件的附近信息。定义元件厂商或日期的数据字符串都可以被添加到文件中。一个字串参数也可以作为元件的值在应用时被添加，例如：100K 的电阻。

参数被设置为当在原理图上摆放一个器件时作为特殊字串显示。可以设置其他参数作为仿真需要的值或在原理图编辑器中建立 PCB 规则。添加一个原理图元件参数的步骤如下：

（1）在原理图属性对话框的参数列表栏中单击"Add"按钮弹出参数属性对话框，如图 6.39、图 6.40 所示。

（2）输入参数名及参数值。如果要用到文本串以及参数的值，要确定参数类型被选择为"String"，如果需要在原理图中放元件时显示参数的值，确认"Visible"框被勾选。单击"OK"按钮。参数已经被添加到元件属性对话框的参数列表中。

间接字符串

用间接字符串，可以为元件设置一个参数项，当摆放元件时这个参数可以显示在原理图上，也可以在 Altium Designer Summer 09 进行电路仿真时使用。所有添加的元件参数都可以作为间接字符串。当参数作为间接字符串时，参数名前面有一个"="号作为前缀。

值参数：一个值参数可以作为元件的普通信息，但是在分立式器件（如电阻和电容）

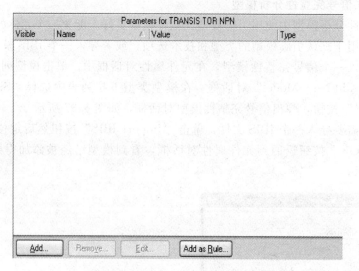

图 6.39 参数列表

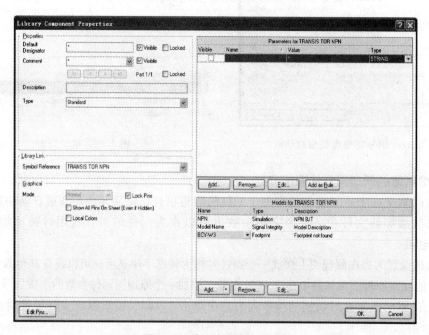

图 6.40 库元件属性对话框

中将值参数用于仿真。

可以设置元件注释读取作为间接字符串加入的参数的值，注释信息会被绘制到 PCB 编辑器中。相对于两次输入这个值来说（就是说在参数命名中输入一次然后在注释项中再输入一次），Altium Designer Summer 09 支持利用间接参数用参数的值替代注释项中的内容。

（1）在元件属性对话框的参数列表中单击"Add"弹出参数属性对话框，如图 6.40、图 6.41 所示。

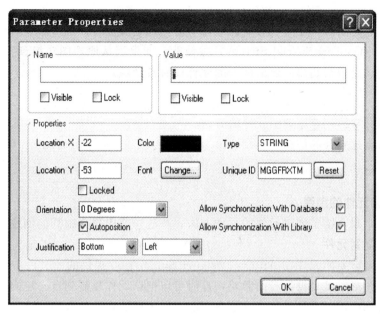

图 6.41 参数属性对话框

（2）输入名字为 Value 以及参数值为 100K。当这个器件放置在原理图中，运行原理图仿真时会用到这个值。确定参数类型被定为"String"且值的"visible"框被勾选。设置字体，颜色以及方向选项然后单击"OK"按钮将新的参数加入到元件属性对话框的元件列表中。

（3）在元件属性对话框的属性栏中单击注释栏，在下拉框中选择"＝Value"选项，关掉可视属性，如图 6.42 所示。

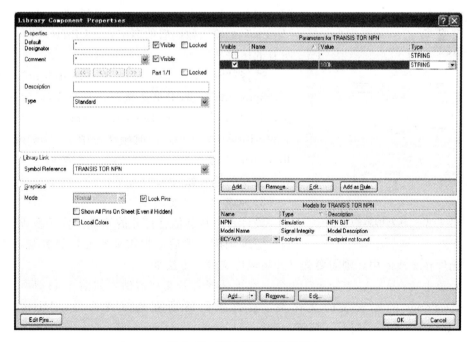

图 6.42 库元件属性对话框

(4) 用"File"\"Save"命令存储元件的图纸及属性。

(5) 当在原理图编辑器中查看特殊字符串时,确定属性对话框图形编辑标签下的转换特殊字符选项(Convert Special Strings)被使能。如果当从原理图转换到PCB文档时注释不显示,确认是否封装器件对话框中的注释没有被隐藏。

【任务小结】

(1) 熟悉并掌握创建原理图元件的方法。
(2) 了解新建元件的信息。

【操作实例】

6.2.4 数码管元件的创建

在上一节中我介绍了创建元件的一种方法,在这一节中我介绍其他创建元件的方法。

从其他库复制元件

有时设计者需要的元件在Altium Designer Summer 09提供的库文件中可以找到,但他提供的元件图形不满足设计者的需要,这时可以把该元件复制到自己建的库里面,然后对该元件进行修改,以满足需要。本节介绍的方法为后面章节的数码管显示电路准备数码管元件 DPY Blue - CA。

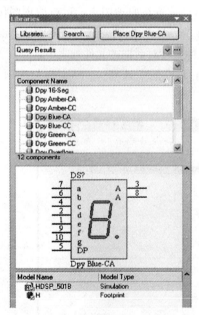

图 6.43 找到的数码管

1. 在原理图中查找元件

首先在原理图中查找数码管 DPY Blue - CA,在"Libraries"库面板中,单击"Search"按钮,弹出"Libraries Search"对话框如图 6.46 所示。

选择"Field"选项区域。在"Field"处,选择"Name";在"Operator"处选择"contains";在"Value"处输入数码管的名字:*DPY*("*"匹配所有的字符)。

选择"Scope"选项区域,在"Search in"处选择"Components",选中单选按钮"Libraries on Path",并设置 Path 为 Altium Designer Summer 09 安装目录下的 Library 文件夹,同时确认选中了"Include Sub-directories"复选框,单击"Search"按钮。

查找的结果如图 6.43 所示。

2. 从其他库中复制元件

设计者可从其他已打开的原理图库中复制元件到当前原理图库,然后根据需要对元件属性进行修改。

如果该元件在集成库中,则需要先打开集成库文件。方法如下:

(1) 单击"File"\"Open"命令,弹出选择打开文档对话框如图 6.44 所示,找到 Altium Designer 的库安装的文件夹,选择数码管所在集成库文件:Miscellaneous Devices.IntLib,单击"打开"按钮。

(2) 弹出如图 6.45 所示"Extract Sources or Install"(抽取源库文件或安装)对话

图 6.44 打开 Miscellaneous Devices.IntLib 集成库

框,选择"Extract Sources"按钮,释放的库文件如图 6.46 所示。

(3)在"Projects"面板打开该源库文件(Miscellaneous Devices.Schlib),鼠标双击该文件名。

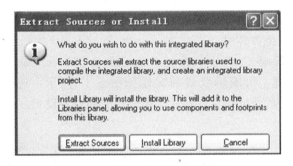

图 6.45 释放集成库或安装集成库

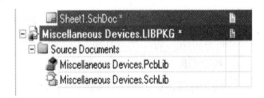

图 6.46 释放的集成库

(4)在"SCH Library"面板"Components"列表中选择想复制的元件,该元件将显示在设计窗口中(如果"SCH Library"面板没有显示,可按窗口底部"SCH"按钮,弹出上拉菜单选择"SCH Library")。

(5)执行"Tools"\"Copy Components"命令将弹出"Destination Library"目标库对话框如图 6.47 所示。

(6)选择想复制元件到目标库的库文件,如图 6.48 所示,单击"OK"按钮,元件将被复制到目标库文档中(元件可从当前库中复制到任一个已打开的库中)。

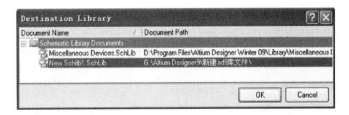

图 6.47 复制元件到目标库的库文件

设计者可以通过"SCH Library"面板一次复制一个或多个元件到目标库,按住 Ctrl

键单击元件名可以离散地选中多个元件或按住 Shift 键单击元件名可以连续地选中多个元件，保持选中状态并右击在弹出的菜单中选择"Copy"选项；打开目标文件库，选择"SCH Library"面板，右击"Components"列表，在弹出的菜单中选择"Paste"即可将选中的多个元件复制到目标库。

3. 修改元件

把数码管改成需要的形状。

（1）选择黄色的矩形框，把他改成左上角坐标（0，0），右下角坐标（90，−70）的矩形框。

（2）移动引脚 a~g、dp 到顶部，选中引脚时，按 Tab 键，可编辑引脚的属性，按 Space 键可按以 90°间隔逐级增加来旋转引脚，把引脚移到图 6.48 所示的位置。

（3）改动中间的"8"字。Altium Designer Summer 09 状态显示条（底端左边位置）会显示当前网格信息，按 G 键可以在定义好的 3 种网格（1、5、10）设置中轮流切换，本例中设置网格值（Grid）为 1。选中要移动的线段，按鼠标右键弹出下拉菜单选择"Cut"（剪切），把它粘贴到需要的地方即可。

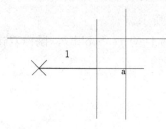

图 6.48 调整引脚选项

（4）重新画"8"字，执行"Place" \ "Line"命令，按 Tab 键，可编辑线段的属性如图 6.49 所示，选"Line Width"为"Medium""Line Style"为"Solid""Color"选需要的颜色，设置好后，按"OK"按钮，即可画出需要的 8 字。

（5）小数点的画法，执行"Place" \ "Ellipse"命令，按 Tab 键，可编辑椭圆的属性如图 6.50 所示，选"Border Width""Medium""Border Color"与"Fill Color"的颜色一致（与线段的颜色相同），设置好后，按"OK"按钮，光标处"悬浮"椭圆轮廓，首先用鼠标在需要的位置定圆心，再定 X 方向的半径，最后定 Y 方向的半径，即可画好小数点。

（6）修改好的数码管如图 6.51 所示。

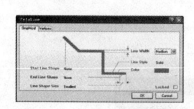 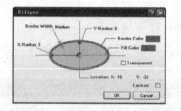 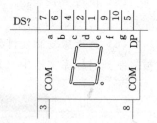

图 6.49 设置 Line 的属性　　　图 6.50 设置 Ellipse 的属性　　　图 6.51 修改好的数码管

6.2.5　74LS08 芯片的创建

芯片 74LS08 包括 4 个 2 输入与门，如图 6.52 所示，这些 2 输入与门可以独立地被随意放置在原理图上的任意位置，此时将该芯片描述成 4 个独立的 2 输入与门部件，比将其描述成单一模型更方便实用。4 个独立的 2 输入与门部件共享一个元件封装，如果在一张原理图中只用了一个与门,在设计 PCB 板时还是要用一个元件封装,只是闲置了 3 个与门;如果在一张原理图中用了 4 个与门,在设计 PCB 板时还是只用一个元件封装,没有闲置与门。多部件元件就是将元件按照独立的功能块进行描绘的一种方法。

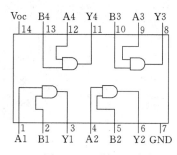 

图 6.52　4 输入 2 与门芯片 74LS08 的引脚图及实物图

创建 74LS08 2 输入四与门电路的步骤如下:

(1) 在"Schematic Library"编辑器中执行"Tools"\"New Component"命令,或按快捷键 T+C,弹出"New Component Name"对话框。另一种方法是在"SCH Library"库面板,用鼠标单击"Components"列表处的"Add"按钮,弹出"New Component Name"对话框。

(2) 在"New Component Name"对话框内,输入新元件名称:74LS08,单击"OK"按钮,在"SCH Library"面板"Components"列表中将显示新元件名,同时显示一张中心位置有一个巨大十字准线的空元件图纸以供编辑。

(3) 下面将详细介绍如何建立第一个部件及其引脚,其他部件将以第一个部件为基础来建立,只需要更改引脚序号即可。

6.2.5.1　建立元件轮廓

元件体由若干线段和圆角组成,执行"Edit"\"Jump Origin"或按快捷键 J+O 使元件原点在编辑页的中心位置。同时为确保网格清晰可见按快捷键 Page UP。

1. 放置线段

(1) 为了画出的符号清晰、美观,Altium Designer Summer 09 状态显示条会显示当前网格信息,本例中设置网格值为 5。

(2) 执行"Place"\"line"命令,或按快捷键 P+L 或单击工具栏按钮,光标变为十字准线,进入折线放置模式。

(3) 按 Tab 键设置线段属性,在"Polyline"对话框中设置线段宽度为 Small。

(4) 参考状态显示条左侧 X,Y 坐标值,将光标移动到(25,-5)位置,按 Enter 键选定线段起始点,之后用鼠标单击各分点位置从而分别画出折线的各段(单击位置分别为(0,-5)、(0,-35)、(25,-35)),如图 6.53 所示。

(5) 完成折线绘制后,右击或按 Esc 键退出放置折线模式,注意要保存元件。

2. 绘制圆弧

放置一个圆弧需要设置 4 个参数:中心点、半径、圆弧的起始角度、圆弧的终止角度。注意:可以按 Enter 键代替单击方式放置圆弧。

(1) 执行"Place"\"Arc (Center)"命令,或按快捷键 P+A,光标处显示最近所绘制的圆弧，进入圆弧绘制模式。

（2）按 Tab 键弹出"Arc"对话框，设置圆弧的属性，这里将半径设置为 15，起始角度设置为 270，终止角度为 90，线条宽度为 Small，如图 6.54 所示，按"OK"按钮关闭对话框。

（3）移动光标到（25，−20）位置，按 Enter 键或单击选定圆弧的中心点位置，无须移动鼠标，光标会根据"Arc"对话框中所设置的半径自动跳到正确的位置，按 Enter 确认半径设置。

图 6.53 折线模式下的绘制

（4）光标跳到对话框中所设置的圆弧起始位置，不移动鼠标按 Enter 键确定圆弧起始角度，此时光标跳到圆弧终止位置，按 Enter 键确定圆弧终止角度。

（5）右击鼠标或按 Esc 键退出圆弧放置模式。

（6）绘制圆弧的另一种方法：执行"Place"\"Arc"命令，鼠标单击圆弧的中心（25，−20），鼠标单击圆弧的半径（40，−20），鼠标单击圆弧的起始点（25，−35），鼠标单击圆弧的终点（25，−5），即绘制好圆弧，右击鼠标或按 Esc 键退出圆弧放置模式。

6.2.5.2 添加信号引脚

设计者可使用"创建 AT89C51 单片机"所介绍的方法为元件第一部件添加引脚，如图 6.55 所示，引脚 1 和引脚 2 在 Electrical Type 上设置为输入引脚（Input），引脚 3 设置为输出引脚（Output），所有引脚长度均为 20mil。

如图 6.55 所示，图中引脚方向可由在放置引脚时按 Space 以 90°间隔逐级增加来旋转引脚时决定。

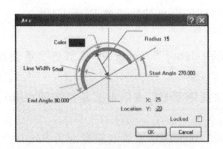 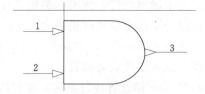

图 6.54 在 Arc 对话框中设置圆弧属性　　图 6.55 元件 74LS08 的部件 A

6.2.5.3 建立元件其余部件

（1）执行"Edit"\"Select"\"All"命令，或按快捷键 Ctrl＋A 选择目标元件。

（2）执行"Edit"\"Copy"命令，或按快捷键 Ctrl＋C 将前面所建立的第一部件复制到剪贴板。

（3）执行"Tools"\"New Part"命令显示空白元件页面，此时若在"SCH Library"面板"Components"列表中单击元件名左侧"＋"标识，将看到"SCH Library"面板元件部件计数被更新,包括 Part A 和 Part B 两个部件,如图 6.56 所示。

(4) 选择部件 Part B,执行"Edit"\
"Paste"命令,或按快捷键 Ctrl+V,光标处
将显示元件部件轮廓,以原点(黑色十字准线
为原点)为参考点,将其作为部件 B 放置在页
面的对应位置,如果位置没对应好可以移动部
件调整位置。

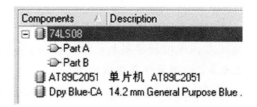

图 6.56　部件 B 被添加到元件

(5) 对部件 B 的引脚编号逐个进行修改,
双击引脚在弹出的"Pin Properties"对话框,在"Pin Properties"对话框中修改引脚编
号和名称,修改后的部件 B 如图 6.57 所示。

(6) 重复步骤(3)~(5)生成余下的两个部件:部件 C 和部件 D,如图 6.58 所示,
并保存库文件。

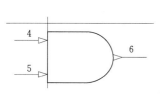

图 6.57　74LS08 的部件 B

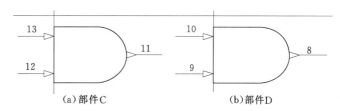

图 6.58　74LS08 的部件 C 和部件 D

6.2.5.4　添加电源引脚

为元件定义电源引脚有两种方法。第一种是建立元件的第五个部件,在该部件上添加
VCC 引脚和 GND 引脚,这种方法需要选中"Component Properties"对话框的
"Locked"复选框,以确保在对元件部件进行重新注释的时候电源部分不会跟其他部件交
换。第二种方法是将电源引脚设置成隐藏引脚,元件被使用时系统自动将其连接到特定网
络。在多部件元件中,隐藏引脚不属于某一特定部件而是属于所有部件(不管原理图是否
放置了某一部件,它们都会存在),只需要将引脚分配给一种特殊的部件——zero 部件,
该部件存有其他部件都会用到的公共引脚。

(1) 为元件添加 VCC(Pin14)和 GND(Pin7)引脚,将其"Part Number"属性设
置为 0,"Electrical Type"设置为 Power,"Hide"状态设置为 hidden,"Connect to"分
别设置为 VCC 和 GND。

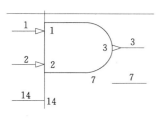

图 6.59　部件 A 显示出
隐藏的电源引脚

(2) 从菜单栏中执行"View"\"Show Hidden Pins"命
令以显示隐藏目标,则能看到完整的元件部件如图 6.59 所示,
注意检查电源引脚是否在每一个部件中都有。

6.2.5.5　设置元件属性

(1) 在"SCH Library"面板"Components"列表中选中
目标元件后,单击"Edit"按钮进入"Library Component
Properties"对话框,设置"Default Designator"为"U?",
Description 为 2 输入四与门,并在"Models"列表中添加名

为 DIP14 的封装，下一章使用 PCB ComponentWizard 建立 DIP14 封装模型。

（2）执行"File"\"Save"命令保存该元件。

本章在原理图库内创建了 3 个元件，掌握了原理图库创建的基本方法，设计者可以根据需要在该库内创建多个元件。

6.2.5.6 检查元件并生成报表

对建立一个新元件是否成功进行检查，会生成 3 个报表，生成报表之前需确认已经对库文件进行了保存，关闭报表文件会自动返回"Schematic Library Editor"界面。

6.2.5.7 元件规则检查器

元件规则检查器会检查出引脚重复定义或者丢失等错误，步骤如下：

（1）执行"Reports"\"Component Rule Check"命令，或按快捷键 R+R，显示"Library Component Rule Check"对话框。

（2）设置想要检查的各项属性，单击"OK"按钮，将在 Text Editor 中生成 Libraryname.err 文件，里面列出了所有违反了规则的元件。

（3）如果需要，对原理图库进行修改，重复上述步骤。

（4）保存原理图库。

6.2.5.8 元件报表

生成包含当前元件可用信息的元件报表的步骤如下：

（1）执行"Reports"\"Component"命令，或按快捷键 R+C。

（2）系统显示 Libraryname.cmp 报表文件，里面包含了元件各个部分及引脚细节信息。

6.2.5.9 库报表

为库里面所有元件生成完整报表的步骤如下：

（1）执行"Reports \ Library Report"命令，或按快捷键 R+T。

（2）在弹出的"Library Report Settings"对话框中配置报表各设置选项，报表文件可用 Microsoft Word 软件或网页浏览器打开，并取决于选择的格式。该报告列出了库内所有元件的信息。

任务 6.3　创建 PCB 元件库及元件封装

【本任务内容简介】

（1）PCB 设计常用元件封装介绍。

（2）PCB 库编辑器环境设置。

（3）创建 PCB 元件封装的方法。

（4）为元件添加三维模型。

（5）创建新的集成库文件。

【任务描述】

- 熟悉创建 PCB 封装的环境。

- 熟悉并掌握元件封装的创建方法。
- 掌握创建集成库文件的方法。

【任务实施】

6.3.1 PCB 设计常用元件封装介绍

电子元件种类繁多，其封装形式也是多种多样。所谓封装是指安装半导体集成电路芯片用的外壳，它不仅起着安放、固定、密封、保护芯片和增强导热性能的作用，还是沟通芯片内部世界与外部电路的桥梁。

芯片的封装在 PCB 板上通常表现为一组焊盘、丝印层上的边框及芯片的说明文字。焊盘是封装中最重要的组成部分，用于连接芯片的引脚，并通过印制板上的导线连接到印制板上的其他焊盘，进一步连接焊盘所对应的芯片引脚，实现电路功能。在封装中，每个焊盘都有唯一的标号，以区别封装中的其他焊盘。丝印层上的边框和说明文字主要起指示作用，指明焊盘组所对应的芯片，方便印制板的焊接。焊盘的形状和排列是封装的关键组成部分，确保焊盘的形状和排列正确才能正确地建立一个封装。对于安装有特殊要求的封装，边框也需要绝对正确。

Altium Designer Summer 09 提供了强大的封装绘制功能，能够绘制各种各样的新型封装。考虑到芯片引脚的排列通常是有规则的，多种芯片可能有同一种封装形式 Altium Designer Summer 09 提供了封装库管理功能。绘制好的封装可以方便地保存和引用。

总体上讲，根据元件所采用安装技术的不同。可分为通孔安装技术（Through Hole Technology，简称 THT）和表面安装技术（Surface Mounted Technology，简称 SMT）。

使用通孔安装技术安装元件时，元件安置在电路板的一面，元件引脚穿过 PCB 板焊接在另一面上。通孔安装元件需要占用较大的空间，并且要为所有引脚在电路板上钻孔，所以它们的引脚会占用两面的空间，而且焊点也比较大，但从另一方面来说，通孔安装元件与 PCB 连接较好，机械性能好。例如，排线的插座、接口板插槽等类似接口都需要一定的耐压能力，因此，通常采用 THT 安装技术。

表面安装元件，引脚焊盘与元件在电路扳的同一面。表面安装元件一般比通孔元件体积小，而且不必为焊盘钻孔，甚至还能在 PCB 板的两面都焊上元件。因此，与使用通孔安装元件的 PCB 板比起来，使用表面安装元件的 PCB 板上元件布局要密集很多，体积也小很多。此外，应用表面安装技术的封装元件也比通扎安装元件要便宜一些，所以目前的 PCB 设计广泛采用了表面安装元件。

常用元件封装分类如下：

"BGA（Ball Grid Array）"：球栅阵列封装。因其封装材料和尺寸的不同还细分成不同的 BGA 封装，如陶瓷球栅阵列封装 CBGA、小型球栅阵列封装 μBGA 等。

"PCA（Pin Grid Array）"：插针栅格阵列封装。这种技术封装的芯片内外有多个方阵形的捅针，每个有阵形插针沿芯片的四周间隔一定距离排列，根据引脚数目的多少，可以围成 2～5 圈。安装时，将芯片插入专门的 PGA 插座。该技术一般用于插拔操作比较频繁的场合，如计算机的 CPU。

"QFP（Quad Flat Package）"：方形扁平封装，是当前芯片使用较多的一种封装形式。

"PLCC（Plastic Leaded Chip Carrier）"：塑料弓I线芯片载体。

"DIP（Dual In-line Package）"：双列直插封装。

"SIP（Single In-line Package）"：单列直插封装。

"SOP（Small Out-line Package）"：小外形封装。

"SOJ（Small Out-line J-Leaded Package）"：J形引脚小外形封装。

"CSP（Chip Scale Package）"：芯片级封装，这是一种较新的封装形式，常用于内存条。在CSP方式中，芯片是通过一个个锡球焊接在PCB板上，由于焊点和PCB板的接触面积较大，所以内存芯片在运行中所产生的热量可以很容易地传导到PCB板上并散发出去。另外，CSP封装芯片采用中心引脚形式，有效地缩短了信号的传输距离，其衰减随之减少，芯片的抗干扰，抗噪性能也能得到大幅提升。

"Flip-Chip"：倒装焊芯片，也称为覆晶式组装技术，是一种将IC与基板相互连接的先进封装技术。在封装过程中，IC会被翻转过来，让IC上面的焊点与基板的接合点相互连接。由于成本与制造因素，使用Flip-Chip接合的。产品通常根据I/O数多少分为两种形式，即低I/O数的FCOB（Flip Chip on Board）封装和高I/O数的FCIP（Flip Chip in Package）封装。Flip-Chip技术应用的基极包括陶瓷、硅芯片、高分子基层板及玻璃等，其应用范围包括计算机、PCMCIA卡、军事设备、个人通信产品、钟表及液晶显示器等。

"COB（Chip on Board）"：板上芯片封装，即芯片被绑建在PCB板上，这是一种现在比较流行的生产方式。COB模块的生产成本比SMT低，还可以减小封装体积。

6.3.2 PCB库编辑器环境介绍

6.3.2.1 建立一个新的PCB库

建立新的PCB库包括以下步骤：

（1）单击菜单栏中的"File（文件）"\"New（新建）"\"Library（元件库）"\"PCB Library（PCB库文件）"菜命令，如图6.60所示，打开PCB库编辑环境，新建一个空白PCB库文件"PcbLibl.PcbLib"。

（2）保存并更改该PCB库文件名称，这里改名为"NewPcbLib.PcbLib"可以看到，在"Project"（项目）面板的PCB库文件管理夹中出现了所需要的PCB库文件，双击该文件即可进入PCB库编辑器，如图6.61所示。

PCB库编辑器的设置和PCB编辑器基本相同，更是菜单栏中少了"Design（设计）"和"Auto Route（自动布线）"命令。工具栏中也少了相应的工具按钮。另外，在这两个编辑器中，可用的控制面板也有所不同。在PCB库编辑器中独有的"PCB Library（PCB元件库）"面板，提供了对封装库内元件封装统一编辑、管理的界面。

"PCB Library（PCB元件库）"面板如图6.62所示，分为"Mask（屏蔽查询栏）""Components（元件封装列表）""Component Primitives（封装图元列表）"由和缩略图显示框4个区域。

"Mask（屏蔽查询栏）"对该库文件内的所有元件封装进行查询，并根据屏蔽框中的内容将符合条件的元件封装列出。

任务 6.3 创建 PCB 元件库及元件封装

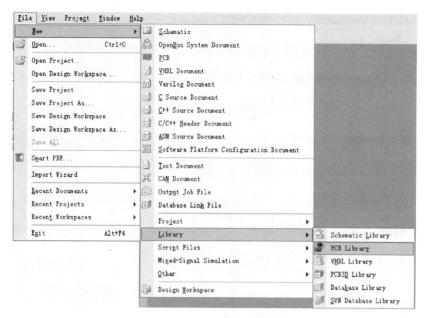

图 6.60 新建一个 PCB

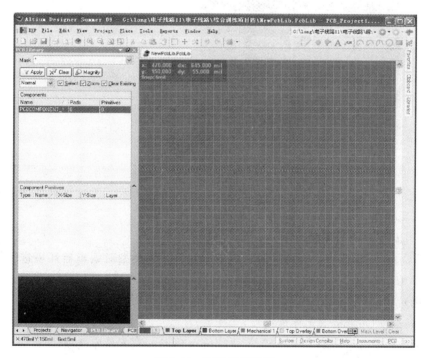

图 6.61 PCB 库编辑器

"Components（元件封装列表）"列出该库文件中所有符合屏蔽栏设定条件的元件封装名，并注明其焊盘数、图元数等基本属性。单击元件列表中的元件封装名，工作区将显示该封装，并弹出如图 6.63 所示的"PCB Library Component（PCB 元件库元件）"对话框，在该对话框中可以修改元件封装的名称和高度。高度是供 PCB 3D 显示时使用的。

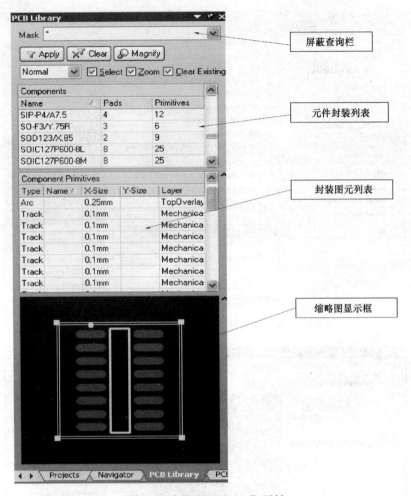

图 6.62 "PCB Library"面板

在元件列表中右击,弹出的右键快捷菜单如图 6.64 所示。通过该菜单可以进行元件库的各种编辑操作。

6.3.2.2 PCB 库编辑器环境设置

进入 PCB 库编辑器后,需要根据要绘制的元件封装类型对编辑器环境进行相应的设置。PCB 库编辑环境设置包括"Library Options(元件库选项)""Layers&Colors(电路板层和颜色)""Layer Stack Manager(层栈管理)"和"Preferences(参数)"。

1. "Library Options(元件库选项)"设置

单击菜单栏中的"Tools(工具)"\"Library Options(元件库选项)"命令,或者在工作区右击,在弹出的右键快捷菜单中单击"Library Options(元件库选项)"命令,系统将弹出如图 6.65 所示的"Board Options(电路板选项)"对话框。其中各选项的功能如下:

"Measurement Unit(测量单位)"选项组:用于设置 PCB 板的单位。

"Snap Grid(捕获栅格)"选项组:用于设置捕获格点。该格点决定了光标捕获的格点间距,X 与 Y 的值可以不同。这里设置为 10mil。

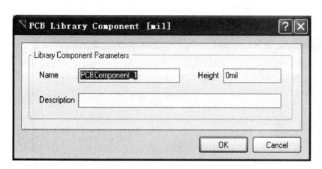

图 6.63 "PCB Library Component"对话框

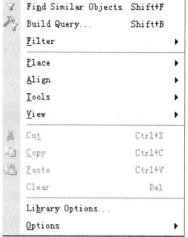

图 6.64 右键快捷菜单

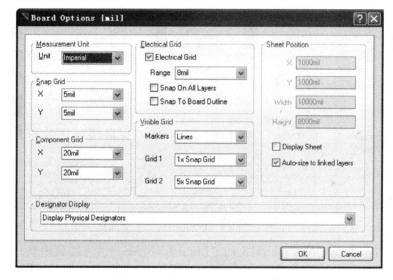

图 6.65 "Board Options"对话框

"Component Grid（元件栅格）"选项组：用于设置元件格点。针对不同引脚长度的元件，用户可以随时改变元件格点的设置，这样可以精确地放置元件。

"Electrical Grid（电气栅格）"选项组：用于设置电气捕获格点。电气捕获格点的数值应小于"Snap Grid（捕获栅格）"的数值，只有这样才能较好地完成电气捕获功能。

"Visible Grid（可视栅格）"选项组：用于设置可视格点。这里 Grid 1 设置为 10mil，Grid 1 设置为 100mil。

"Sheet Position（图纸位置）"选项组：用于设置 PCB 图纸的 X、Y 坐标和长、宽。

"Display Sheet（显示图纸）"复选框：用于设置 PCB 图纸的显示与隐藏。这里勾选该复选框。

其他选项保持默认设置，单击"OK（确定）"按钮，关闭该对话框，完成"Library Options（元件库选项）"对话框构设置。

2. "Layers&Colors（电路板层和颜色）"设置

单击菜单栏中的"Tools（工具）"\"Layers&Colors（电路板层和颜色）"命令，或者在工作区右击。在弹出的右键快捷菜单中单击"Options（选项）"\"Board Layers&Colors（电路板层和颜色）"命令，系统将弹出如图 6.66 所示的"View Configurations（视图配置）"对话框。

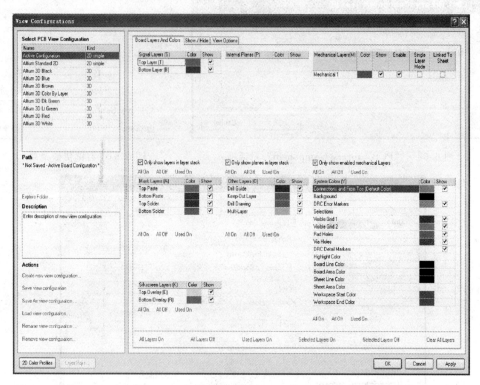

图 6.66　"View Configurations"对话框

在机械层中，勾选"Mechanical 1 的"Linked To Sheet（连接到图纸）"复选框。在系统颜色栏中，勾选"Visible Grid 1 后的"Show（显示）"复选框，其他选项保持默认设置。单击"OK（确定）"按钮，关闭该对话框，完成"View Configurations（视图配置）"对话框的设置。

3. "Layer Stack Manager（层栈管理）"设置

单击菜单栏中的"Tools（工具）"\"Layer Stack Manager（层栈管理）"命令，或者在工作区右击，在弹出的右键快捷菜单中单击"Options（选项）"\"Layer Stack Manager（层栈管理）"命令，系统将弹出如图 6.67 所示的"Layer Stack Manager（层栈管理）"对话框。保持系统默认设置，单击"OK（确定）"按钮，关闭该对话框。

4. "Preferences（参数）"设置

单击菜单栏中的"Tools（工具）"\"Preferences（参数）"命令，或者在工作区右击，在弹出的右键快捷菜单中单击"Options（选项）"\"Preferences（参数）"命令，系统将弹出如图 6.68 所示的"Preferences（参数）"对话框。设置完毕单击"OK（确定）"按钮，关闭该对话框。

任务6.3 创建PCB元件库及元件封装

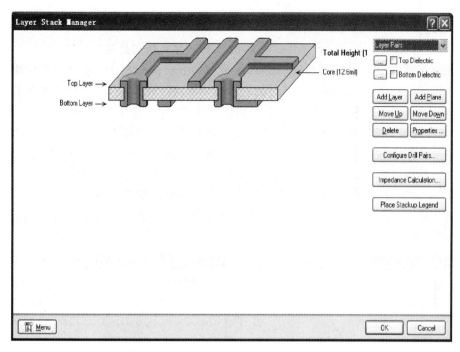

图6.67 "Layer Stack Manager"对话框

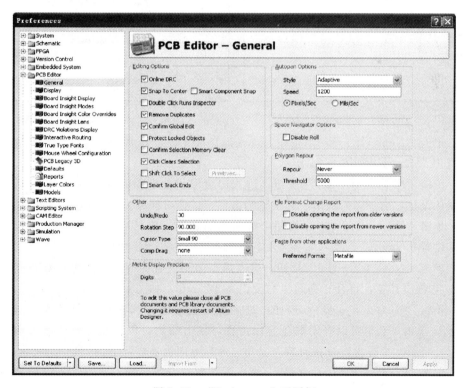

图6.68 "Preferences"对话框

至此，PCB库编辑器环境设置完成。

6.3.3 创建PCB元件封装的方法

6.3.3.1 使用PCB Component Wizard（PCB元件向导）创建封装

下面用PCB元件向导来创建规则的PCB元件封装。由用户在一系列对话框中输入参数，然后根据这些参数自动创建元件封装。这里要创建的封装尺寸信息为：外形轮廓为矩形10mm×10mm，引脚数为16×4，引脚宽度为0.22mm，引脚长度为1mm，引脚间距为0.5mm，引脚外围轮廓为12mm×12mm。具体的操作步骤如下：

(1) 单击菜单栏中的"Tools（工具）"\"Component Wizard（元件封装向导）"命令，系统将弹出如图6.69所示的"Component Wizard（元件向导）"对话框。

(2) 单击"Next（下一步）"按钮，进入元件封装模式选择界面。在模式类表中列出了各种封装模式，如图6.70所示。这里选择Quad Packs（QUAD）封装模式，在"Select a unit（选择单位）"下拉列表框中，选择公制单位"Metric（mm）"。

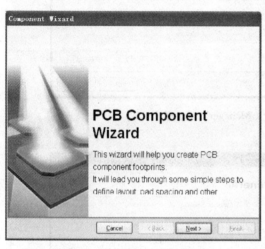
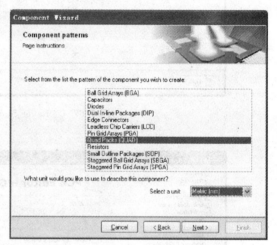

图6.69　"Component Wizard"对话框　　　图6.70　元件封装模式选择界面

(3) 单击"Next（下一步）"按钮，进入焊盘尺寸设定界面。在这里设置焊盘的长为1mm、宽为0.22mm，如图6.71所示。

(4) 单击"Next（下一步）"按钮，进入焊盘形状设定界面，如图6.72所示。在这里使用默认设置，第一脚为圆形，其余脚为方形，以便于区分。

(5) 单击"Next（下一步）"按钮，进入轮廓宽度设置界面，如图6.73所示。这里使用默认设置0.2mm。

(6) 单击"Next（下一步）"按钮，进入焊盘间距设置界面。在这里将焊盘间距设置为0.5mm，根据计算，将行、列间距均设置为1.75mm，如图6.74所示。

(7) 单击"Next（下一步）"按钮，进入焊盘起始位置和命名方向设置界面，如图6.75所示。单击单选框可以确定焊盘起始位置，单击箭头可以改变焊盘命名方向。采用默认设置，将第一个焊盘设置在封装左上角，命名方向为逆时针方向。

(8) 单击"Next（下一步）"按钮，进入焊盘数目设置界面。将X、Y方向的焊盘数目均设置为16，如图6.76所示。

任务 6.3　创建 PCB 元件库及元件封装

图 6.71　焊盘尺寸设定界面

图 6.72　焊盘形状设定界面

图 6.73　轮廓宽度设置界面

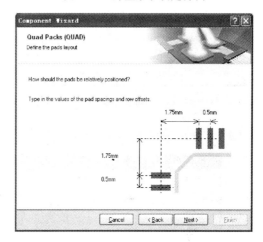

图 6.74　焊盘间距设置界面

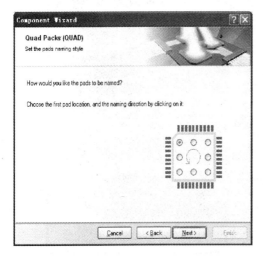

图 6.75　焊盘起始位置和命名方向设置界面

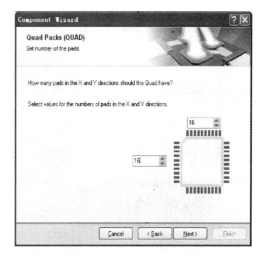

图 6.76　焊盘数目设置界面

273

项目6 交通灯模块电路印制电路板（PCB）设计

（9）单击"Next（下一步）"按钮，进入封装命名界面。将封装命名为"TQFP64"，如图 6.77 所示。

（10）单击"Next（下一步）"按钮，进入封装制作完成界面，如图 6.78 所示。单击"Finish（完成）"按钮，退出封装向导。

图 6.77　封装命名界面　　　　　　图 6.78　封装制作完成界面

至此，TQFP64 的封装制作完成了，工作区内显示的封装图形如图 6.79 所示。

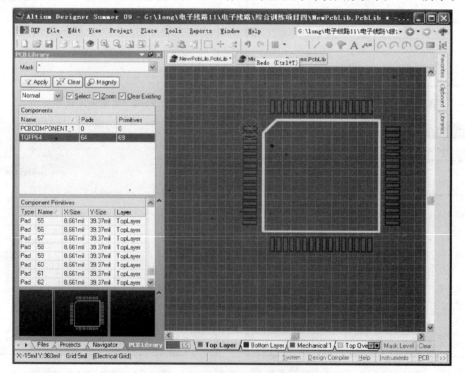

图 6.79　TQFP64 的封装图形

6.3.3.2 手工创建封装

由于某些电子元件的引脚非常特殊，或者设计人员使用了一个最新的电子元件，用 PCB 元件向导往往无法创建新的元件封装。这时，可以根据该元件的实际参数手动创建引脚封装。手动创建元件引脚封装，需要用直线或曲线来表示元件的外形轮廓，然后添加焊盘来形成引脚连接。元件封装的参数可以放置在 PCB 板的任意工作层上，但元件的轮廓只能放置在顶层丝印层上，焊盘只能放在信号层上。当在 PCB 板上放置元件时，元件引脚封装的各个部分将分别放置到预先定义的图层上。

下面详细介绍手动创建 PCB 元件封装的操作步骤：

(1) 创建新的空元件文档。打开 PCB 元件库 NewPcbLib. PcbiLib，单击菜单栏中的"Tools（工具）"\"New Blank Component（新建空元件封装）"命令，这时在"PCB Library（PCB 元件库）"面板的元件封装列表中会出现一个新的 PCBCOMPONENT_1 空文件。双击该文件，在弹出的对话框中将元件名称改为"New - NPN"，如图 6.80 所示。

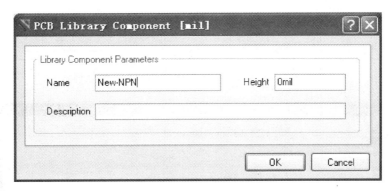

图 6.80 重新命名元件

(2) 设置工作环境。单击菜单栏中的"Tools（工具）"\"Library Options（库文件选项）"命令，或者在工作区右击，在弹出的右键快捷菜单中单击"Options（选项）"\"Library Options（库文件选项）"命令，系统弹出"Board Options（电路板选项）"对话框。按图 6.81 设置相关参数，单击"OK（确定）"按钮，关闭该对话框，完成"Board Options（电路板选项）"对话框的设置。

(3) 设置工作区颜色。

(4) 设置"Preferences（参数）"对话框。单击菜单栏中的"Tools（工具）"\"Preferences（参数）"命令，或者在工作区右击，在弹出的右键快捷菜单中单击"Options（选项）"\"Preferences（参数）"命令，系统将弹出如图 6.82 所示的"Preferences（参数）"对话框，使用默认设置即可。单击"OK（确定）"按钮，关闭该对话框。

(5) 放置焊盘。在"Top - Layer（项层）"，单击菜单栏中的"Place（放置）"\"Pad（焊盘）"命令，光标箭头上悬浮一个十字光标和一个焊盘，单击确定焊盘的位置。按照同样的方法放置另外两个焊盘。

(6) 设置焊盘属性。双击焊盘进入焊盘属性设置对话框，如图 6.83 所示。

在"Designator（指示符）"文本框中的引脚名称分别为 b、c、e，3 个焊盘的坐标分别为 b (0，100)、c (−100，0)、e (100，0)，设置完毕后的焊盘如图 6.84 所示。

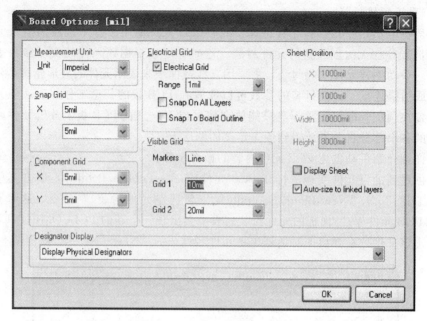

图 6.81 "Board Options（电路板选项）"对话框

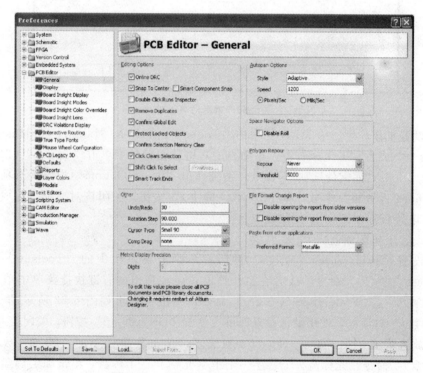

图 6.82 "Preferences（参数）"对话框

焊盘放置完毕后，需要绘制元件的轮廓线。所谓元件轮廓线，就是该元件封装在电路板上占用的空间尺寸。轮廓线的线状和大小取决于实际元件的形状和大小，通常需要测量实际元件。

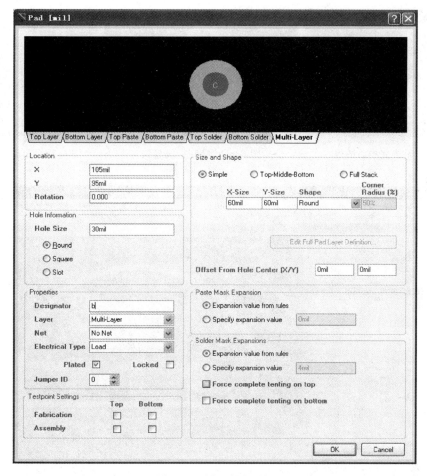

图 6.83 设置焊盘属性

（7）绘制一段直线。单击工作区窗崩下方标签栏中的"Top Overlay（顶层覆盖）"选项，将活动层设置为顶层丝印层。单击菜单栏中的"Place（放置）"\"Line（直线）"命令，光标变为十字形状，单击确定直线的起点，移动光标拉出一条直线，用光标将直线拉到合适位置，单击确定直线终点。右击或者接 Esc 键退出该操作，结果如图 6.85 所示。

（8）绘制一条弧线。单击菜单栏中的"Place（放置）"\"Arc (Center)（弧线）"命令，光标变为十字形状，将光标移至坐标原点，单击确定弧线的圆心，然后将光标移至直线的任意一个端点，单击确定圆弧的直径。再在直线两个端点单击确定该弧线，结果如图 6.86 所示。右击或者按 Esc 键退出该操作。

（9）设置元件参考点。在"Edit（编辑）"菜单的"Set Reference（设置参考）"子菜单中有 3 个命令，即"Pin 1（引脚 1）""Center（中心）"和"Location（位置）"。读者可以自己选择合适的元件参考点。

至此，手动创建的 PCB 元件封装就制作完成了，如图 6.87 所示。

我们看到，在"PCB Library（PCB 元件库）"面板的元件列表中多出了一个 NEW－NPN 的元件封装，而且在该面板中还列出了该元件封装的详细信息。

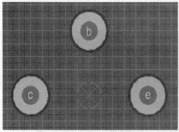 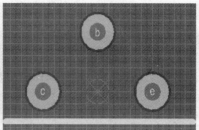 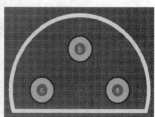

图 6.84 设置完毕后的焊盘　　　图 6.85 绘制一段直线　　　图 6.86 绘制一条弧线

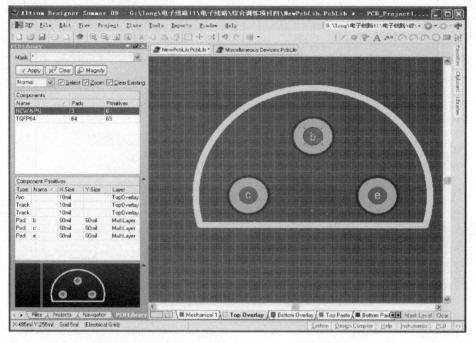

图 6.87 "New-NPN"的封装图形

6.3.4 为 PCB 封装添加三维模型

为封装添加三维模型对象可使元器件在 PCB Library Editor 的三维视图模式下显得更为真实（对应 PCB Library Editor 中的快捷键：2——二维；3——三维），设计者只能在有效的机械层中为封装添加三维模型。在 3D 应用中，一个简单条形三维模型是由一个包含表面颜色和高度属性的 2D 多边形对象扩展而来的。三维模型可以是球体或圆柱体。

多个三维模型组合起来可以定义元器件任意方向的物理尺寸和形状，这些尺寸和形状应用于限定 Component Clearance 设计规则。使用高精度的三维模型可以提高元器件间隙检查的精度，有助于提升最终 PCB 产品的视觉效果，有利于产品装配。

Altium Designer Summer 09 还支持直接导入 3D STEP 模型（*.step 或 *.stp 文件）到 PCB 封装中生成 3D 模型，该功能十分有利于在 Altium Designer PCB 文档中嵌入或引用 STEP 模型，但在 PCB Library Editor 中不能引用 STEP 模型。

注意：三维模型在元器件被翻转后必须翻转到板子的另一面。如果设计者想将三维模型数据（存放在一个机械层中）也翻转到另一个机械层中，需要在 PCB 文档中定义一个层对。

层对就是将两个机械层定义为一对，当设计者将元器件从电路板的一面翻转到另一面时，层对中位于其中一个机械层的所有与该元器件相关的对象会自动翻转到与之配对的另一个机械层中。

注意：不能在 PCB Library Editor 中定义层对，只能在 PCB Editor 中定义，按鼠标右键弹出菜单，选"Options"又弹出下一级菜单，选"Mechanical Layers…"，弹出"View Configurations"对话框，在对话框的左下角，单击"Layer Pairs…"按钮，弹出"Mechanical Layer Pairs"对话框如图 6.88 所示，即可内定义层对。

6.3.4.1 手工放置三维模型

在 PCB Library Editor 中执行"Place"\ "3D Body"命令可以手工放置三维模型，也可以在"3D Body Manager"对话框（执行"Tools"\ "Manage 3D Bodies for Library"/"Current Component"命令）中设置成自动为封装添加三维模型。

图 6.88　在 PCB Editor 中定义层对

注意：既可以用 2D 模型方式放置三维模型，也可以用 3D 模型方式放置三维模型。

（1）下面将演示如何为前面所创建的"New-NPN"封装添加三维模型，在 PCB Library Editor 中手工添加三维模型的步骤如下：

1）在 PCB Library 面板双击"New-NPN"打开"PCB Library Component"对话框（图 6.89），该对话框详细列出了元器件名称、高度、描述信息。这里元器件的高度设置最重要，因为需要三维模型能够体现元器件的真实高度。

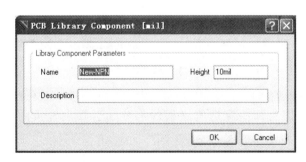

图 6.89　PCB Library Component 对话框

注意：如果器件制造商能够提供元器件尺寸信息，则尽量使用器件制造商提供的信息。

2）执行"Place"\ "3D Body"命令，显示"3D Body"对话框（图 6.90），在"3D Model Type"选项区域选中"Extruded"单选按钮。

3）设置"Properties"选项区域各选项，为三维模型对象定义一个名称（Identifer）以标识该三维模型，设置"Body Side"下拉列表为 Top Side，该选项将决定三维模型垂

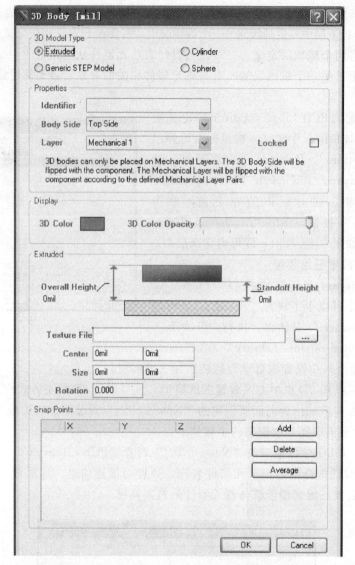

图6.90 在3D Body对话框中定义三维模型参数

直投影到电路板的哪一个面。

注意：设计者可以为那些穿透电路板的部分如引脚设置负的支架高度值，Design Rules Checker不会检查支架高度。

4）设置"Overall Height（三维模型顶面到电路板的距离）"为180mil，"Standoff Height（三维模型底面到电路板的距离）"为10mil，"3D Color"为适当的颜色。

5）单击"OK"按钮关闭"3D Body"对话框，进入放置模式，在2D模式下，光标变为十字准线，在3D模式下，光标为蓝色锥形。

6）移动光标到适当位置，单击选定三维模型的起始点，接下来连续单击选定若干个顶点，组成一个代表三维模型形状的多边形。

7）选定好最后一个点，右击或按Esc键退出放置模式，系统会自动连接起始点和最后一个点，形成闭环多边形如图 6.91 所示。

定义形状时，按 Shift+Space 快捷键可以轮流切换线路转角模式，可用的模式有：任意角、45°、45°圆弧、90°和 90°圆弧。按 Shift+? 按键和 Shift+, 按键可以增大或减少圆弧半径，按 Space 可以选定转角方向。

当设计者选定一个扩展三维模型时，在该三维模型的每一个顶点会显示成可编辑点，当光标变为↗时，可单击并拖动光标到顶点位置。当光标在某个边沿的中点位置时，可通过单击并拖动的方式为该边沿添加一个顶点，并按需要进行位置调整。

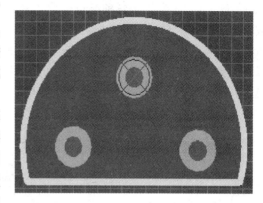

图 6.91 带三维模型的 NEW‐NPN 封装图

将光标移动到目标边沿，光标变为↔时，可以单击拖动该边沿。

将光标移动到目标三维模，光标变为↔时，可以单击拖动该三维模型。拖动三维模型时，可以旋转或翻动三维模型，编辑三维模型形状。

（2）下面为 NEW‐NPN 的管脚创建三维模型。

仿照上面的步骤 2）～3）。

1）设置"Overall Height"为 100mil，"Standoff Height（三维模型底面到电路板的距离）"为－35mil，"3D Color"为很淡的黄色。

2）单击"OK"按钮关闭"3D Body"对话框，进入放置模式，在 2D 模式下，光标变为十字准线。按 Page Up 键，将第一个引脚放大到足够大，在第一个引脚的孔内放一个小的封闭的正方形。

3）选中小的正方形，按 Ctrl+C 键将它复制到粘贴板，然后按 Ctrl+V 键，将它粘贴到其他引脚的孔内。

（3）用上面的方法为 NEW‐NPN 封装创建引脚标识 1 的小圆。

增加了三维模型的 NEW‐NPN 封装如图 6.91 所示。

注意：放置模型时，可按 BackSpace 键删除最后放置的一个顶点，重复使用该键可以"还原"轮廓所对应的多边形，回到起点。

形状必须遵循 Component Clearance 设计规则，但在 3D 显示时并不足够精确，设计者可为元器件更详细的信息建立三维模型。

完成三维模型设计后，会显示 3D Body 对话框中，设计者可以继续创建新的三维模型，也可以单击"Cancel"按钮或按 Esc 键关闭对话框。图 6.92 显示了在 Altium Designer 中建立的一个 NEW‐NPN 三维模型。

图 6.92 NEW‐NPN 三维模型实例

设计者可以随时按 3 键进入 3D 显示模式（也可以在工具栏如图 6.92 所示处选择 Altium 3D *，'*'代表各种颜色）以查看三维模型。如果不能看到三维模型，可以按 L 键打开"View Configurations"对话框，找到"3D Bodies"，在"Show Slimple 3D Bodies"处，选择"Use System Setting"如图 6.93 所示，即可显示三维模型。按 2 键可以切换到 2D 模式（也可以在工具栏如图 6.94 所示处选择 Altium Stanfard 2D 以查看二维模型）。选择"Use Syatem Setting"即可。

最后要记得保存 PCB 库。

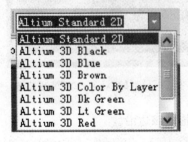
图 6.93 二维、三维模型显示的选择

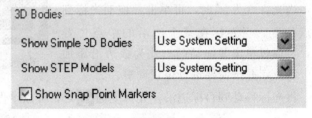
图 6.94 不能显示三维模型

6.3.4.2 为元件添加三维模型

鉴于现在所使用的元器件的密度和复杂度，现在的 PCB 设计人员必须考虑元器件水平间隙之外的其他设计需求，必须考虑元器件高度的限制、多个元器件空间叠放情况。此外将最终的 PCB 转换为一种机械 CAD 工具，以便用虚拟的产品装配技术全面验证元器件封装是否合格，这已逐渐成为一种趋势。Altium Designer Summer 09 拥有许多功能，其中的三维模型可视化功能就是为这些不同的需求而研发的。

6.3.4.3 为 PCB 封装添加高度属性

设计者可以用一种最简单的方式为封装添加高度属性，双击"PCB Library"面板"Component"列表中的封装（图 6.95），例如双击"NEW – NPN"，打开"PCB Library Components"对话框（图 6.96），在"Height"文本框中输入适当的高度数值。

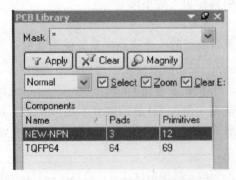
图 6.95 双击 PCB Library 面板的 NEW – NPN

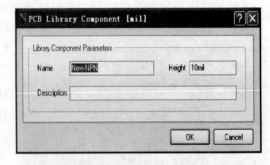
图 6.96 为 NEW – NPN 封装输入高度值

可在电路板设计时定义设计规则，在"PCB Editor"中执行"Design \ Rules"命令，弹出"PCB Rules and Constraints Editor"对话框，在"Placement"选项卡的"Component Clearance"处对某一类元器件的高度或空间参数进行设置。

6.3.5 创建新的集成库文件

(1) 建立集成库文件包——集成库的原始项目文件。

(2) 为库文件包添加原理图库和在原理图库中建立原理图元器件。

(3) 为元器件指定可用于板级设计和电路仿真的多种模型（本教材只介绍封装模型）。

为前面新建的电路图库文件内的器件：单片机 AT89C2051、与非门 74LS08、数码管 Dpy Blue－CA 三个器件重新指定设计者在本章新建的封装库 PCB FootPrints.PcbLib 内的封装。

为 AT89C2051 单片机更新封装的步骤如下：

在"SCH Library"面板的"Components"列表中选择 AT89C2051 元器件，单击"Edit"按钮或双击元件名，打开"Library Component Properties"对话框，如图 6.97 所示。

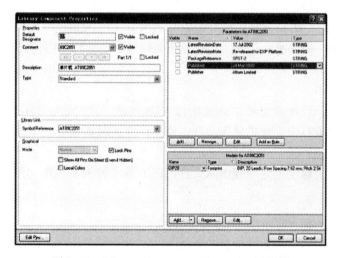

图 6.97 Library Component Properties 对话框

在 Models for AT89C2051 栏删除原来添加的 DIP20 封装，选中该 DIP20 按"Remove"按钮。然后添加设计者新建的 DIP20 封装，按"Add"按钮，弹出"Add New Model"对话框，选"FootPrint"，按"OK"按钮，弹出"PCB Model"对话框，按"Browse"按钮，弹出"Browse Libraries"对话框，查找新建的 PCB 库文件（PCB FootPints.PcbLib），选择 DIP20 封装，按"OK"按钮即可。

用同样的方法为与非门 74LS08 添加新建的封装 DIP14。

用同样的方法为数码管 Dpy Blue－CA 添加新建的封装 LED－10。

(4) 检查库文件包 New Integrated_ Library1.LibPkg 是否包含原理图库文件和 PCB 图库文件如图 6.98 所示。

图 6.98 库文件包包含的文件

在本章的最后,将编译整个库文件包以建立一个集成库,该集成库是一个包含了项目四建立的原理图库(New Schlib1.SchLib)及本任务建立的PCB封装库(PCB FootPints.PcbLib)的文件。即便设计者可能不需要使用集成库而是使用源库文件和各类模型文件,也很有必要了解如何去编译集成库文件,这一步工作将对元器件和跟元器件有关的各类模型进行全面的检查。

(5) 编译库文件包步骤如下:

1) 执行"Project"\"Compile Integrated Library"命令将库文件包中的源库文件和模型文件编译成一个集成库文件。系统将在"Messages"面板显示编译过程中的所有错误信息(执行"View"\"Workspace Panels"\"System"\"Messages"命令),在"Messages"面板双击错误信息可以查看更详细的描述,直接跳转到对应的元器件,设计者可在修正错误后进行重新编译。

2) 系统会生成名为New Integrated_Library1.IntLib的集成库文件(该文件名:New Integrated_Library1是在前面任务创建新的库文件包时建立),并将其保存于Project Outputs for New Integrated_Library1文件夹下,同时新生成的集成库会自动添加到当前安装库列表中,以供使用。

需要注意的是,设计者也可以通过执行"Design"\"Make Integrated Library"命令从一个已完成的项目中生成集成库文件,使用该方法时系统会先生成源库文件,再生成集成库。

现在已经学会了建立电路原理图库文件,PCB库文件和集成库文件。

【任务小结】

(1) 掌握设置创建PCB封装的环境参数。
(2) 熟悉并掌握元件封装的创建方法。
(3) 掌握创建集成库文件的方法。

【操作实例】

6.3.6 使用Component Wizard建立DIP20封装

使用Component Wizard建立DIP20封装步骤如下:

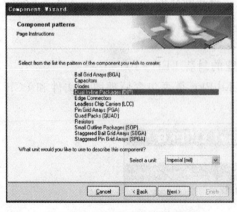

图6.99 封装模型与单位选择

(1) 执行"Tools"\"Component Wizard"命令,或者直接在"PCB Library"工作面板的"Component"列表中单击右键,在弹出的菜单中选择"Component Wizard..."命令,弹出"Component Wizard"对话框,单击"Next"按钮,进入向导。

(2) 对所用到的选项进行设置,建立DIP20封装需要如下设置:在模型样式栏内选择"Dual In-line Package(DIP)(封装的模型是双列直插)"选项,单位选择"Imperial(mil)"(英制)选项如图6.99所示,按"Next"按钮。

(3) 进入焊盘大小选择对话框如图 6.100 所示，圆形焊盘选择外径 60mil、内径 30mil（直接输入数值修改尺度大小），按"Next"按钮，进入焊盘间距选择对话框如图 6.101 所示，为水平方向设为 300mil、垂直方向 100mil，按"Next"按钮，进入元器件轮廓线宽的选择对话框，选默认设置（10mil），按"Next"按钮，进入焊盘数选择对话框，设置焊盘（引脚）数目为 20，按"Next"按钮，进入元器件名选择对话框，默认的元器件名为 DIP20，如果不修改它，按"Next"按钮。

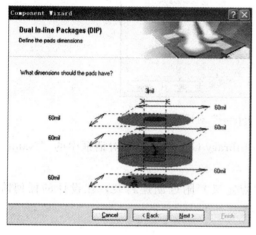

图 6.100 焊盘大小选择图

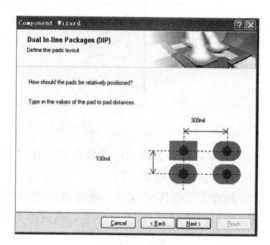

图 6.101 选择焊盘间距

(4) 进入最后一个对话框，单击"Finish"按钮结束向导，在"PCB Library"面板"Components"列表中会显示新建的 DIP20 封装名，同时设计窗口会显示新建的封装，如有需要可以对封装进行修改，如图 6.102 所示。

(5) 执行"File"\"Save"命令，或按快捷键 Ctrl＋S，保存库文件。

6.3.7 创建数码管 Dpy Blue–CA 的封装

虽然数码管的封装可以用 PCB Component Wizard 来完成，为了掌握手动创建封装的方法，用他来作为示例。

手动创建数码管 Dpy Blue–CA 的封装步骤如下：

(1) 先检查当前使用的单位和网格显示是否合适，执行"Tools"\"Library Options"命令或按快捷键 T＋O，打开"Board Options"对话框，设置"Units"为 Imperial（英制），X，Y 方向的"Snap Grid"为 10mil，需要设置"Grid"以匹配封装焊盘之间的间距，设置"Visible Grid 1"为 10mil，"Visible Grid 2"为 100mil，如图 6.103 所示。

(2) 执行"Tools"\"New Blank Component"命令或按快捷键 T＋W，建立了一个默认名为"CBCOMPONENT_1"的新的空白元件。在"PCB Library"面板双击该空的封装名（PCBCOMPONENT＿1），弹出"PCB Library Component

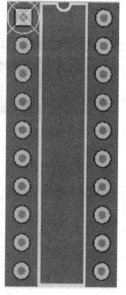

图 6.102 使用 PCB 向导建立 DIP20 封装

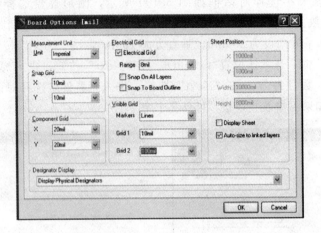

图 6.103 "Board Options" 对话框

[mil]"对话框,为该元件重新命名,在"PCB Library Component"对话框中的"Name"处,输入新名称 LED-10。

推荐在工作区(0,0)参考点位置(有原点定义)附近创建封装,在设计的任何阶段,使用快捷键 J,R 就可使光标跳到原点位置。

(3) 为新封装添加焊盘。

"Pad Properties"对话框为设计者在所定义的层中检查焊盘形状提供了预览功能,设计者可以将焊盘设置为标准圆形、椭圆形、方形等,还可以决定焊盘是否需要镀金,同时其他一些基于散热、间隙计算,Gerber 输出,NC Drill 等设置可以由系统自动添加。无论是否采用了某种孔型,NC Drill Output(NC Drill Excellon format 2)将为 3 种不同孔型输出 6 种不同的 NC 钻孔文件。

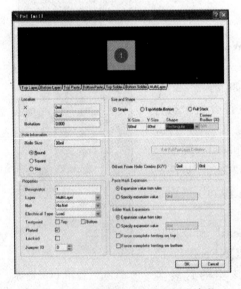

图 6.104 放置焊盘之前设置焊盘参数

放置焊盘是创建元器件封装中最重要的一步,焊盘放置是否正确,关系到元器件是否能够被正确焊接到 PCB 板,因此焊盘位置需要严格对应于器件引脚的位置。放置焊盘的步骤如下所示:

1) 执行 "Place" \ "Pad" 命令,或按快捷键 P+P,或单击工具栏 按钮,光标处将出现焊盘,放置焊盘之前,先按 Tab 键,弹出 "Pad [mil]" 对话框,如图 6.104 所示。

2) 在图 6.104 所示的对话框中编辑焊盘各项属性。在 "Hole Information" 选择框,设置 "Hole Size"(焊盘孔径):30mil;孔的形状:Round(圆形);"Properties" 选择框,"Designator" 处输入焊盘的序号 1,在 "Layer" 处选择 Multi-Layer(多层);在 "Size

and Shape（大小和形状）"选择框中，X-Size：60mil，Y-Size：60mil，Shape：Rectangular（方形），其他选缺省值，按"OK"按钮，建立第一个方形焊盘。

3）利用状态栏显示坐标，将第一个焊盘拖到（X：0，Y：0）位置，单击或者按 Enter 确认放置。

4）放置完第一个焊盘后，光标处自动出现第二个焊盘，按 Tab 键，弹出"Pad [mil]"对话框，将焊盘 Shape（形状）改为：Round（圆形），其他用上一步的缺省值，将第二个焊盘放到（X：100，Y：0）位置。注意：焊盘标识会自动增加。

5）在（X：200，Y：0）处放置第三个焊盘（该焊盘用上一步的缺省值），X 方向每隔 100mil，Y 方向不变，依次放好第 4、5 焊盘。

6）然后在（X：400，Y：600）处放置第 6 个焊盘（Y 的距离由实际数码管的尺寸而定），X 方向每次减少 100mil，Y 方向不变，依次放好 7～10 焊盘。

7）右击或者按 Esc 键退出放置模式，所放置焊盘如图 6.105 所示。

（4）为新封装绘制轮廓。

PCB 丝印层的元器件外形轮廓在 Top Overlay（顶层）中定义，如果元器件放置在电路板底面，则该丝印层自动转为 Bottom Overlay（底层）。

1）在绘制元器件轮廓之前，先确定它们所属的层，单击编辑窗口底部的"Top Overlay"标签。

2）执行"Place"\"Line"命令，或按快捷键 P+L，或单击 按钮，放置线段前可按 Tab 键编辑线段属性，这里选默认值。光标移到（-60，-60）mil 处按鼠标左键，绘出线段的起始点，移动光标到（460，-60）处按鼠标左键绘出第一段线，移动光标到（460，660）处按鼠标左键绘出第二段线，移动光标到（-60，660）处按鼠标左键绘出第三段线，然后移动光标到起始点（-60，-60）处按鼠标左键绘出第四段线，数码管的外框绘制完成，如图 6.106 所示。

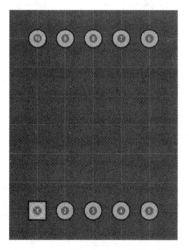

图 6.105 放置好焊盘的数码管

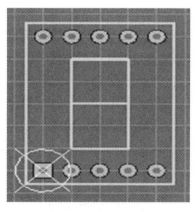

图 6.106 建好的数码管封装

3) 接下来绘制数码管的"8"字，执行"Place"\"Line"命令或按快捷键 P+L，光标左击以下坐标（100，100），（300，100），（300，500），（100，500），（100，100）绘制'0'字，按鼠标右键，鼠标再左击（100，300），（300，300）这 2 个坐标，绘制出'8'字，右击或按 Esc 键退出线段放置模式。建好的数码管封装符号如图 6.106 所示。

注意：①画线时，按 Shift+Space 快捷键可以切换线段转角（转弯处）形状；②画线时如果出错，可以按 Backspace 删除最后一次所画线段；③按 Q 键可以将坐标显示单位从 mil 改为 mm；④在手工创建元器件封装时，一定要与元器件实物相吻合。否则 PCB 板做好后，元件安装不上。

任务 6.4　交通灯模块电路印制电路板（PCB）设计

根据下面所给的交通灯模块电路原理图及 PCB 图，如图 6.107、图 6.108 所示，自己创建原理图中没有的元件及元件封装，完成电路的设计。

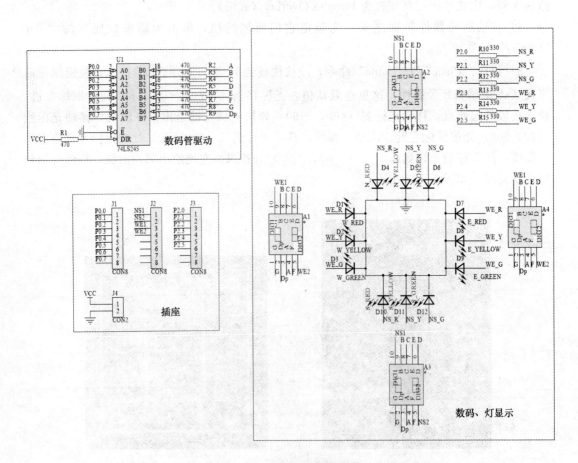

图 6.107　交通灯模块原理图

任务 6.4 交通灯模块电路印制电路板（PCB）设计

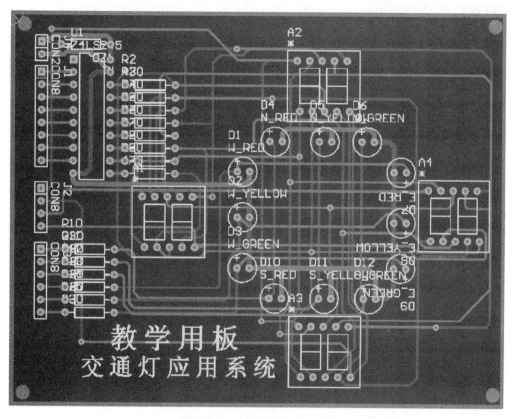

图 6.108 交通灯模块 PCB 图

项目 7

综 合 训 练 项 目

任务 7.1 音频功率放大器电路的 PCB 设计

7.1.1 设计任务

(1) 绘制音频功率放大器电路原理图。

(2) 设计音频功率放大器电路的 PCB 图。

要求：电路中所用元件封装也可自行选择，电路板外形尺寸，设计规则，电路布局线可自主设计。

采用 Gerber 制图格式输出 CAM 文件，采用 PDF 格式打印输出 PCB 装配文件，采用 Excel 电子表单格式输出材料清单（BOM）。

设计完成后生成 PCB 3D 视图文件。

7.1.2 元器件清单列表

元器件清单列表见表 7.1。

表 7.1 元 器 件 清 单

Comment	Description	Designator	Quantity	Footprint
100pF	Capacitor	C1, C8	2	RAD-0.1
100uF	Polarized Capacitor (Radial)	C2, C5, C11, C16	4	CAPPR5-5x5
20uF	Polarized Capacitor (Radial)	C3, C4	2	CAPPR5-5x5
1uF	Polarized Capacitor (Axial), Polarized Capacitor (Radial)	C6, C13	2	CAPPR5-5x5
4.7uF	Polarized Capacitor (Axial)	C7	1	CAPPR5-5x5
22uF	Polarized Capacitor (Axial), Polarized Capacitor (Radial)	C9, C14	2	CAPPR5-5x5
15pF	Capacitor	C10	1	RAD-0.1
0.1U	Capacitor	C12, C15, C17	3	RAD-0.1
1N4728	Schottky Rectifier	D1	1	DIO10.46-5.3x2.8
1N4001	1 Amp General Purpose Rectifier	D2, D3, D4	3	DIO10.46-5.3x2.8

续表

Comment	Description	Designator	Quantity	Footprint
Speaker	Loudspeaker	LS1	1	PIN2
INput	Header, 2 - Pin	P1, P6	2	HDR1X2
OUTPUT	Header, 2 - Pin	P2, P3	2	HDR1X2
INPUT	Header, 3 - Pin	P4	1	YP
PROW	Header, 3 - Pin	P5	1	HDR1X3
9014	NPN General Purpose Amplifier	Q1, Q2	2	BCY - W3/E4
1K	Resistor	R1	1	AXIAL - 0.4
12K	Resistor	R2	1	AXIAL - 0.4
560	Resistor	R3, R7	2	AXIAL - 0.4
33K	Resistor	R4	1	AXIAL - 0.4
7.5K	Resistor	R5	1	AXIAL - 0.4
100	Resistor	R6	1	AXIAL - 0.4
510	Resistor	R8	1	AXIAL - 0.4
2.2K	Resistor	R9	1	AXIAL - 0.4
3.9K	Resistor	R10	1	AXIAL - 0.4
4.7K	Resistor	R11, R12	2	AXIAL - 0.4
8.2K	Resistor	R13	1	AXIAL - 0.4
1K	Potentiometer	R14	1	RP
22k	Resistor	R15, R18	2	AXIAL - 0.4
680	Resistor	R16	1	AXIAL - 0.4
10	Resistor	R17	1	AXIAL - 0.4
1K	Potentiometer	RP1	1	VR4
NE5532AJG	Dual Low - Noise Operational Amplifier	U1	1	JG008
TDA2030		U2	1	TDA2030

7.1.3 参考原理图与 PCB 图

音频功率放大器电路的参考原理图与 PCB 图如图 7.1、图 7.2 所示。

项目 7 综合训练项目

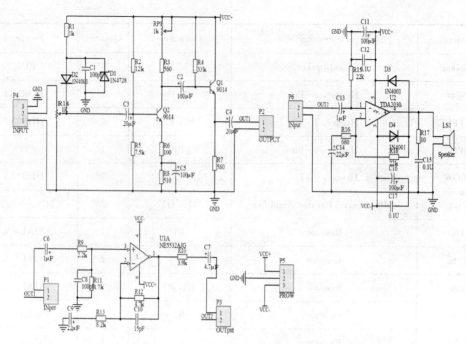

图 7.1 音频功率放大器电路原理图

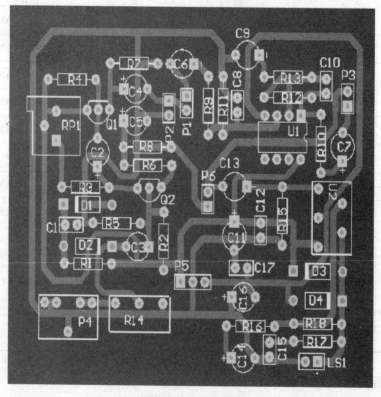

图 7.2 音频功率放大器电路 PCB 图

任务 7.2　八路抢答器电路的 PCB 设计

7.2.1　设计任务

（1）绘制八路抢答器电路原理图。

（2）设计八路抢答器电路电路 PCB 图。

要求：电路中所用元件封装也可自行选择，电路板外形尺寸，设计规则，电路布局线可自主设计。

采用 Gerber 制图格式输出 CAM 文件，采用 PDF 格式打印输出 PCB 装配文件，采用 Excel 电子表单格式输出材料清单（BOM）。

设计完成后生成 PCB 3D 视图文件。

7.2.2　元器件清单列表

元器件清单列表见表 7.2。

表 7.2　　　　　　　　　　元　器　件　清　单

Comment	Description	Designator	Footprint	LibRef	Quantity
LED		D1	led5	LED	1
DPY_7－SEG_DP	Seven－Segment Display, Right Hand Decimal	DS1	数码管	DPY_7－SEG_DP	1
排阻 10K	Connector	J1	sip9	CON9	1
CON2	Connector	J2, J3	sip2	CON2	2
1K		R1	AXIAL0.4	RES2	1
10K		R2	AXIAL0.4	RES2	1
SW－PB		S1, S2, S3, S4, S5, S6, S7, S8, S9	4444	SW－PB	9
74LS148		U1	DIP16	74LS148	1
74LS279		U2	DIP16	74LS279	1
74LS27		U3	DIP14	74LS27	1
74LS48		U4	DIP16	74LS48	1

7.2.3　参考原理图与 PCB 图

八路抢答器电路参考原理图与 PCB 图如图 7.3、图 7.4 所示。

项目 7　综合训练项目

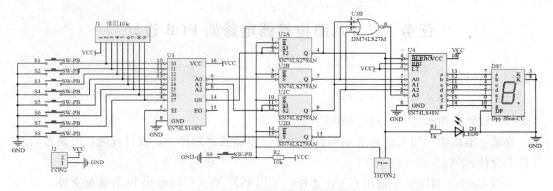

图 7.3　八路抢答器电路原理图

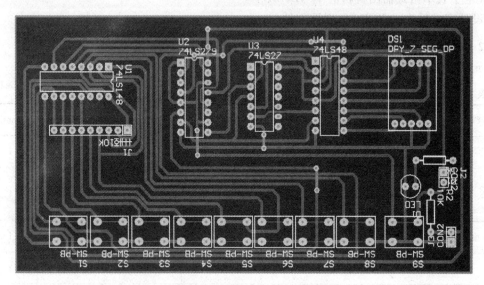

图 7.4　八路抢答器电路 PCB 图

附录　Altium Designer Summer 09 电路仿真操作实例

1.1　实验目的
（1）掌握常用仿真元器件库的使用方法。
（2）掌握仿真电路原理图的绘制及元器件仿真属性的编辑方法。
（3）掌握电路原理图仿真的具体方法步骤。

1.2　实验内容
绘制简易整流稳压电路仿真原理图，并进行元器件的仿真属性编辑，进行电路仿真设置，执行仿真产生仿真输出文件，观察分析仿真结果。

1.3　实验步骤

1. 设计仿真原理图文件

绘制如附图 1.1 所示简易整流稳压电路。

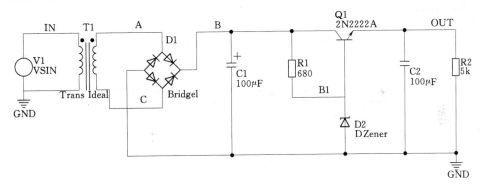

附图 1.1　整流稳压电源

2. 仿真电源仿真属性设置

双击电路中的 V_1 元件，会弹出该元件属性设置对话框，如附图 1.2 所示。在 Modle 列表中，双击"simulation"项，或选中后按下对话框中的 Edit 按钮，会出现该元件仿真模型参数设置对话框，如附图 1.3 所示，单击"Parameters"标签，在标签页中设置正弦波激励源 V_1 的幅值"Amplitude"为 170V，频率"Frequency"为 60Hz。

3. 变压器仿真属性设置

双击电路中的变压器元件，会弹出该元件属性设置对话框，在"Modles"列表中，双击"simulation"项，或选中后按下对话框中的 Edit 按钮，会出现该元件仿真模型参数设置对话框，单击"Parameters"标签，在标签页中设置变压器的输出与输入电压比

附录　Altium Designer Summer 09 电路仿真操作实例

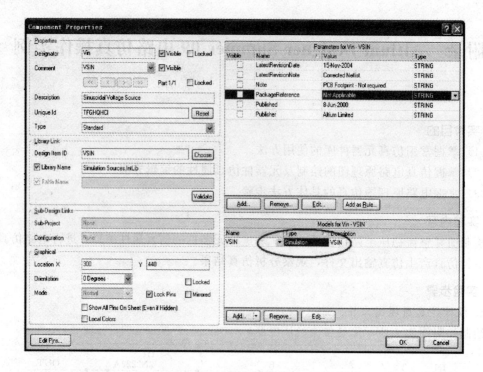

附图 1.2　元件属性设置对话框

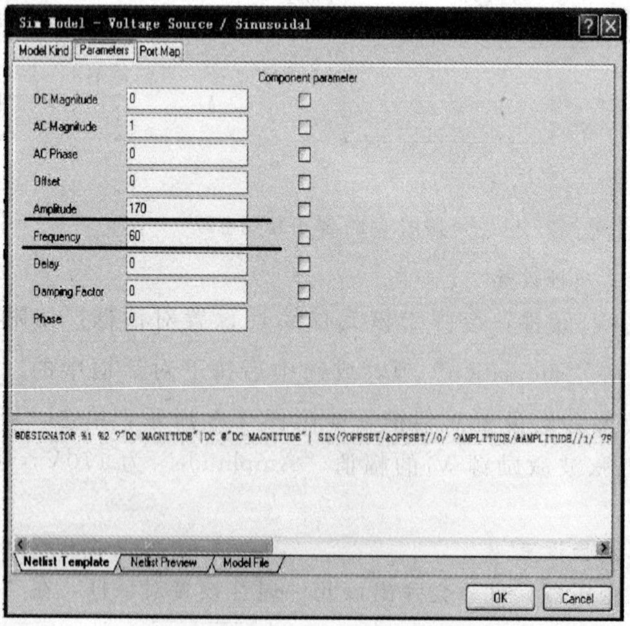

附图 1.3　V_{in} 参数设置对话框

值"Ratio",设为0.1,如附图1.4所示。

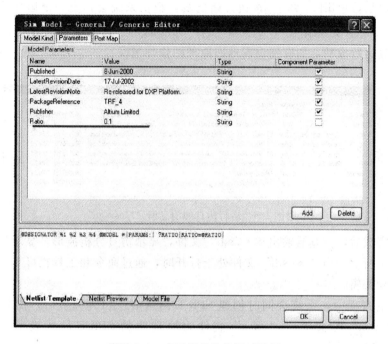

附图1.4 变压器参数设置对话框

4. 设置仿真环境及对象

执行命令"Design"/"Simulate"/"Mixed Sim",弹出"Analyses Setup"对话框,如附图1.5所示。我们选择对电路进行直流工作点分析和瞬态分析,观察A、B、IN和OUT等4点的分析结果。

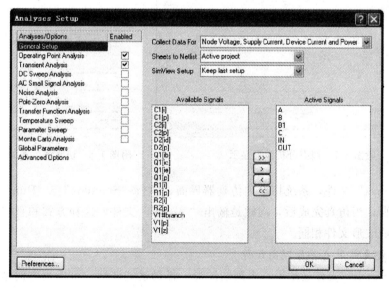

附图1.5 "Analyses Setup"对话框

5. 运行仿真分析结果

设置完以后，单击 OK 按钮开始仿真，很快系统会弹出一个运行仿真后的消息对话框“Messages”，如附图 1.6 所示。若“Messages”对话框的内容无错误或警告提示，说明仿真运行成功，如有错误需返回原理图修改错误。

Messages

Class	Document	Source	Message	Time	Date	No.
[Start Output]		Ouput ...	Start Output Generation At 20:23:54 On 2004-2-2	08:23:54 PM	2004-2-2	1
[Output]		Ouput ...	Name: Mixed Sim Type: AdvSimNetlist From: Project [Power Supply.PRJPCB]	08:23:54 PM	2004-2-2	2
[Hint]	Power Supply.sch...	AdvSim	D1 - Model found in: C:\Program Files\Altium\Examples\Circuit Simulation\Power Suppl...	08:23:55 PM	2004-2-2	3
[Hint]	Power Supply.sch...	AdvSim	D2 - Model found in: C:\Program Files\Altium\Examples\Circuit Simulation\Power Suppl...	08:23:55 PM	2004-2-2	4
[Hint]	Power Supply.sch...	AdvSim	Q1 - Model found in: C:\Program Files\Altium\Examples\Circuit Simulation\Power Suppl...	08:23:55 PM	2004-2-2	5
[Hint]	Power Supply.sch...	AdvSim	TF1 - Model found in: C:\Program Files\Altium\Examples\Circuit Simulation\Power Supp...	08:23:55 PM	2004-2-2	6
[Generated ...		Ouput ...	Power Supply.nsx	08:23:55 PM	2004-2-2	7
[Finished O...		Ouput ...	Finished Output Generation At 20:23:55 On 2004-2-2	08:23:55 PM	2004-2-2	8

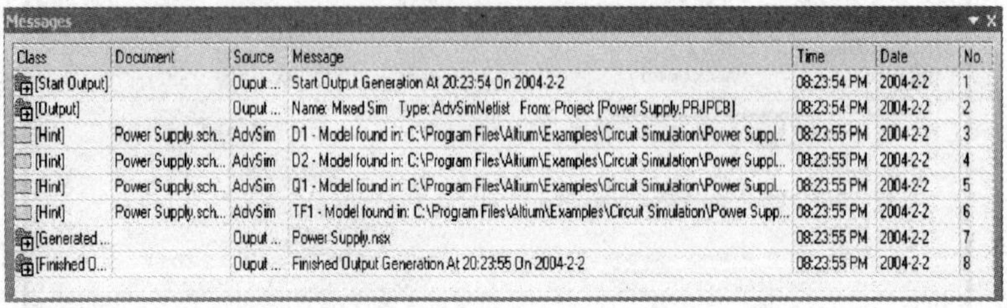

附图 1.6 运行仿真的消息框“Message”

当仿真完成后，仿真器输出“*.sdf”文件，显示仿真分析波形，显示的瞬态分析波形如附图 1.7 所示。当“*.sdf”文件处于打开时，通过命令和工具栏可对显示图形及表格进行分析和编辑。

在仿真的过程中，系统会同时创建 SPICE 网络表。仿真分析后，仿真器就生成一个后缀为“.nsx”的文件，“.nsx”文件为原理图的 SPICE 模式表示，如附图 1.8 所示。

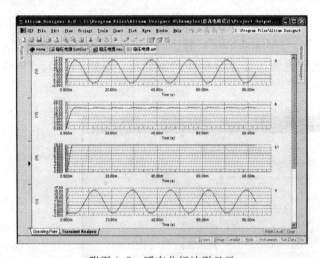

附图 1.7 瞬态分析波形显示

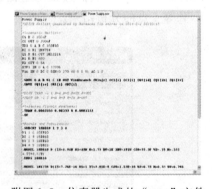

附图 1.8 仿真器生成的“.nsx”文件

打开“.nsx”文件，系统切换到仿真器界面，执行“Simulate”/“Run”命令，即可实现电路仿真，当仿真完成后，同样是输出“*.sdf”文件，这种方式和直接从原理图进行仿真生成的波形文件相同。

6. 通过仿真结果完善原理图设计

输出“*.sdf”文件显示了一系列的波形，借助这些波形，可以很方便地发现设计中的不足和问题。从而，不必经过实际的制板，就可修正原理图存在的不足。

1.4 思考题

(1) 系统为设计者提供了哪几个专用的仿真元件库？

(2) 什么是电路仿真？它的基本步骤是什么？

(3) 仿真器可进行哪几种仿真设置与分析？其中瞬态分析的主要内容是什么？

参 考 文 献

[1] 高海滨,辛文,胡仁喜. Altium Designer 10 从入门到精通 [M]. 2 版. 北京:机械工业出版社,2014.
[2] 谷树忠,刘文洲,姜航. Altium Designer 教程 [M]. 北京:电子工业出版社,2012.
[3] 周冰,李田,胡仁喜. Altium Designer Summer 09 从入门到精通 [M]. 北京:机械工业出版社,2011.
[4] 徐向文. Altium Designer 快速入门 [M]. 2 版. 北京:北京航空航天大学出版社,2011.
[5] 赵景波,张莉,常江. 电路设计与制版 Protel 99SE 从入门到精通 [M]. 北京:机械工业出版社,2012.
[6] 钟国文,贾卫华. 电路 CAD 技术 [M]. 北京:北京理工大学出版社,2009.